土木工程专业道路方向创新教材

道路养护维修与管理技术

Road Maintenance and
Management Technology

马昆林 宋卫民 杜银飞 吴昊 ◇ 主编

中南大学出版社
www.csupress.com.cn
·长沙·

前　言

改革开放 40 多年来，我国公路建设取得了举世瞩目的成就。截至 2020 年底，我国公路通车总里程达到 519.81 万 km，其中高速公路通车里程达到 16.10 万 km，居世界第一。在建设社会主义现代化国家新征程中，公路交通运输的基础性、先导性、战略性和服务性作用将更加凸显。随着交通强国战略的发展，我国公路建设事业仍将是满足人民日益增长的美好生活需要的必然要求，关系国计民生，服务千家万户。

公路里程的迅速增长带来了巨大的养护与维修体量，"十三五"末我国公路年养护费用超过 4000 亿元，且随着公路使用年限的增加，养护市场还将进一步扩大，公路养护维修与管理工作的压力亦越来越大。面对日益庞大的养护市场，"十四五"纲要明确提出了"推进科学养护决策，提升养护水平"的要求。我国公路交通发展的重点也将逐步从建设期转入养护期，进一步加强和规范公路的养护维修与管理刻不容缓，做到"建、管、养"协调统一。这对于延长公路的使用寿命，保证公路运输的安全、舒适和畅通，确保国家经济的稳定发展具有重要作用。

本书结合了近年来我国公路养护维修与管理的最新成果，内容涵盖了我国道路建设的发展现状、路基的养护与维修、沥青路面的养护与维修、水泥混凝土路面养护与维修和道路管理技术等相关内容，重点阐述了公路各种典型病害的成因、针对性的养护方法和维修技术以及公路管理技术。

全书共五章，第 1 章由中南大学吴昊教授编写，第 2 章、第 4 章由中南大学马昆林教授编写，第 3 章由中南大学宋卫民副教授编写，第 5 章由中南大学杜银飞副教授编写，全书由马昆林负责统稿。本书在编写过程中得到了许多同行、朋友的支持和帮助，特别是中南大学刘维正副教授对本书的编写提出了宝贵意见；本书的编写还参考了大量相关著作和文献资料，在此谨代表编者表示衷心感谢。

本书可作为高等学校交通、土木工程专业的本科教学用书，也可供从事相关专业的工程技术人员参考。

由于作者学识和水平有限，书中难免存在不足和疏误之处，恳请各位读者批评指正。

编　者

2021 年 2 月

目 录

第 1 章　概论

1.1　我国道路发展与养护现状

1.1.1　我国道路发展概况

道路建设是国民经济发展的基石，经济的健康、快速发展，离不开良好的交通保障。因此，道路建设也成为经济发展、国富民强的前提。自中华人民共和国成立以来，我国公路交通建设的发展状况大概如表 1-1 所示。

表 1-1　我国公路里程增长状况

年份	公路总里程/万 km	二级以上公路里程/万 km	高速公路里程/万 km
1949	8	0	0
1978	89	1	0
1987	98	2.9	0
1990	103	4.7	0.0522
2000	140	18.9	1.6
2010	400.8	44.7	7.4
2011	410.6	47.4	8.5
2012	423.8	50.2	9.8
2013	434.6	52.4	10.4
2014	446.4	54.6	11.2
2015	457.7	57.5	12.35
2016	469.6	60.1	13.1
2017	477.35	62.2	13.65
2018	486	64.7	14.25
2019	501.25	67.2	14.96

中华人民共和国成立初期,全国公路通车总里程仅约 8 万 km,且建设水平落后、技术等级低下。由于对公路运输在国民经济中的基础性和先导性认识不足,公路发展水平长期滞后于国民经济的发展,不过与当时我国汽车工业水平相比,特别是与经济发展要求相比,总体上尚能适应。

20 世纪 80 年代以后,随着我国经济的全面发展,公路基础设施成为国民经济建设中最薄弱的环节,出现了"全面紧张"的局面。20 世纪 90 年代以后,中央将交通运输事业尤其是公路的发展作为国民经济发展的全局性、战略性和紧迫性任务,公路建设得以迅速发展。截至 1997 年底,全国通车里程达 122.6 万 km,二级以上公路达 13.09 万 km,高速公路达0.48 万 km,高级、次高级路面铺装率达 38.1%,实现全国县县通公路、乡镇通公路达到98.5%,行政村通机动车比例达到 85.8%。

21 世纪以来,我国继续加大基础建设投资力度,公路建设获得了前所未有的大发展,使"全面紧张"的交通状况在近年内得到根本改变。这一时期,是我国公路运输发展最快、最好的时期,公路建设规模快速增长。到 2008 年公路通车总里程由 1978 年的 89 万 km 增长到358 万 km,公路建设年投资规模由 1978 年的 4.9 亿元增长到 2007 年的 6490 亿元,提前13 年实现了总长 3.5 万 km 的"五纵七横"国道主干线建设计划。

高速公路从无到有,发展迅速。2000 年,国道主干线京沈、京沪高速公路建成通车,在我国华北、东北、华东之间形成了快速、安全、畅通的公路运输通道;2001 年,有"西南动脉"之称的西南公路出海通道经过 10 多年的艰苦建设实现了全线贯通。2002 年底,我国高速公路通车里程一举突破 2.5 万 km,位居世界第二位,其中山区高速公路里程为世界第一。除西藏外,各省、自治区和直辖市都已拥有高速公路,有 15 个省份的高速公路里程超过1000 km。从 1988 年第一条高速公路——沪嘉高速公路建成通车,至 2019 年底,我国高速公路通车里程达 14.96 万 km,居世界第一。随着京沪、京沈、京石太、沪宁合、沪杭甬等一批长距离、跨省区的高速公路相继贯通,我国主要公路运输通道交通紧张状况得到明显缓解,长期存在的运输能力紧张状况得到明显改善。这一时期我国公路建设成绩斐然,对提高我国公路设计、养护、管理水平起到了极大的推动作用。

2019 年是中华人民共和国成立 70 周年,是全面建成小康社会关键之年,也是《交通强国建设纲要》印发实施之年。七十载沧桑巨变,弹指一挥间,到 2019 年末全国公路总里程达到了 501.25 万 km,公路密度为 52.21 km/100 km²,公路养护总里程也随之达到 495.31 万 km,占公路总里程的 98.8%。全国四级及以上等级公路里程为 469.87 万 km,占公路总里程93.7%;二级及以上等级公路里程 67.20 万 km,占公路总里程 13.4%;高速公路里程14.96 万 km,其中车道里程 66.94 万 km。2020 年底,我国高速公路总里程已突破 15 万 km,全国范围内一个干支衔接、四通八达的公路网已经基本形成,为经济社会的发展、出行条件的改善、人民生活水平的提高提供了关键保障。图 1-1 为我国公路总里程与技术等级构成状况(2019 年)。

我国公路发展大事记如下:

1950 年,交通部制定并试行全国统一的《养护公路暂行办法》。

1954 年,川藏公路、青藏公路正式通车。

1981 年 11 月,国家计委、经委和交通部联合发出《关于划定国家干线公路网的通知》。70 条国道规划总里程达 11 万 km。

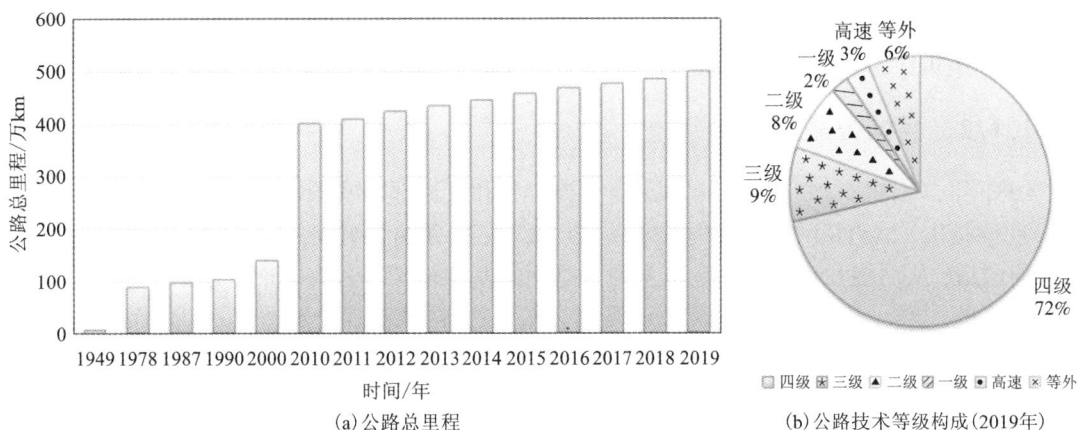

(a) 公路总里程　　　　　　　　　(b) 公路技术等级构成(2019年)

图 1-1　我国公路总里程与技术等级构成状况(2019年)

1984 年，国务院出台了征收车辆购置附加费、提高养路费收费费率和实行贷款修路、收费还贷 3 项政策。

1987 年 10 月，国务院颁布《中华人民共和国公路管理条例》。

1988 年 10 月，沪嘉高速公路通车。

1989 年 7 月，交通部在沈阳召开第一次全国高等级公路建设经验交流现场会，明确了我国必须发展高速公路。

1990 年，交通部制定发布《公路路政管理规定(试行)》。

1993 年，《"五纵七横"国道主干线系统规划》正式印发，总里程约 3.5 万 km。

1993 年，全面实行工程监理制，内地采用 FIDIC 条款建设的首个公路工程——京津塘高速公路通车。

1998 年 1 月 1 日，《中华人民共和国公路法》正式实施。

1999 年，我国第一座跨径超千米的特大型悬索桥——江阴长江大桥通车。

2000 年 8 月，《关于加快农村公路发展的若干意见》发布。

2001 年年底，我国高速公路通车里程 1.9 万 km。

2004 年，《中华人民共和国收费公路管理条例》出台。

2004 年，《中华人民共和国道路运输条例》施行。

2004 年底，《国家高速公路网规划》经国务院常务会议审议通过。

2005 年，《全国农村公路建设规划》出台。

2007 年底，"五纵七横"国道主干线基本贯通。

2009 年 1 月 1 日起，实施成品油价格和税费改革，全国统一取消公路养路费等 6 项收费，并逐步有序取消政府还贷二级公路收费。

2013 年，《国家公路网规划(2013—2030 年)》获国务院批准。

2014 年，习近平总书记作出重要批示，要求把农村公路"建好、管好、护好、运营好"。

2015 年 5 月，《关于推进"四好农村路"建设的意见》印发。

2016 年 1 月起，《农村公路养护管理办法》实施。

2018 年 10 月，港珠澳大桥通车。

2019 年 9 月，中共中央、国务院印发《交通强国建设纲要》。

2019 年 9 月，《关于深化农村公路管理养护体制改革的意见》印发。

1.1.2　我国公路网规划

1981 年，原国家计划委员会、国家经济委员会和交通部印发的《国家干线公路网（试行方案）》明确指出，国道路网由" 12 射、28 纵、30 横"共 70 条路线组成，划定了总规模约 11 万 km 的普通国道，从功能和布局上确定了全国公路网的基本构架，为集中推进国家干线公路建设奠定了基础。2004 年，国家发展和改革委员会印发的《国家高速公路网规划》明确指出，国家高速公路网由"7 射、9 纵、18 横"等路线组成，总规模约 8.5 万 km。此规划大幅拓展了主干线公路网的覆盖范围，提升了路网服务能力，为实现高速公路持续健康发展提供了指导意见。截至 2012 年底，国家级干线公路通车里程 17.3 万 km，其中：普通国道 10.5 万 km，国家高速公路 6.8 万 km。国家级干线公路的快速发展，显著提高了我国公路整体技术水平，总体缓解了交通紧张状况，对提高经济运行效率、增强发展活力、提升国民生活质量、保障国家安全做出了突出贡献。

公路交通的快速发展，有效缓解了我国交通运输的紧张状况，显著提升了国家的综合国力和竞争力。然而，随着经济社会的快速发展，国家级干线公路规划与建设仍面临一些亟待解决的问题，如覆盖范围不全面、主要通道通行能力不足、网络通达效率有待进一步提高、与其他运输方式需要进一步加强衔接等。当前，我国正朝着全面建成小康社会迈进，经济社会快速发展，人民生活水平不断提高，对公路交通的保障能力和服务水平也提出了更高要求。从长远发展需要出发，2013 年 6 月 20 日经国务院批准，交通运输部正式发布了《国家公路网规划（2013—2030 年）》，这是我国改革开放以来出台的第四个国家级干线公路网规划。该规划就我国公路网的合理架构进行了顶层设计，谋划了国家级干线公路的布局，指导了国家公路网的科学发展，满足全面建设小康社会和加快推进社会主义现代化的需要。

根据该规划，未来我国公路网总规模约 580 万 km，其中国家公路占总规模的 7%，省级公路占 9%，乡村公路占 84%。国家公路网由"普通国道＋国家高速公路"两个层次构成，普通国道提供普遍的、非收费的交通基本公共服务；国家高速公路提供高效、快捷的运输服务。这样的公路网空间布局将更加合理、结构更加清晰、功能更加明确。《国家公路网规划（2013—2030 年）》是公路交通基础设施的中长期布局规划，充分体现了新时期国家发展综合交通运输的战略方针，是指导国家公路长远发展的纲领性文件，必将对我国公路交通发展产生深远影响。届时将形成布局合理、功能完善、覆盖广泛、安全可靠的国家干线公路网络，实现首都辐射省会、省际多路连通、地市高速通达、县县国道覆盖。距离 1000 km 以内的省会城市间可当日到达，东中部地区省会城市到地市可当日往返、西部地区省会城市到地市可当日到达；区域中心城市、重要经济区、城市群内外交通联系紧密，形成多中心放射的路网格局；有效连接国家陆路门户城市和重要边境口岸，形成重要国际运输通道，与东北亚、中亚、南亚、东南亚的联系更加便捷。其中，普通国道全面连接县级及以上行政区、交通枢纽、边境口岸和国防设施；国家高速公路全面连接地级行政中心、城镇人口超过 20 万的中等及以上城市、重要交通枢纽和重要边境口岸。

1.1.3 我国公路养护与管理概况

公路的快速发展，带来了巨大养护与维修体量，"十三五"末我国公路年养护工程费用已超过 4000 亿元。随着公路使用年限的增加，养护市场还将进一步扩大，养护管理工作的压力越来越大。面对日益庞大的养护市场，"十四五"纲要明确提出"推进科学养护决策，提升养护水平"的要求，具体包括预防养护、精准养护、绿色养护和科学养护。另外，随着我国公路里程和养护工程量的不断增长，以及道路工程新技术、新材料、新工艺的不断出现，人们也对公路的舒适性、安全性和使用寿命提出了更高的要求。众所周知，路面作为公路重要的组成部分，路面行驶品质的优劣直接影响公路交通服务水平及交通运输安全运行水平的高低。当路面状况保持在较高的水准时，既能保证交通出行的顺畅程度，又能给交通参与者带来舒适、便捷、安心的驾乘感受；而当路面状况处于较低的水平时，道路的通行速度将严重下降，安全隐患显著上升，对社会和经济效益产生不利影响。近年来，受交通量迅速增长、车辆大型化、超载严重、行驶渠道化等影响，许多道路在建成后不久，就不能适应车辆通行的需要，早期病害频发；加上社会公众和道路使用者对道路交通服务能力需求的提高，要求实现更加快速、畅通、安全、舒适、经济的使用功能，这就对养护维修工作和管理水平提出了新的要求。图 1-2 为路面典型病害。

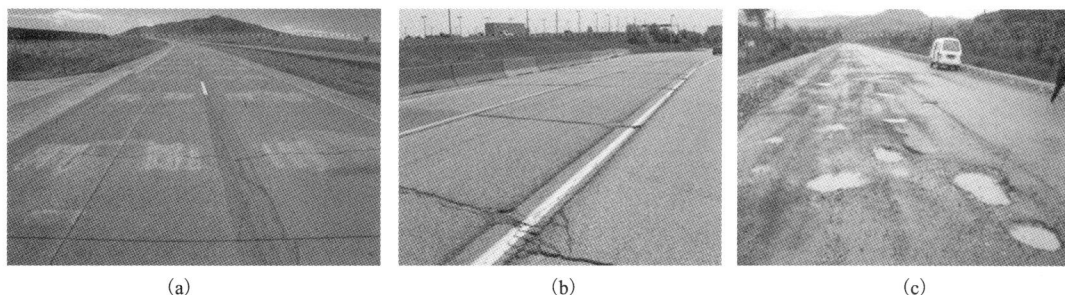

(a)   (b)   (c)

图 1-2　路面典型病害

公路从勘查、设计、建设到使用，时间历程较长，是一项系统工程。作为建设的延续和发展，养护管理对公路功能的发挥起重要保障作用，特别是进入运营阶段后，为确保公路的良好的服务性能，养护与管理会取代基本建设成为工作的重点。按照系统理论的观点，应逐步建立起养护维修与管理工作在整个公路系统的主导地位。道路使用性能的影响因素众多且关系复杂，涉及设计、施工和运营各个环节，并且绝大部分因素都具有不确定性。公路建成通车后，便一直承受着车辆荷载的反复作用，同时还经受着气候、环境一年四季交替变化的影响。除这些外部影响因素之外，路面材料的性能、施工质量和后期养护水平等，也都对路面性能有着不同程度的影响。养护与管理工作就是要经常保持公路及其设施的完好状态，延长其处于良好服务水平下的使用年限，养护过程也就是保证公路使用质量平稳缓慢下降的过程。从路面的使用寿命周期来看，前期修建的许多路面经过数年的使用之后，有了大量的磨耗和损坏，为了保持路面与公路等级相适应的服务水平，需要对这些道路进行定期的养护与维修。在经历了大规模的公路建设之后，随之而来的是任务繁重的道路养护和管理工作。随着我国国民经济的不断发展，交通流量、客运量大幅度提高，负载增加，超载问题严重，其结果直接导致路面的损坏速度加快，大量的公路提前进入养护维修期。与我国相比，发达国家的公路系统早已进入了以养护管理为主的时代。借鉴其发展的经验教训，必须遵循"建养并重"的方针，摒弃"重建轻养"的观念，树立"建设是发展，养护也是发展，并且是可持续发展"的新观念，逐渐向"以养为主"的时代过渡。从目前情况来看，我国公路交通事业的重点将逐步从建设期转入养护期，养护工作任重而道远。因此，养护维修与管理实际上是道路建设的一种给续，养护维修工作在我国当前的公路事业飞速发展阶段是一项艰巨而不容忽视的工作。在今后的一段时期，我国公路交通将由以建设为主，转变为建设与养护并举，并逐步迈向以养护为主的发展阶段。

1.1.4　我国公路养护与管理体系的建立

2001 年 5 月，我国交通运输部颁布了规范性文件《公路养护工程管理办法》，对加强和规范养护工程管理，提高养护工程质量和投资效益发挥了重要作用。2011 年 7 月，《公路安全保护条例》颁布实施，对养护工程管理提出了新要求。同时，随着经济社会快速发展、公路网规模迅速扩大、公众出行需求提升，公路养护工程的内涵和外延都发生了新的变化。加快构建现代公路养护体系，推行养护决策科学化、养护管理制度化、养护工程精准化、养护生产绿色化，是公路养护事业的发展方向，也是公路交通转型升级、服务交通强国的必由之路。

为适应行业发展新趋势和解决养护与管理实践中存在的问题，我国交通运输部于 2018 年发布了新的《公路养护工程管理办法》（交公路发〔2018〕33 号，2018 年 6 月 1 日起施行）。此管理办法按照形势要求和政策导向对我国公路养护管理提出了全方位的政策指导，并搭建了现代养护工程管理体系。主要包括以下几个方面的内容：

1. 加强公路养护预算管理

2008 年成品油价格税费改革后，公路养护资金逐步纳入政府财政预算管理。随着近年来财政零基预算改革的不断推进，科学规范地编制公路养护预算越来越重要，养护工程作为公路养护的重要构成，需要完善管理政策，加强政策指导。

2. 推进落实公路养护新理念

预防性养护、养护科学决策等先进理念逐步形成并广泛应用，亟须建立制度。此外，我国公路进入养护高峰期，应急处置需要更加及时、工程实施组织需要更加有序，才能减少对公众出行的影响，因此有必要加强公路养护工程管理的政策指导。

3. 公路养护工程分类管理

1975 年我国对养护工程按其工程性质、复杂程度、规模大小划分为小修保养、中修、大修和改建工程，2001 年我国颁布的《公路养护工程管理办法》继承了该分类方法。但随着养护技术的不断进步，各地对养护工程性质、复杂程度、规模大小的理解出现差异，导致养护工程在实际管理中对应执行的要求也千差万别，影响了养护工程分类管理的针对性、及时性和有效性，亟须优化养护工程分类及其相关管理规则。

4. 优化养护工程分类

《公路养护工程管理办法》在修订时依据养护对象和工程性质对养护工程类别进行了优化，调整为预防养护、修复养护、专项养护、应急养护四类，并明确了公路改扩建执行公路建设管理的相关规定。一方面解决了养护工程管理分类缺项，未涵盖预防养护和应急养护的问题；另一方面解决了养护工程分类层次不清，原大、中、小修养护工程没有明确界限的问题，进一步适应了发展需要。

5. 规范养护工程实施流程

提出实施养护工程的程序步骤，即前期决策、计划编制、工程设计、工程施工、工程验收，并对各项工作按照实施流程、层递关系和主次关系提出要求，提高了养护工程管理的针对性和可操作性。

6. 推行公路养护科学决策

将养护科学决策纳入养护工程前期环节，以公路技术状况检测评定、养护需求分析、养护方案确定为基础，遵循全寿命周期综合效益最佳的理念，综合考虑技术、经济、安全、环保等因素，合理确定养护工程项目，为养护工程计划的编制提供科学依据。

7. 强化重要节点管理

在前期阶段加强工程项目储备管理，在计划编制环节加强工程计划编制、审核和报备管理，在工程设计环节加强设计文件管理，在工程施工环节加强交通组织、施工质量和安全管理，在工程验收环节加强验收时限和步骤要求。

8. 引领公路养护的发展方向

按照建设交通强国、公路率先转型升级发展的要求，从专业化、绿色化、智能化等方面，提出公路养护工程管理措施要求，引领公路养护发展方向。

综上所述，道路养护与管理工作的开展正逐渐引起社会各界的广泛关注。当前市场经济发展背景下，我国道路养护与维修工作取得的成效有目共睹，然而从养护与管理现状中存在的问题不难分析，各种不利因素对于道路养护与维修工作的发展与建设仍形成了一定阻碍。道路养护与管理是适应市场经济发展的必要环节，因此当前社会主义现代化建设法则背景下养护与管理亟须针对存在的问题予以改善，这对于道路养护与维修的发展至关重要。总体上讲，道路养护与维修工作对于道路的使用寿命、交通正常运输、交通服务水平都具有重要的决定性作用。首先，道路养护与维修工作能够延长道路正常的生命周期，在道路的全生命周期内有着极其重要的影响，其养护费用也在道路交通运输中占有一定的比例；其次，道路养护与维修工作也能够在很大程度上保证道路的畅通运行，只有道路的服役状况保持良好，交通运输才能正常运转。因此，道路养护与维修工作对我国道路交通事业的发展具有十分深远的意义。

1.2 道路养护与维修的主要内容与分类

1.2.1 道路养护维修的目的

道路建成通车后，因承受车轮的磨损和冲击，受到雨水、冰冻、日晒、风沙等自然因素的影响和作用，以及人为的破坏和修建时遗留的某些缺陷，其使用性能会逐渐劣化。因此，道路建成通车后必须及时采取养护维修措施，并不断进行更新改善，否则将导致修复工程的投资加大，缩短道路的使用寿命，并给用路者造成损失。道路养护与维修还必须注意进行紧急服务和抢修，保持道路通畅。在中国及其他发展中国家，道路养护与维修还要对原有技术标准过低的路段、构造物和沿线设施进行局部改善、更新和添建，以提高道路的通行能力和服务水平。简言之，道路养护与维修就是为保持道路的正常使用而进行的经常性保养、维修、预防和修复灾害性损坏，以及为提高其使用质量和服务水平而进行的加固、修缮或改扩建。

道路养护的目的就是运用先进的技术和科学手段，合理地分配和使用养护资金，通过科学养护和及时维修，保持道路路况良好，延长道路使用寿命，确保行车安全、舒适、经济，以使道路在设计使用年限内能够具有较高的使用品质和服务质量，正常发挥其功能。道路如果缺乏必要的养护与维修，路况必然恶化、功能必然退化，通行能力将会逐渐下降。因此，及时发现并有效修复这些损坏，有利于保持道路良好的使用状态和服务水平，有利于向使用者提供安全、快捷、舒适、经济的行车环境，有利于树立我国道路发展的对外形象，最终提高道路建设的经济和社会效益。

早在"十一五"期间我国交通运输部就提出了"公路建设是发展，公路养护也是发展，而且是重要发展"的指导方针，把对公路养护与管理的认识提高到了一个新的高度。养护好一条公路与建设好一条公路同样重要，尤其是国家公路网建成后，公路的养护维修工作就显得更重要了。因此，及时维修病害，采取先进的养护维修技术，寻求合理的养护管理措施，是当前我国公路发展亟待解决的重要问题。

1.2.2 道路养护的基本原则

1.预防为主、防治结合

要根据历年积累的技术经济资料和当地具体情况，通过科学分析和预防，消除导致公路损毁的因素，增强公路设施的耐久性和抗灾能力。特别要做好雨季的防护工作，以减少水毁损失。

2.因地制宜、就地取材

在养护与维修过程中应尽量选用当地天然材料和工业废渣，充分利用原有工程材料和工程设施，以降低养护与维修成本。

3.常年养护、科学养护

要推广应用国内外先进的养护与维修技术和科学的管理方法，改善养护管理手段，提高养护与维修技术水平，做到常年养护不松懈。

4. 综合治理，保护生态

注重保护路旁景观和文物古迹，防止环境污染，注意少占农田。

5. 规范设计，注重效益

公路养护工程设计应符合现行《公路工程技术标准》(JTG B01—2014)的规定，施工时要注意社会效益，保障公路畅通。

6. 突出重点，全面养护

加强以路面养护为中心的全面养护，大力推广和发展公路养护机械化。

1.2.3　道路养护与维修工程分类

1. 常规分类

1) 日常养护

对各组成部分(包括附属设施)每年按需要进行频繁的日常作业，其目的是保持公路原有的良好状态和服务水平。日常养护的作业项目主要有：路面及其他部分的清扫；轻微损坏的修补和设施的零星更换，割草和树枝修剪，冬季除雪除冰，以及为恢复偶尔中断的交通进行的紧急处理。

2) 定期养护

在使用期限内所进行的、可编制程序的、较大的养护作业。定期养护作业主要项目有：辅助设施的改进和更新，路面磨耗层的更新或修复，路面标线、涵洞及附属设施的修复，金属桥的重新油漆等。

3) 特别养护

把严重恶化的路况改善到原有状态的作业。特别养护作业项目有：加强和改建已破损的路面结构，修复已破坏的路基和涵洞，防治外部因素对公路的损害。如稳定边坡、防治坍方、添建挡土墙、改善排水设施、防治水毁、预防雪崩、砍伐树木等。

4) 改善工程

对在新建或改建时遗留下的缺陷进行的改善作业。改善工程项目主要有：改善卡脖子路段，提高通行能力；校正路拱和超高，改善行车视距；调整交叉口和进入口，消除事故多发点，以策安全；采取防噪声措施；扩建和改善建筑物和其他设施；添建路旁休息区，以提高公路服务水平等。

2. 按养护规模分类

我国《公路养护技术保养》(JTG H10—2009)指出：可通过判断养护与维修工程的规模、难易、性质等方面，将公路的养护划分为小修、中修、大修、改建四种类型。

1) 小修保养工程

对公路及其一切工程设施进行预防保养和修补其轻微损坏部分，使之经常保持完好状态。它通常是由养护工班在一年小修保养定额经费内，按月（旬）安排计划每日进行的工作，如图 1-3 所示。

图1-3 小修保养工程

2）中修工程

对公路工程设施的一般性磨损和局部损坏进行定期的修理和加固，以恢复其原状的小型工程项目，如图 1-4 所示。它通常由基层养路机构按年（季）安排计划并组织实施。

图1-4 中修工程

3）大修工程

对公路设施的较大损坏进行周期性的综合修理，以全面恢复到原设计标准，或在原技术等级范围内进行局部改善和个别增建以逐步提高公路通行能力的工程项目,如图 1-5 所示。它通常由基层养路机构或在其上级机构帮助下,根据批准年度计划的工程预算组织实施。

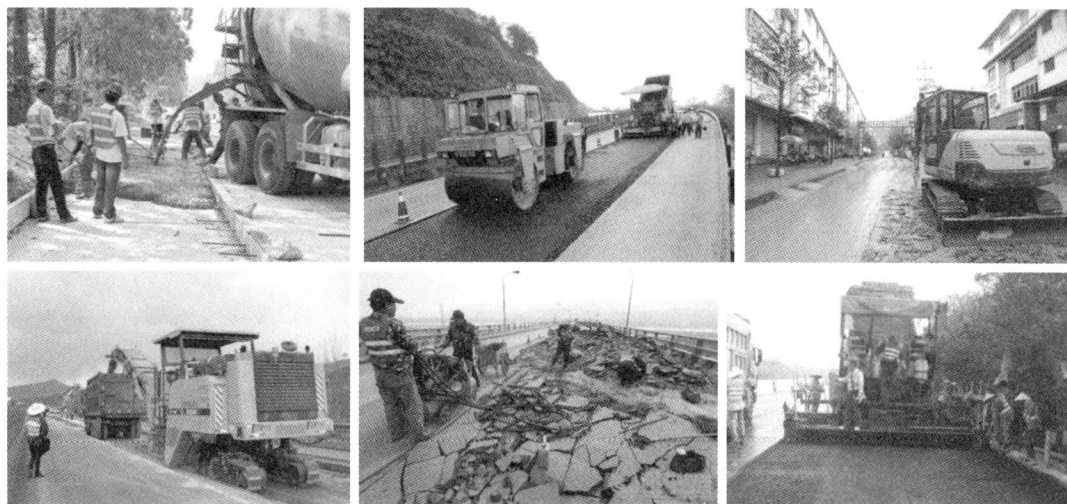

图 1-5 大修工程

4)改建(改善)工程

改善工程是对公路及其工程设施因不适应交通量和载重需要而分期逐段提高其技术等级,或通过改善显著提高其通行能力的较大工程项目,如图 1-6 所示。它通常由地区养路机构或省级养路机构根据批准的计划和设计预算来组织实施或招标完成。

图 1-6 改建(改善)工程

3.按养护性质与对象分类

2018 年颁布的《公路养护工程管理办法》对我国养护工程的分类做了进一步的优化,指出在公路养护过程中,可针对养护对象、目的,划分为预防养护、修复养护、专项养护和应急养护四种类型(图 1-7)。表 1-2 为公路养护工程分类定义与具体内容。

图 1-7　公路养护种类划分

表 1-2　公路养护工程分类定义与具体内容

类别	定义	具体内容
预防养护	公路整体性能良好但有轻微病害，为延缓性能过快衰减、延长使用寿命而预先采取的主动防护工程	①路基：增设或完善路基防护，如柔性防护网、生态防护、网格防护等；增设或完善排水系统，如边沟、截水沟、排水沟、拦水带、泄水槽等；集中清理路基两侧山体危石等；其他 ②路面：针对整段沥青路面面层轻微病害采取的防损、防水、抗滑、抗老化等表面处治；整段水泥混凝土路面防滑处治、防剥落表面处理、板底脱空处治、接缝材料集中清理更换等；其他 ③桥梁涵洞：桥梁涵洞周期性预防处治，如防腐、防锈、防侵蚀处理等；桥梁构件的集中维护或更换，如伸缩缝、支座等；其他 ④隧道：隧道周期性预防处治，如防腐、防侵蚀处理、防火阻燃处理；针对隧道渗水、剥落等的预防处治；其他
修复养护	公路出现明显病害或部分丧失服务功能，为恢复技术状况而进行的功能性、结构性修复或定期更换工程	①路基：处治路堤路床病害，如沉降、桥头跳车、翻浆、开裂滑移等；增设或修复支挡结构物，如挡土墙、抗滑桩等；维修加固失稳边坡；集中更换安装路缘石、硬化路肩、修复排水设施等；局部路基加高、加宽、裁弯取直等；防雪、防石、防风沙设施的修复养护等；其他 ②路面：改善沥青路面结构强度，如直接加铺、铣刨加铺、翻修加铺或其他各类集中修复等；水泥路面结构形式改造、破碎板或其他路面病害修复等；整路段砂石、块石、条石路面的结构修复及改善等；配套路面修复完善相关附属设施，如调整标志标线、护栏、路缘石，路口及分隔带开口等；其他 ③桥梁涵洞：桥梁涵洞加固、病害修复，如墩台(基础)、锥坡翼墙、护栏、拉索、调治结构物、径流系统等的维修完善；桥梁加宽、加高，重建、增设、接长涵洞等；其他 ④隧道：对隧道结构加固、病害修复，如洞门、衬砌、顶板、斜井、侧墙等的修复；其他 ⑤机电：对通信、监控、通风、照明、消防、收费、供配电设施、健康监测系统等进行增设、维修或更新；其他 ⑥交安设施：集中更换或新设标志标牌、防眩板、隔音屏、隔离栅、中央活动门、限高架等；整段路面标线的施划；集中维修、更换或新设公路护栏、警示桩、道口桩、减速带等；其他 ⑦管理服务设施：公路养护、管理、服务等的房屋、场地和设施设备的维修、改造、扩建或增设；其他 ⑧绿化景观：更换、新植行道树及花草，开辟苗圃等；公路景观提升、路域环境治理等

续表1-2

类别	定义	具体内容
专项养护	为恢复、保持或提升公路服务功能而集中实施的完善增设、加固改造或拆除重建等工程	针对阶段性重点工作实施的专项公路养护治理项目
应急养护	突发情况下公路损毁、中断，产生重大安全隐患等，为较快恢复公路安全通行能力而实施的应急性抢通、保通、抢修	①对自然灾害或其他突发事件造成的障碍物的清理 ②公路突发损毁的抢通、保通、抢修 ③突发的经判定可能危及公路通行安全的重大风险的处治

1.2.3　我国公路养护的基本任务

我国公路养护的基本任务有：

①贯彻"预防为主，防治结合"的方针，加强预防性养护，提高公路的抗病害和灾害能力。

②加强公路及其沿线设施的基本技术状况调查，及时发现和消除隐患。

③保持公路及其沿线设施良好的技术状况，及时修复损坏部分，保障公路行车安全、畅通、舒适。

④吸收和采用新技术、新工艺、新材料、新设备，采取科学的技术措施，不断提高公路养护工程质量，有效延长公路的使用寿命，降低路桥设施的全寿命周期成本，提高养护资金使用效益。

⑤加强公路的技术改造，对原有技术标准过低的路段和构造物，以及沿线设施，进行分期改善或增建，逐步提高公路的使用质量和服务水平。

1.3　公路技术状况评价

由于行车和自然等因素的不断影响，路面使用性能逐渐衰变，表现出各种各样的破损，这些破损会随着时间的推移而日趋严重，最终将会达不到路面使用的要求。为了解和掌握路面使用性能的衰变情况，以便及时采取相应的养护和改善措施，延缓其劣化或恢复其使用性能，必须定期对路面使用性能状况做出评价。路面使用性能评价是依据所采集到的路面状况数据，对路面使用性能满足使用要求的程度做出评价。路面使用性能的正确评价是科学预测路面使用性能、合理制订养护维修计划、进行投资决策的重要依据之一，是路面养护中的重要的环节。

道路养护与维修指通过各种养护计划与措施降低道路使用性能衰变的速率和延缓道路损坏的发展速度，这些可以通过公路使用性能的各项指标来体现，即反映了道路是否能够持续为行驶的车辆提供安全可靠、舒适的服务水平的特征。这些路面使用性能一般包括功能性、结构性、承载性、安全性和美观性等五方面的内容。

我国《公路技术状况评定标准》(JTG 5210—2018)中提出采用公路技术状况指数(MQI)(highway maintenance quality indicator)来综合评价公路路基、路面、桥隧构造物和沿线设施的技术状况，评价指标见图1-8，各指标值域均为0~100。

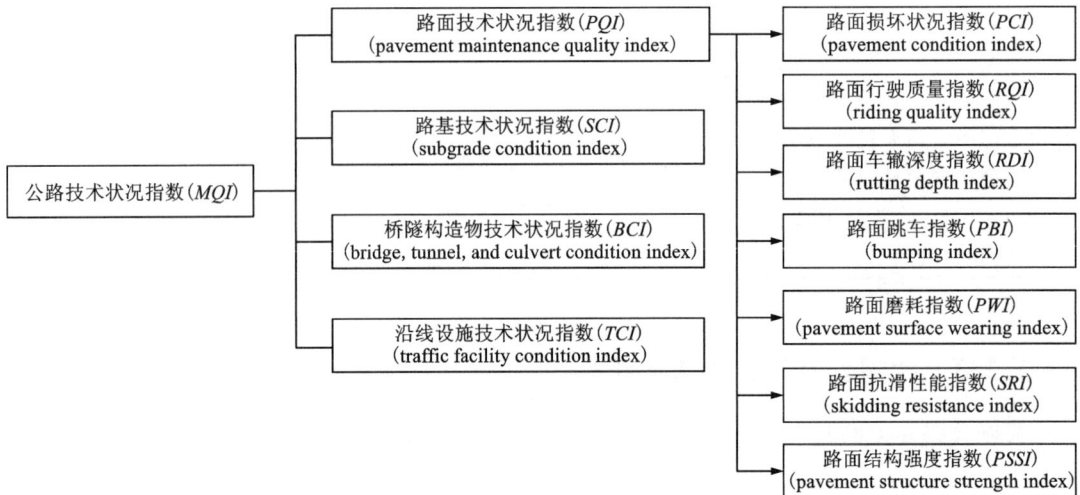

图1-8　公路技术状况评价指标

MQI 的计算见公式(1-1)，用于反映 MQI 的相应分项指标是：

$$MQI = w_{PQI}PQI + w_{SCI}SCI + w_{BCI}BCI + w_{TCI}TCI \tag{1-1}$$

式中：PQI 为路面技术状况指数；SCI 为路基技术状况指数；BCI 为桥隧构造物技术状况指数；TCI 为沿线设施技术状况指数。w_{PQI} 为 PQI 在 MQI 中的权重，取值为 0.70；w_{SCI} 为 SCI 在 MQI 中的权重，取值为 0.08；w_{BCI} 为 BCI 在 MQI 中的权重，取值为 0.12；w_{TCI} 为 TCI 在 MQI 中的权重，取值为 0.10。

其中，路面技术状况指数 PQI 计算见公式(1-2)所示，评价采用 7 个单项指标：

$$PQI = w_{PCI}PCI + w_{RQI}RQI + w_{RDI}RDI + w_{PBI}PBI + w_{PWI}PWI + w_{SRI}SRI + w_{PSSI}PSSI$$

$$\tag{1-2}$$

式中：PCI 为路面技术状况指数；RQI 为路面行驶质量指数；RDI 为路面车辙深度指数；PBI 为路面跳车指数；PWI 为路面磨耗指数；SRI 为路面抗滑性能指数；PSSI 为路面结构强度指数。w_{PCI} 为 PCI 在 PQI 中的权重，按表1-3取值；w_{RQI} 为 RQI 在 PQI 中的权重，按表1-3取值；w_{RDI} 为 RDI 在 PQI 中的权重，按表1-3取值；w_{PBI} 为 PBI 在 PQI 中的权重，按表1-3取值；w_{PWI} 为 PWI 在 PQI 中的权重，按表1-3取值；w_{SRI} 为 SRI 在 PQI 中的权重，按表1-3取值；w_{PSSI} 为 PSSI 在 PQI 中的权重，按表1-3取值。

表1-3 *PQI* 各分项指标权重

路面类型	权重	高速公路、一级公路	二、三、四级公路
沥青路面	w_{PCI}	0.35	0.60
	w_{RQI}	0.30	0.40
	w_{RDI}	0.15	—
	w_{PBI}	0.10	—
	w_{PWI}	0.10	—
	w_{PSSI}	—	—
水泥混凝土路面	w_{PCI}	0.50	0.60
	w_{RQI}	0.30	0.40
	w_{PBI}	0.10	—
	w_{PWI}	0.10	—

注：采用式1-2计算 *PQI* 时，路面抗滑性能指数 *SRI* 和路面磨耗指数 *PWI* 应二者取一。

根据评定结果，可将公路技术状况指标及各分项指标分为五个等级，即优、良、中、次、差。公路技术状况指数见表1-4所示。

表1-4 公路技术状况指数

评定指标	优	良	中	次	差
MQI	≥90	≥80，<90	≥70，<80	≥60，<70	<60
SCI、*PQI*、*BCI*、*TCI*	≥90	≥80，<90	≥70，<80	≥60，<70	<60
PCI、*RQI*、*RDI*、*PBI*、*PWI*、*SRI*、*PSSI*	≥90	≥80，<90	≥70，<80	≥60，<70	<60

注：高速公路路面损坏状况指数 *PCI* 等级划分标准："优"应为 $PCI \geq 92$，"良"应为 $80 \leq PCI < 92$，其他保持不变；水泥混凝土路面行驶质量指数 *RQI* 等级划分标准："优"应为 $RQI \geq 88$，"良"应为 $80 \leq RQI < 88$，其他保持不变。

1.4 公路养护与管理的发展方向

1. 路面检测智能化

路面检测智能化可分为两个阶段。

①路面检测的自动化。随着工程技术的发展，与之相适应的许多路面检测设备应运而生，如路面综合检测车、横向摩擦力系数检测车、弯沉仪、激光平整度仪等，能够通过这些检测设备进行路面数据自动采集。大部分路面检测设备技术是成熟的，但是路面综合检测车目前在国内还处于研究、试用阶段，还没有形成规模。图1-9为路面性能自动化检测设备。

②路面管理系统。其功能是将路面检测数据进行储存和分析，通过数据处理评定路面使

(a)路面综合检测车   (b)路面横向摩擦力系数检测车

(c)路面状况探测车   (d)路面激光平整度测试   (e)落锤式弯沉测试

图1-9   路面性能自动化检测设备

用性能并提出养护对策。

伴随着高速公路里程的不断增长和高速公路网的逐渐形成，高速公路的路面养护问题也越来越受到普遍关注和重视。建立科学、高效的高速公路路面养护管理决策系统，能够有效改变传统的公路养护管理模式，保证高速公路的运行效率，适应现代化、大规模和高质量的路面养护要求，为路面管理决策者进行路面使用性能评价与预测、合理确定路面养护资金需求与分配方案、优化路面养护决策等提供科学依据和决策支持。路面管理系统对于高速公路自身和区域社会经济的可持续发展都具有重要的理论意义，有助于改变过去"重建设、轻养护"的观念，实现公路管理部门工作重点的转移，在公路养护管理部门的应用将对我国高速公路的养护管理工作产生积极的推动作用。

2. 预防性养护的常态化

预防性养护(preventive maintenance)的概念是美国于20世纪90年代提出的，主要思想是：在公路寿命期内，为了保证路况良好、延长公路寿命，并将寿命周期内养护成本降到最低而应用一系列的预防性养护措施的系统过程。随着预防性理念引入我国，它已逐渐成为我国公路养护工作中的主要内容。实施预防性养护是科学养护的具体体现，它能针对不同的路面，综合考虑技术、经济和工程等因素，在合适的时间，对合适的路面采取合适的措施，尽可能延长路面大、中修工程周期，节约养护成本，提高养护效率。预防性养护作为一种高效的养护方法，将其应用于公路养护与管理中，需要从养护人员管理理念更新层面上落实，主观层面上改进，使其成为公路养护工作中的常态，切实为客观养护工作的创新发挥有效的指导作用。

3.养护设备的一体化

随着时代的发展,社会对公路的要求也随之提高,要求公路能够提供更加快速、安全、高效的运输服务,若继续采取传统的养护与维修方法,则耗时长、效果差、成本高,从而影响公路的运营,所以公路养护与维修的发展趋势必然是养护设备的一体化与智能化。图1-10为智能化养护施工设备。

图1-10 智能化养护施工设备

4.养护材料的节能环保化

路面材料的再生利用可以缓解资源压力,有利于环境保护和降低养护成本,受到了各国的重视。欧美发达国家经过多年的系统研究,开发了多种路面再生方式以及一系列成套设备,已经形成了一套比较完整的再生技术,达到了规范化和标准化的程度,部分国家出台了相应的政策法规,即强制规定废旧路面材料必须进行再生利用。对路面材料的再生利用,我国目前还处在引进、消化、试用阶段,我国仍有很大一部分公路的沥青路面铣刨料没有得到充分的再生利用,不仅造成了资源的浪费,还增加了处理成本。

美国、德国、日本等发达国家已经研发出了成熟的现场热再生养护列车,它代表当今世界养护施工机械化、一体化的发展方向,集加热、铣刨、摊铺等功能于一体,每天可以对1～2 km沥青路面进行再生养护,大大提高了养护效率,减少了交通占用时间,并节约了大量资源。图1-11为现场热再生养护列车。

图1-11 现场热再生养护列车

5. 养护施工社会化

发达国家公路管理部门与养护施工单位基本分离，其社会化程度取决于养护管理水平、技术能力的高低，我国养护管理也逐渐在向这个方向转变。

1.5   思考与练习

1. 简述我国公路的发展历程以及取得的成就。
2. 试论述目前我国道路养护与管理中存在的主要问题。
3. 简述我国公路技术状况评价方法与各评价指标的含义。
4. 道路养护工程是如何分类的？各类别包括哪些核心内容？
5. 试论述道路养护维修与管理的发展方向。

第 2 章　路基的养护与维修

路基是承载路面结构的基础，是道路最重要的组成部分，也是道路养护的重点内容和部位。其病害直接影响道路的使用功能，因而备受重视。路基病害隐蔽性较强，与路面病害的产生和发展相互影响，且我国幅员辽阔，各地区地质、气候与交通条件千差万别，因此路基病害成因差异性较大。

2.1　路基养护

2.1.1　路基养护的基本要求

路基养护的基本要求是通过日常和定期的检查，发现问题，分析原因，采取养护、维修措施。

1. 路基养护工作的要求

路基养护工作的要求如下。

①路基各部分完整性保持良好，各部分尺寸符合标准规定的要求，不损坏变形，长期处于完好状态。

②路肩无车辙、坑洼、隆起、沉陷、缺口，横坡适度，表面平整坚实、整洁，与路面接茬平顺。

③边坡稳定、坚固，平顺无冲沟、松散，坡度符合规定。

④边沟、排水沟、截水沟等排水设施无淤塞、无高草，纵坡符合要求，排水畅通，进出口维护完好，路基、路面及边沟内不积水。

⑤挡土墙、护坡及防雪、防沙等设施保持完好无损坏，泄水孔无堵塞。

⑥做好翻浆、坍方、山体滑坡、泥石流等病害的预防、治理和抢修，尽力缩短阻车时间。

在路基养护工作中，要特别注意保持路基排水系统处于完好状态，因为水是造成多种病害的重要因素。及时总结治理路基病害的经验，针对具体路段制订出具体、切合实际、有效的预防和维修措施，使日常养护和维修工作系统化、规范化，逐步提高管养水平。

2. 路基养护的原则

公路路基养护除了前面提到的，还应遵循规范管理、安全运行、预防为主、防治结合、因地制宜、经济适用、节约资源、保护环境的原则。具体应符合下列要求。

①应逐步建立路基管理系统,加强路基运行的动态管理,建立健全安全运行保障制度。

②应加强路基技术状况的检测与评定,推进预防养护工作,及时对路基病害进行养护处治。

③结合各地区实际情况及路基病害特点,选用安全、耐久、经济、适用的养护技术,并积极稳妥地采用新技术、新材料、新工艺和新设备。

④宜充分考虑自然环境和地质条件,采取工程防治、植物防护及两者相结合的措施,并注重节能环保技术应用和材料循环利用。

2.1.2　路基养护的主要内容

通常路基病害可分为路肩病害、路堤与路床病害、边坡病害、既有防护及支挡结构物病害、排水设施病害五类。

1. 路肩病害

路肩病害可分为路肩或路缘石缺损、阻挡路面排水、路肩不洁三类。

①路肩或路缘石缺损,指路肩一侧宽度小于设计宽度 100 mm 以上,路肩出现 200 mm×100 mm(长度×宽度)以上的缺口,路缘石丢失、损坏、倾倒或路缘石与路面脱离透水等。

②阻挡路面排水,指路肩高于路面,造成路面排水不畅。

③路肩不洁,指路肩有堆积杂物、未经修剪且高于 150 mm 的杂草。

2. 路堤与路床病害

路堤与路床病害可分为杂物堆积、不均匀沉降、开裂滑移、冻胀翻浆四类。

①杂物堆积,指人为倾倒的垃圾和秸秆等杂物的堆积。

②不均匀沉降,指路基出现大于 40 mm 的差异沉降,或大于 150 mm 的局部沉陷。

③开裂滑移,指沿路基纵向出现弧形开裂,路基产生侧向滑动趋势。

④冻胀翻浆,指季节性冰冻引起的路面隆起、变形,春融或多雨地区的路基在行车荷载作用下造成路面变形、破裂、冒浆等。

3. 边坡病害

边坡病害可分为坡面冲刷、碎落坍塌、局部坍塌、滑坡四类。

①坡面冲刷,指由雨水冲刷坡面形成深度 100 mm 以上的沟槽(含坡脚缺口)。

②碎落坍塌,指路堑边坡因表层风化等产生的碎石滚落、局部坍塌等。

③局部坍塌,指边坡表面松散破碎或雨水冲刷引起的坡面滑塌。

④滑坡,指边坡发生整体剪切破坏引起的坡体下滑,或有明显水平位移。

4. 既有防护及支挡结构物病害

既有防护及支挡结构物病害可分为表观破损、排(泄)水孔淤塞、局部损坏、结构失稳四类。

①表观破损,指勾缝或沉降缝损坏、表面破损、钢筋外露和锈蚀等。

②排(泄)水孔淤塞,指排(泄)水孔被杂物堵塞,造成排水不畅。

③局部损坏，指局部出现的基础淘空、墙体脱空、脱落、鼓肚、轻度裂缝、下沉等。

④结构失稳，指结构物整体出现的开裂、倾斜、滑移、倒塌等。

5.排水设施病害

排水设施病害可分为排水设施堵塞、排水设施损坏、排水设施不完善三类。

①排水设施堵塞，指排水设施内有杂物、垃圾、淤积等，造成排水不畅或设施堵塞。

②排水设施损坏，指排水设施出现勾缝严重脱落，排水沟、截水沟、急流槽等设施破损。

③排水设施不完善，指排水设施缺失、未与外部排水系统有效衔接，造成排水不畅通。

针对以上病害，为了保证路基的坚实和稳定，保证排水性能良好，使各部分尺寸和坡度符合要求，及时消除不稳定因素，并尽可能地提高路基的技术状况，必须对路基进行及时、经常的养护和维修与改善。路基养护工作的主要内容包括以下几点。

①维修、加固路肩及边坡。

②疏通、改善、铺砌排水系统。对边沟、截水沟、排水沟以及暗沟(管)等排水设施，及时排除堵塞，疏导水流，保持水流畅通，并结合地形、地质、纵坡、流速等情况，综合考虑铺砌加固。

③维护、修理各种防护构造物及透水路堤，管理保护好公路两旁用地。公路沿线的防护构造物包括护坡、护面墙、石笼、植树、铺草皮、丁坝、顺坝以及各种类型的挡土墙等，要保证构造物完整无损，发挥其对路基的防护与加固作用。

④清除坍方、积雪，处理塌方，检查险情，预防水毁。

⑤观察、预防、处理滑坡、翻浆、泥石流、坍塌、塌方及其他路基病害，及时检查各种路基的险情并向上级报告，加强水毁的预防与治理。

⑥有计划地加宽局部、加高路基，改善急弯、陡坡和视距，以逐步提高其技术标准和服务水平。

2.2　路基典型病害成因及防治

2.2.1　翻浆

1.概述

路基翻浆一般是指潮湿地段的路基在冬季冰冻过程中，土基中的水分不断向上迁移聚集，冻结后体积膨胀，引起路基冻胀；春融时，路基中融化水无法及时扩散，局部湿软，强度急剧降低，加上行车的作用，路面发生弹簧、鼓包、车辙、冒浆等现象。另外受地下水或地面水的影响，导致土基潮湿，发生翻浆现象，如图 2-1 所示。翻浆不仅会破坏路面，妨碍行车，严重的还会中断交通，对经济建设造成不利影响，并增加道路养护工作。

路基土质不良、公路经过湿地，或路基坡脚存有积水的路段容易出现翻浆病害，盐渍土和沼泽地是翻浆病害的重灾区。路基翻浆的过程大致如下：秋季(聚水)—冬季(冻结)—春季(融化)—强度降低、因行车荷载翻浆。

非春融的雨季，如果路面抗渗性差，导致降水浸入路基，造成路基或路面基层含水率过大，也可能造成翻浆。翻浆时沉降与隆起并存，路基路面倒置，结构混淆。

2.产生原因

水的侵入是造成路基翻浆的重要原因。路基中水分来源不同，并以不同形式存在于路基土中，路基土壤冻融造成路基翻浆的原理分析如图 2-2 所示。为了针对各种来源的水分所引起的翻浆，采取相应的措施进行根治，把翻浆按水分的存在形式分为 5 类，如表 2-1 所示。

图 2-1　路基严重翻浆导致路面连环凹陷

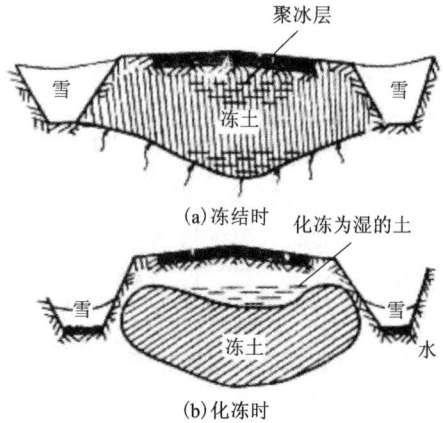

图 2-2　路基翻浆成因分析(路基土壤冻融)

表 2-1　导致路基翻浆的水的来源

序号	翻浆类型	导致翻浆的水分来源
1	地下水类	受地下水的影响，土基经常潮湿，导致翻浆。地下水包括上层滞水、潜水、层间水、裂隙水、泉水、管道漏水等。潜水多见于平原区，层间水裂隙水、泉水多见于山区
2	地面水类	受地面水的影响，使土基潮湿，导致翻浆。地面水主要指季节性积水，也包括路基、路面排水不良而造成路旁积水和路面渗水
3	土体水类	因施工遇雨或用过湿的土填筑路堤，造成土基原始含水率过大，在负温度作用下使上部含水率增加，导致翻浆
4	气态水类	在冬季强烈的温差作用下，土基中水主要以气态形式向上运动聚集于土基顶部和路面结构层内，导致翻浆
5	混合水类	受地下水、地面水、土体水或气态水等两种以上水类综合作用产生的翻浆。此类翻浆需要根据水源主次定名，如地下水、地面水类等

3.影响因素

影响路基翻浆的主要因素有土质、温度、水、路面、行车荷载等。其中土质、温度、水三者是形成翻浆的主要因素。

1)土质

粉性土是最容易翻浆的土，这种土的毛细水上升高度较高，在负温度作用下水分聚流严重，而且土中的水分增多时，土强度降低幅度大而快，容易丧失稳定。粉性土的毛细水上升高度虽高，但上升速度慢，因此，只有在水源供给充足，并且在土基冻结速度缓慢的情况下，才能形成比较严重的翻浆。粉性土中含有大量腐殖质和易溶盐时，则更易形成翻浆。砂土一般情况下不会发生翻浆。

2）温度

一定的冻结深度和一定冷量（冬季各月负气温的总和）是形成翻浆的重要条件。在同样的冻结深度和冷量的条件下，冬季负温作用和冻结速度的大小对形成翻浆的影响较大。例如，初冻气温较高或冷暖交替出现，温度在 $-5 \sim -3$℃ 停留时间较长，冻结线长期停留在路面下较浅处，就会使大量水分聚流到距路面很近的地方，产生严重翻浆。反之，如冬季一开始就很冷，冻结线很快下降到距路面较深的地方，土基上部聚冻少则不易出现翻浆。除此之外，春天气温的特点和化冻速度对翻浆也是有影响的。如春季化冻时，天气骤暖，土基急速融化，会加重翻浆的程度。

3）水

翻浆过程，就是水在路基土中转移、变化的过程。路基附近的地表积水及浅的地下水，能提供充足的水源，是形成翻浆的重要条件。雨水及灌溉会使路基土的含水率增加，使地下水位升高，加剧翻浆的程度。

4）路面

路面结构与类型对翻浆也有一定的影响。例如，在比较潮湿的土基上铺筑沥青路面后，由于沥青路面面层透气性较差，路基土中的水分不能通畅地从表面蒸发，使水分滞积于土基顶部与基层，导致路面失稳变形，以至出现翻浆。

5）行车荷载

路基翻浆是通过行车荷载的作用形成和暴露出来的。当其他条件相同时，在翻浆季节，交通量越大，车辆轴载越重，则翻浆越严重。

4. 防治措施

1）翻浆防治技术要点

翻浆防治的基本途径是：防止地面水、地下水或其他水分在冻结前或冻结过程中进入路基上部；在化冻期，可将聚冻层中的水分及时排除或暂时蓄积在透水性好的路面结构层中；改善土基及路面结构；采用综合措施防治。

（1）做好路基排水和提高路基

良好的路基排水可以有效防止地面水或地下水浸入路基，使路基土体保持干燥，从而减轻冻结时水分的聚集，是预防和处理地面水类和地下水类翻浆的首要措施。

提高路基是一种效果显著、简便易行、比较经济的常用措施。增大路基边缘至地下水或地面水位间距离，使路基上部土层保持干燥，在冻结过程中不致因过分聚冰而失稳。提高路基的措施适用于取土方便的路段，并宜采用透水性良好的土填筑路基。路线通过农田地区时，为了少占耕地，应与路面设计综合考虑，以确定合理的填土高度。在重冰冻地区及粉性土地段，提高路基时还要与其他措施，如砂垫层、石灰土等配合使用。

（2）铺设隔离层

隔离层设在路基顶下 $0.5 \sim 0.8$ m 处，目的在于阻断毛细水上升通道，保持上部土基干燥，防止翻浆发生。地下水位或地面积水较高，又不宜提高路基时，可铺设隔离层。隔离层按使用材料可以分为以下两类。

①透水性隔离层。透水性隔离层采用碎石、砾石、粗砂或炉渣等材料，其厚度一般为100 ~ 200 mm。为了防止淤塞，应在隔离层上面和下面铺设 10 ~ 20 m 泥炭、草皮防淤层。隔离层底部应高出地面水 200 mm 以上，并向路基两侧做 3% ~ 4% 的横坡，与边坡接头处用大块碎砾石铺进 500 mm，如图 2-3 所示。

②不透水隔离层。不透水隔离层分为不封闭式和封闭式两种，用以隔断毛细水。封闭式隔离层适用于地面排水有困难或地下水位高的路段，用以隔断毛细水和横向渗水。不透水隔离层的主要材料有沥青土、沥青砂、油毡、塑料薄膜或者复合土工布。不透水隔离层设置如图 2-4 所示。

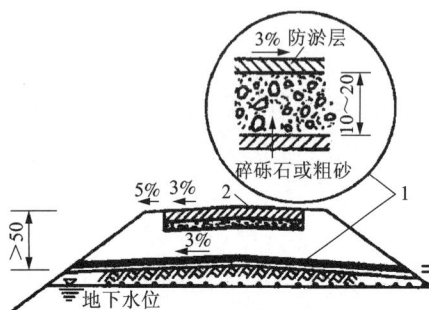

图 2-3   透水性隔离层(单位：cm)

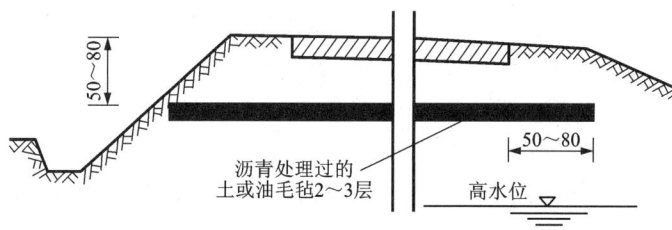

图 2-4   不透水性隔离层(单位：cm)

（3）设置路肩盲沟或渗沟

①路肩盲沟。为了及时排除春融期间路基中的自由水，达到疏干路基上部土体的目的，可在路肩上设置横向盲沟。盲沟适合于路基土透水性较好的地下水类翻浆路段。盲沟布置应与路中心线垂直。如路段纵坡大于1%时，则宜与路中心线成 60° ~ 75° 的交角(顺下坡方向)，两边交错排列，一般 5 ~ 10 m 设置一道，深 200 ~ 400 mm，宽 400 mm 左右，填以透水性良好的砂砾等材料，如图 2-5 所示。

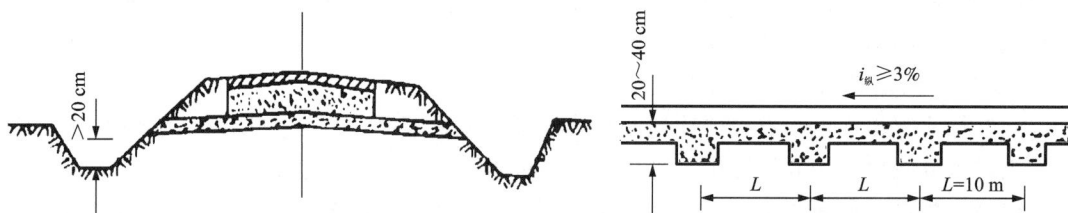

图 2-5   盲沟布置示意图

②排水渗沟。为了降低路基的地下水位，可在边沟下设置盲沟或有管渗沟。为了拦截并排除流向路基的层间水，可采用截水渗沟。

（4）换土

对因土质不良造成翻浆的路段，可在路基上部换填水稳性好、冰冻稳定性好、强度高的粗颗粒土，以提高土的强度和稳定性。换土适合于路基高程受到限制，不能加高路基，且附近有砂性土的路段。

（5）路面结构设计

①铺设砂（砾）垫层。砂（砾）垫层采用砂砾、粗砂或中砂，具有较大的空隙，能隔断毛细水的上升；化冻时能蓄水、排水，冻融过程中体积变化小，可减小路面的冻胀和变形；具有一定的强度，能将荷载进一步扩散，从而减小路基的变形。

砂（砾）垫层的厚度可按蓄水原则或排水原则设置。蓄水原则是指春融期间，路基化冻后的过量水分能全部集中于砂垫层中。根据蓄水的需要并考虑砂（砾）垫层被污染后降低蓄水能力的情况，通常中湿路段砂（砾）垫层的经验厚度为 0.15 ~ 0.20 m；潮湿路段为 0.2 ~ 0.3 m。排水原则是将春融期汇集于砂垫层中的水分通过路肩盲沟排走。砂垫层厚度应由路面强度及砂（砾）垫层构造和施工要求决定，一般为 0.1 ~ 0.2 m。

②铺设水泥稳定类、石灰稳定类或石灰工业废渣类基（垫）层。这类基（垫）层具有较好的整体性、水稳性和冻稳性，可以提高路面的整体强度，起到减缓和防止路基冻胀和翻浆的作用。但在重冰冻地区潮湿路段，石灰土不宜直接采用，须与其他措施配合应用，如在石灰土下铺设砂垫层等。

③设置防冻层。对于高等级和次高级路面结构层的总厚度除满足强度要求外，还应满足防冻层厚度要求，以避免路基内出现较厚聚冰带，防止路面开裂和产生不均匀冻胀。

2）翻浆路段的季节性养护

翻浆现象是一个四季都发生变化的过程。秋季，水分开始聚积；冬季，水分在路基中重分布；春季，水分使路基上部过分潮湿；夏季，水分蒸发、下渗，路基处于干燥状态。因此，在各个季节里，应根据各自不同的现象，采取适当的养护措施，加强预防性的防治工作，以防止或减轻翻浆病害。

（1）秋季养护

秋季养护的中心内容是排水，尽可能防止水分进入路基，保持路基处于干燥状态，以减少冬季冻结过程中由于温差作用向路面下土层聚流的水分，这是一项最根本的措施。所以秋季养护工作要做好下列工作。

①随时整修路面、路肩、边坡。路面应维护好路拱和平整度，如有裂纹、松散、车辙、坑槽、搓板等病害，都应及时处理，避免积水。路肩应保持规定的排水横坡，边坡要保持规定坡度，要拍压密实，防止冲刷和坍塌阻塞边沟，造成积水。

②修整地面排水设施，保证地面排水通畅。

③检查地下排水设施，保证地下水能及时排出。

（2）冬季养护

冬季养护的中心内容，是采取措施减轻路基水分在温差作用下向路基上层聚积的程度，同时要防止水分渗入路基。冬季养护工作如下。

①应及时清除翻浆路段的积雪。雪层导温性能差，具有保温作用，将减缓路基土冻结速度，使冻结线长期停留在靠近路面的部位，路基下层水分有机会大量聚积到路基上层，致使翻浆加重。所以应十分注意除雪工作。

②经常上路检查，发现路面出现裂缝、坑槽等病害要及时修补，融化的雪水要及时排除。

③往年发现有翻浆而尚未根治的路段以及发现翻浆苗头的路段，应在翻浆前做好准备工作，包括准备好抢防的用料。

（3）春季养护

春季是翻浆的暴露时期，在天气转暖的情况下，翻浆发展很快，养护工作中心内容是抢防。当路面出现潮湿斑点、松散、龟裂，表明翻浆已开始露头。对鼓包、车辙或大片裂缝、行车颠簸、路基发软等现象，应采取以下抢防措施：路面坑洼严重的路段，除横向外，还应顺路面边缘加修纵向小盲沟或渗水井。渗水井的大小以不超过 0.4 m 为宜，间距应根据实际情况确定，沟或渗水井的深度应至路面底层以下。

（4）夏季养护

夏季是翻浆的恢复期，这时养护的中心内容是修复翻浆破坏的路基、路面，采取根治翻浆的措施。查明翻浆的原因，对损坏路段的长度、起始时间、气温变化、表面特征、养护情况等进行调查分析，做好记录，确定治理方法和措施。

2.2.2　沉陷

1. 概述

路基是路面的基础，路基沉陷必然引起路面的不平整，导致路面产生病害，主要表现为坑凹、拱起、波浪、接缝台阶、碾压车辙、桥头跳车或涵洞两端路面下沉等。难以满足汽车高速行驶的要求，增加汽车的燃料消耗和轮胎磨损和运输成本，甚至可能危及行车安全。路基沉陷是路基表面做竖向位移，是路基的变形之一，路基沉降将造成路面变形损坏。图 2-6 为路基沉降导致的路面损坏。

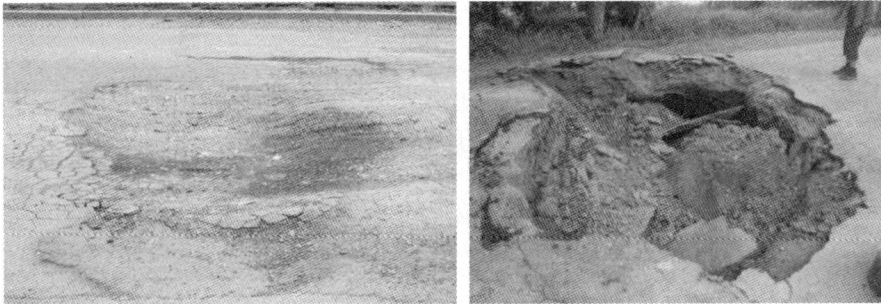

图 2-6　路基沉降导致路面损坏

2. 产生原因

引起路基沉陷的原因很多，归纳起来主要有下列几种情况。

①路基原因。路基填土压实度不足，填料选择不当，填筑方法不合理，在荷载和水温综合作用下，路基发生的向下沉陷。

②地基原因。原地面为软弱土，填筑前未做处理或换土，造成承载力不足，地基发生下沉，引起路堤下陷。

图 2-7 为不同原因导致的路基沉陷。

图 2-7　不同原因导致的路基沉陷

3. 桥头跳车

桥头跳车是在桥台与路基路面之间出现的差异沉降,使得路面出现台阶引起车辆通行时产生跳跃的现象。桥头跳车对汽车行驶的舒适性和安全性有重要影响。

路面在台背回填处出现不同程度的沉降断裂(沉降值一般为 100 ~ 300 mm,有的甚至超过 600 mm),使车辆通过时产生跳跃和冲击,从而对桥涵和路面造成附加的冲击荷载,使司机和乘客感到颠簸不适,甚至造成车辆大幅度减速,严重的可导致交通事故(特别是车辆机械事故)。因此,桥头跳车问题已成为高等级公路工程质量的重要影响因素。桥头跳车问题一直是困扰市政管理工程技术人员的难题之一。解决桥头跳车的问题,是市政设施管理部门的重要任务。图 2-8 为典型桥头跳车照片。

引起桥头跳车的主要原因有不均匀沉降、刚度突变和车速与车辆本身的抗振性能等。就城市道路路况而言,主要是柔性道路与刚性结构物之间的连接处发生不均匀沉降,产生错台所致。桥梁与路基、路面的组成材料、刚度、强度、胀缩性等存在差异,且桥头连接处受力时易形成集中应力。在车辆荷载、结构自重、自然因素作用下,桥梁与道路同时

图 2-8　典型桥头跳车

发生沉降,但两者的沉降量有很大差异,道路的沉降量远大于桥梁的沉降量,形成错台,导致行车时发生桥头跳车。图 2-9 为桥头跳车产生原因示意图。

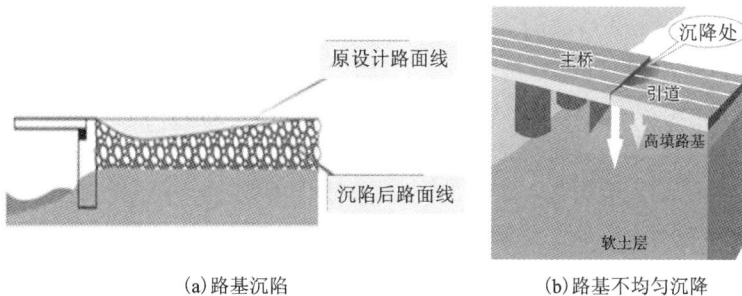

(a)路基沉陷　　　　　(b)路基不均匀沉降

图 2-9　桥头跳车产生原因示意图

4.防治措施

1）灌浆

公路的路基填土空隙率往往相对偏大，进行路基沉陷治理必须要针对路面以下的路基采取填充灌浆处理。一般灌浆须严格做好对灌浆压力的有效控制，为避免沉陷问题的加重，一般可选用少量多次的灌浆方式。

2）换土复填

若是由于填筑土质未能达到标准要求，而同时路基所发生的沉陷面积较小且深度较浅时，一般可选用换土复填法进行处理。即将原本路基发生沉陷的填土完全清除，换取新的符合标准要求的填土。通常选用等级配比相对较高的砂砾土、塑性指数可完全符合规定要求的亚黏土等。应用这一施工方法，对于回填土的挖补面积应当逐步提高，逐层挖掘为台阶样式，自下而上，逐层进行填筑作业，并采取压紧密实处理，压实标准必须要超出原本路基压实度1.5%以上。

3）换填砂砾或灰土

砂砾及灰土具有水稳性好、易压实、压实后沉降量小等特点。因此，用其作为桥涵台背填料可以起到过渡作用，使桥涵沉陷与路基沉陷呈现连续性，从而避免桥头跳车病害的发生。此外，砂砾或灰土用于不良地质段路基底处理，效果也十分明显。

4）采用高强土工织物

土工织物由于其具有优良的抗拉力学特性、稳定的质量和施工方便等特点，已被广泛应用在公路工程建设领域。在路基工程施工中，土工织物主要起提高路基整体稳定性，防止路面反射裂缝、延缓反射裂缝的发生和发展等功用。可选用土工格栅来进行高填方路基的整体稳定性加固，在公路路基填筑过程中将其填筑于路基之内，起到减少软土地基不均匀沉降的作用；在外力作用下，土木格栅网孔中的土柱形成嵌锁闭合又相互影响的群体，这种单元区域限制了填土的自由运动，改变了填土的受力状态；土体嵌入网孔之中形成的张力有利于路基施工的填土压实均匀与动荷载向周边的传递，提高路基承载力，减少或消除包括沉陷在内的病害发生。

2.2.3　坍塌

1.概述

坍塌是岩体突然而猛烈地从陡峻的斜坡上崩离翻滚跳跃而下的现象。坍塌可发生在高峻的自然山坡上，也可发生在高陡的人工路堑或者路堤边坡上。发生坍塌的物体一般为岩石，但某些土坡也会发生坍塌。由于坍塌具有较大的突发性、隐蔽性和危害性，因此坍塌对道路交通的安全有较大的危害。

路基边坡坍塌主要表现为路堤坍塌和路堑边坡坍塌。

路堤坍塌的特征是边坡失去了正确的形状，以及边坡表面下沉。产生原因主要是路堤底部（地基表面）被水浸湿，形成了滑动面；流动水冲刷边坡，造成坡脚被水冲刷；路堤内的土过于潮湿，降低了黏聚力和内摩擦力；路堤边坡过陡；等等。图2-10为路堤坍塌。

图 2-10　路提边坡坍塌

路堑边坡坍塌是大石块或土块脱离原有岩石或土体沿边坡倾落下来。坍塌是由于修筑路堑，使岩石个别地段的稳定性遭到破坏，特别是各岩层向着路堑的方向倾斜，受水或外力的破坏作用时所引起的。图 2-11 为路堑坍塌。

图 2-11　路堑边坡坍塌

2. 产生原因

1）坍塌的类型

坍塌的规模有大有小，由于岩体风化、破碎比较严重，公路边坡上经常发生小块岩石坠落，这种现象称为碎落。一些较大岩块的零星崩落称为落石，规模巨大的坍塌称为山崩。此外，河岸由于河水的冲蚀，岸坡的水面位置常被掏空，使岸坡上部物体失去支持而发生坍塌，称为坍岸，见图 2-12。

2）坍塌的形成条件

（1）地形条件

地形条件包括坡度和坡地相对高度。一般坡度大于 33° 的山坡不论岩屑大小，都将有可能发生移动，大于 45° 时则易发生岩体坍塌；当坡地相对高度超过 30 m 时，就可能出现坍塌。

（2）地质条件

岩石中的节理、断层、地层产状和岩性

图 2-12　坍岸

等都对坍塌有直接影响。在节理和断层发育的山坡上，岩石破碎，很易发生坍塌。当地层倾向和山坡坡向一致，常沿地层层面发生坍塌。软硬岩性的地层呈互层时，较软岩层易受风化，形成凹坡，坚硬岩层形成陡壁或突出成悬崖，也易发生坍塌。

（3）气候条件

气候可使岩石风化破碎，加快坡地坍塌。在干旱半干旱地区，物理风化作用较强，较短时间内岩石就会风化破碎。另外，强降雨易诱发坍塌，甚至导致公路边坡防护工程的破坏。当边坡中过度饱和的冻结土迅速融化时，溜坡现象尤为常见。上面融化的土层由于黏聚力及摩擦力减小，将会沿着下面冻结的土层向下滑动。

（4）地震因素

地震是山区公路坍塌的触发因素。地震时能形成数量多而规模很大的坍塌体。

（5）人为因素

在山区公路施工中公路路堑开挖过深，边坡过陡；切坡使软弱结构面暴露，边坡上岩体失去支撑，在水流冲刷或地震作用下引起坍塌；或采用大爆破，使原本节理裂隙发育的岩体发生松动、裂隙张开、宽度扩大；或施工质量不高，岩质边坡施工不规范，坡面不平，岩体参差不齐，施工后期对危岩、浮石未进行清理，使大多数高陡边坡上都残留大量危岩。

3.防治措施

1）清——清除危岩

路基上方悬立的危岩及危石应及时检查清除，特别在雨季前要细致检查。在小型坍塌或落石地段，应尽量采取全部清除的办法。

2）支——危岩支顶、嵌补

在已建公路上方有危岩可能威胁行车安全，并且清除困难时，可根据地形和岩层情况采取如下支补工程措施。

①嵌补。路基上方局部坡面因塌落或风化差异形成凹陷，可在内部用干砌片石，表面用水泥砂浆砌片石嵌补，见图2-13。

②支顶。对于边坡上有危岩悬空，但基础条件较好，岩体比较完整时，可根据具体情况采用钢筋混凝土立柱或水泥砂浆砌片石支顶，见图2-14。

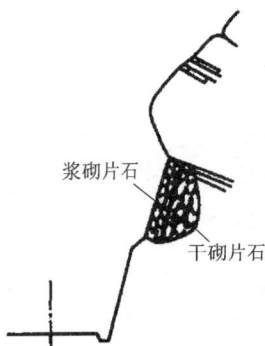

图2-13　嵌补示意图

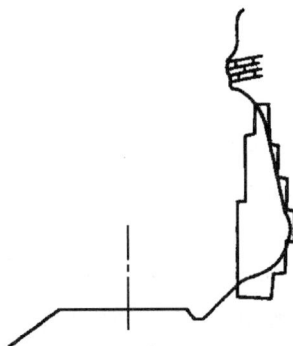

图2-14　支顶示意图

③支撑。对陡峻的山坡，无法用浆砌片石支顶，又不能刷坡时，可用钢筋混凝土柱支撑，见图 2-15 所示。

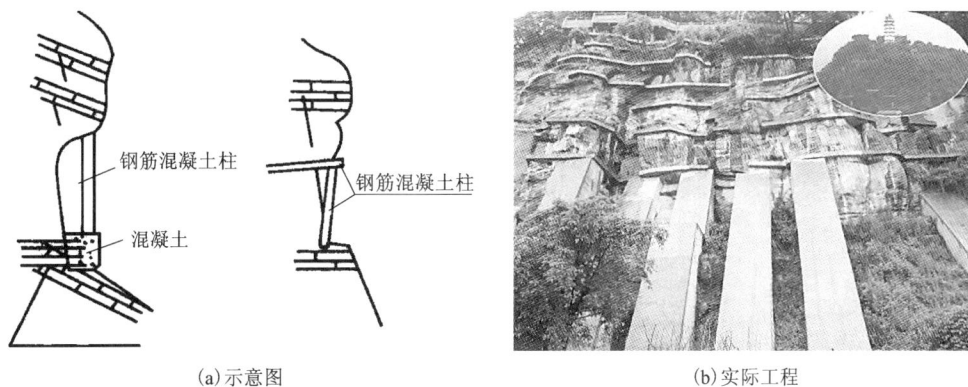

(a)示意图

(b)实际工程

图 2-15 钢筋混凝土柱支撑

3)固——边坡加固

在威胁行车安全的路段，可根据地形和岩层情况，采用适当方法予以加固。一般对破碎岩体采用锚固、灌浆、勾缝以恢复和增强岩体完整性。对抗风化能力差岩层，为防止边坡开挖后岩层加速风化，产生剥落、零星坠石等现象，可采用水泥砂浆封面、护面等措施；或用支护墙，既可防止岩层进一步风化，又起支撑作用。当坡面渗水或者岩层节理发育，风化破碎程度严重时，还须相应采取挂网喷射水泥砂浆、锚固等措施。对边坡坡脚因受河水冲刷而易形成坍塌者，河岸要做加固防护工程。典型边坡加固见图 2-16 所示。

图 2-16 典型边坡加固

4)拦——拦截防御

山区公路的一些高边坡地段由于基岩破坏严重，坍塌、落石的物质来源丰富，则宜修建落石防护网、落石平台、落石槽、拦石堤、拦石墙、棚洞等拦截构造物。

(1)落石防护网

利用钢绳网、锚索、连接索及短锚杆组成的安全防护系统，通过覆盖、锚固坡面的新技术方法，保护斜坡稳定，防止大块落石滚入路基，见图 2-17、图 2-18 所示。

图 2-17　落石网

图 2-18　柔性防护挂网

（2）落石平台、落石槽、拦石堤、拦石墙等

高速公路用于防治坍塌的落石台不宜过窄，如地形允许，宽度以不小于3m为宜。必要时，可在边坡中间适当位置加设落石平台（图2-19），落石平台应以水泥砂浆砌片加固。拦石墙（图2-20）与落石槽宜配合使用，设置位置、高度经现场调查或试验后确定。落石槽的槽深及底宽可分别增加0.5 m和1.0 m的安全值，沟槽应以水泥砂浆砌片石加固。墙背应设缓冲层，墙身应用水泥砂浆砌片石砌筑，并按公路挡土墙设计，墙背压力应考虑坍塌冲击荷载。有时须在上方山坡设置数道拦石墙及落石槽才能避免坍塌对公路的影响。

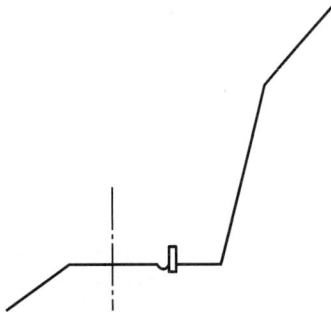

图 2-19　落石平台

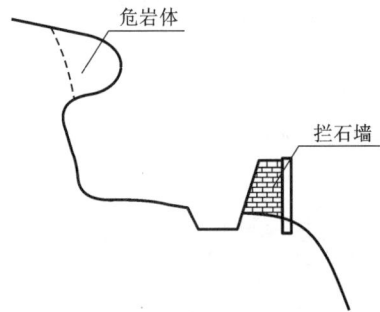

图 2-20　拦石墙

（3）棚洞等遮挡建筑物

坍塌影响范围宽广、坍塌量较大、发生频繁，改线绕行亦不可能，且采用一般拦截、清除、支护等方面有困难或者作用不大时，则可采用钢筋混凝土棚洞。棚洞通常采用框架式和悬臂式，如图2-21所示，可根据地形、地质条件选用。

5）调——调整水流

在可能发生坍塌的地段，必须做好地面或地下排水设施，以防止水流大量渗入岩体影响斜坡稳定性。地面可修截水沟、排水沟；地下可修建纵、横盲沟。特别对位于公路上下边坡及其附近的排、灌沟渠要采取加固措施，以防止渗漏而导致坍塌，如图2-22所示。

6）修——整修边坡

在已建成路段的日常养护中，注意观察路堑斜坡，一旦发现有裂缝、松动、变形现象，有可能造成坍塌时，应及时自上而下进行修坡，使其顺适，达到稳定的休止角度以内。

图 2-21　棚洞

7）养——加强养护

山区新建公路初期使用阶段，要加强边坡巡查，特别在雨季前要仔细检查易于发生坍塌的路段。对疑似坍塌危险地段，应及时将部分土石方清除，以免突然下坍，阻碍交通。对剥落到路基及边沟的碎屑要及时清理干净，以免危及行车安全或影响边沟正常排水。对较大的坍方体，在清除前，先挖出临时排水沟，以免流水漫过路面，集中冲刷下边坡造成水毁缺口。

图 2-22　加固的公路上边坡排水沟

8）禁——禁止开挖

严禁在公路边坡或附近任意取土采石。必要时须经过养护部门同意，指定料场，有计划、有步骤地到路基及边沟的碎屑自上而下挖取，以不影响边坡稳定为原则。

2.2.4　滑坡

1.概述

山坡土体或岩体长期受地面水、地下水活动的影响，结构被破坏，逐渐失去支撑力，在自重力作用下，整体地沿着一定软弱面（或带）向下滑动，这种地质现象称为滑坡，如图 2-23 所示。这种滑动一般是缓慢的，可延续相当长的时间。但坡度较陡时，也会突然下滑。滑坡有许多形态特征，如滑坡体、滑坡面、滑坡壁、滑坡裂隙、滑坡阶地和滑坡鼓丘等，如图 2-24 所示。

滑坡与坍塌的明显区别是：坍塌发生急促，破坏体散开，并有倾倒、翻滚现象；而滑坡体一般总是沿着固定滑动面整体地、缓慢地向下滑动。

2.产生原因

产生滑坡病害的原因主要有地质因素和水的作用。

图 2-23　某公路一侧山体滑坡

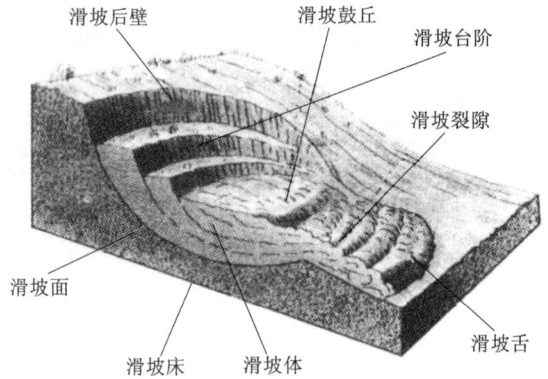

图 2-24　滑坡形态示意图

1）地质因素

地质因素包括具有蓄水构造、聚水条件、软弱面（或带）以及向路基倾斜的岩层山坡等地质条件。遇以下情况就有可能发生滑坡。

①山坡表层为渗水的土或岩层，下层为不透水土或岩层（形成隔水层），且岩层向路基倾斜。在这种情况下，当地下水经常活动时，其表层土（或岩层）就会沿隔水层滑动造成滑坡。

②山坡岩层软硬交错，软弱面向路基倾斜，风化程度不同或地下水侵蚀等原因使岩层可能沿某一软弱面向下滑动。

③路线穿过软硬不均的岩石断开地带，而断开地带又为地下水集中活动地区时，开挖路堑容易引起滑坡。

2）水的作用

水是促进滑坡的重要条件，一般大雨大滑，小雨小滑，无雨不滑。

①大量雨水渗入滑坡体内，使土体潮湿软化，增加土体重量，降低土的强度，从而加速滑坡的活动。

②地下水是引起滑坡的主要条件之一，地下水量增加，浸湿滑坡面，降低滑坡面的抗滑能力，从而加速滑坡的形成。

③排水设施布置不合理。例如在渗水性强的边坡上设置天沟，沟内没有铺设防水层，地面水集中流入天沟内，水分大量渗入土体内部，以致产生滑坡。

④溪河水位涨落，水分渗入坡体内，润湿滑坡面，或河水冲刷滑坡坡脚，减弱支撑力，引起坡体下滑。

⑤边坡上有灌溉渠道或水田，没有进行适当处理，渗漏严重，使土体潮湿软化，增加土体自重，降低土的强度，从而导致滑坡。

3）地震诱发

地震时对滑坡起触发作用，一次大地震，常诱发许多规模巨大的滑坡。

4）人为因素

人为因素大都是人工挖土，破坏斜坡稳定而使滑坡体发生滑动。如在可能发生滑坡的斜坡下部或在稳定的滑坡体下方开挖土体，则降低了支持上部土体的阻力从而引起滑动。此外，在坡顶堆积废渣土，能加大坡顶载荷从而引发滑坡；人工爆破或将水排进滑坡裂缝中，也将促使土体产生滑动。

3. 类型

根据滑坡工程整治需求,一般进行如下分类。

1)按滑坡体组成的物质分类

滑坡可划分为黄土滑坡、黏土滑坡、碎屑滑坡和基岩滑坡。

2)按滑坡体的厚度及规模分类

滑坡可划分为浅层滑坡(5 m 以内,体积小于 10 万 m³);中层滑坡(5~20 m,体积 10 万~80 万 m³);厚层滑坡(20~40 m,体积 80 万~200 万 m³);巨厚层滑坡(大于 50 m,体积超过 200 万 m³)。

3)按滑坡突出特征分类

①根据滑坡的触发原因可划分为人工切坡滑坡、冲刷滑坡、超载滑坡、饱水滑坡、潜水滑坡和地震滑坡等。

②按滑坡形成年代和活动性可划分为新滑坡、老滑坡和古滑坡。

③根据滑坡面和岩层面关系可划分为顺层滑坡和切层滑坡。

4)按滑坡力学性质分类

按滑坡力学性质可划分为牵引滑坡和推移滑坡。

4. 防治措施

1)滑坡防治技术要点

滑坡的类型很多,且成因复杂,在防治和处理滑坡时,要针对各种不同情况采取不同的防治措施。公路上的滑坡多发生于路基边坡,这是因为修筑公路破坏了地貌自然的平衡。因此,防治滑坡的措施应以排水疏导为主,配合抗滑支挡、减重反压、锚固等措施,达到维持边坡平衡的目的。

(1)排——排除地表水

疏干地下水各种地面排水措施的适用条件以及布置、设计与施工原则列于表 2-3。

表 2-3　常用滑坡排水措施

名称	适用条件	布置及设计施工原则
环形截水沟	滑体外	截水沟应设在滑坡可能发展的边界 5 m 外,根据需要可以设置数条,分段拦截地表水,向一侧或两侧的自然沟系排出。在坡度陡于 1:1 的山坡上,常采用陡坡排水槽来拦截山坡上方的坡面径流。沟槽断面以满足滑泄坡面径流为准,如土质渗水性强,可采用黏性土、石灰三合土或浆砌片石铺砌防渗层
树枝状排水系统	滑体内	结合地形条件,充分利用自然沟系作为排水渠道,汇集并旁引坡面径流于滑坡体外排出。排水沟布置应尽量避免横切滑体,主沟宜与滑移方向一致,支沟与主沟斜交。如土质松软,可将土夯成沟形,上铺黏性土或石灰三合土加固。通过裂缝处,可采用搭叠式木质水槽或陶管、混凝土槽、钢筋混凝土槽,以防山坡变形拉断水沟,使坡面水集中下渗

续表2-3

名称	适用条件	布置及设计施工原则
明沟与渗沟相配合的引水工程	滑体内的泉水或湿地	排除山坡上层滞水和疏干边坡土体含水,埋入地下部分类似集水渗沟,露出地面部分是排水明沟
平整夯实自然山坡坡面	滑体内	如山坡土质疏松,坡面水易于阻滞下渗,应对坡面整平夯实,填塞裂缝,防止坡面径流汇集下渗
绿化工程(植树、铺种草皮)	山坡滑体内	绿化工程是配合表面排水的一项有效措施,对渗水严重的黏性土滑坡和浅层滑坡效果显著。在滑坡面种植灌木及阔叶果树,可疏干滑体水分,根系起加固坡面土层的作用。铺种草皮可滞缓坡面径流流速,防止冲刷,减少下渗,避免坡面泥土淤塞沟槽

①排除地表水。对滑坡体外地表水要截流旁引,使其不流入滑坡内。最常用的措施是在滑坡体外部斜坡上修筑截流排水沟,当滑体上方斜坡较高、汇水面积较大时,这种截水沟可能需要平行设置两条或三条。对滑坡体内的地表水,要防止它渗入滑坡体内,尽快把地表水用排水明沟汇集起来引出滑坡体外。应尽量利用滑体地表自然沟谷修筑树枝状排水明沟,或与截水沟相连形成地表排水系统,如图2-25所示。地表排水沟要注意防止渗漏,沟底及沟坡均应以浆砌片石防护。

②疏干地下水。排除滑坡体内部地下水的工程措施,一般可采用盲沟(也称渗沟)。其迎水面为渗透层,背水面为阻水层,为防盲沟内集水再渗入滑体,沟顶铺设隔渗层。盲沟断面如如图2-26所示。

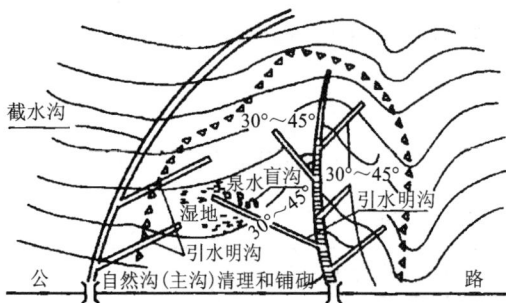

图2-25 滑坡体上布置树枝状排水明沟

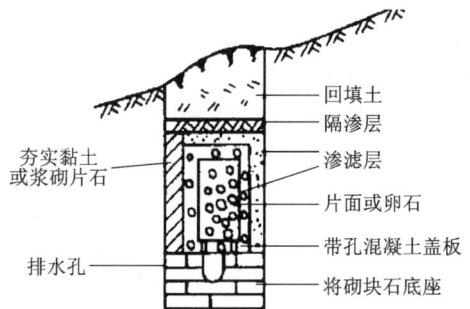

图2-26 盲沟断面图

最常用的盲沟形式包括:

a. 支撑盲沟。用以支撑不稳定的滑坡体,兼起排除和疏干滑坡体内地下水的作用,适用深度(高度)为2~10 m。支撑盲沟有主干和分支两种。主干平行于滑动方向,布置在地下水露头处或由土中水形成坍塌的地方,支沟应根据坡面汇水情况合理布置,可与滑坡移动方向成30°~45°,并伸展到滑坡范围以外,起挡截地下水的作用。

b. 边坡盲沟。当滑坡前缘的路基边坡有地下水均匀分布或坡面大片潮湿时,可修建边坡盲沟,以疏干和支撑边坡,也能起到截阻坡面径流和减轻坡面冲刷的作用。边坡盲沟的平面形状有垂直的、分支的及拱形的。分支盲沟的主沟主要起支撑作用，支沟起疏干作用。分支盲沟可以互相连接成网状布置，如图 2-27 所示。

c. 截水盲沟。当有丰富的深层地下水进入滑坡体时，可在垂直于地下水流的方向上设置截水盲沟，以拦截地下水，并排出滑坡体外。

（2）挡——修建支挡工程

修建支挡建筑物，如抗滑挡土墙、片石垛、抗滑桩，改善滑坡体的力学平衡条件。

①抗滑垛。一般用于滑体不大，自然坡度平缓，滑动面位于路基附近或坡脚下部较浅处的滑坡。片石垛可用片石干砌或石笼堆成，主要依靠片石垛的自重，以增加抗滑力的一种简易抗滑措施，见图 2-28。

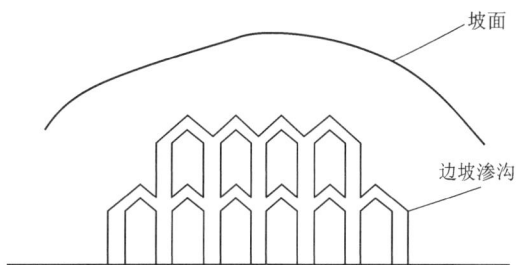

图 2-27 网状边坡盲沟示意图

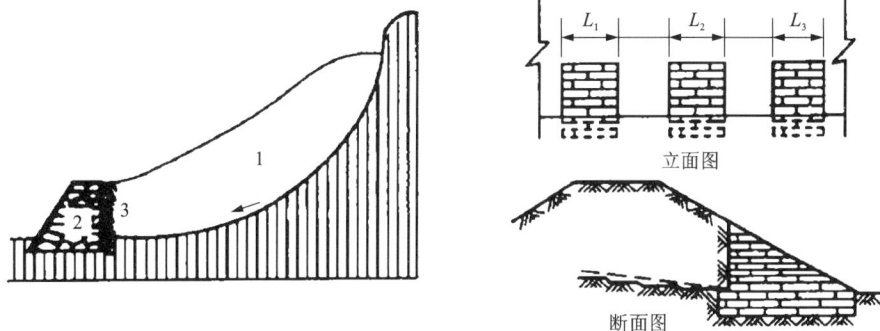

图 2-28 抗滑垛

1—滑坡体；2—片石砾；3—砂砾石滤层

②抗滑挡土墙。在滑坡下部修建抗滑挡土墙，是整治滑坡常用的有效措施之一。对于大型滑坡，常作为排水、减重等综合措施的一部分；对于中、小型滑坡，常与支撑渗沟联合使用。其优点是山体破坏少，稳定滑坡收效快。抗滑挡土墙一般采用重力式结构。采用挡土墙必须计算出滑坡滑动推力、查明滑动面位置，挡土墙基础必须设置在滑动面以下一定深度的稳定岩层上，墙后设排水沟，以消除对挡土墙的水压力。常见重力式抗滑挡土墙断面形式如图 2-29 所示。

③抗滑桩。抗滑桩是一种用桩的支撑作用稳定滑坡的有效抗滑措施，一般适用于非塑性体层和中厚度滑坡前缘，以及使用重力式支撑建筑物圬工量过大、施工困难的场合，见图 2-30。抗滑桩的材料多为钢筋混凝土，桩横断面可为方形、矩形或圆形，桩下部深入滑面以下的长度应不小于全桩长的 1/4～1/3，平面上多沿垂直滑动方向成排布置，一般沿滑体前缘或中下部布置单排或两排。桩的排数、每排根数、每根长度、断面尺寸等均应视具体滑坡情况而定。

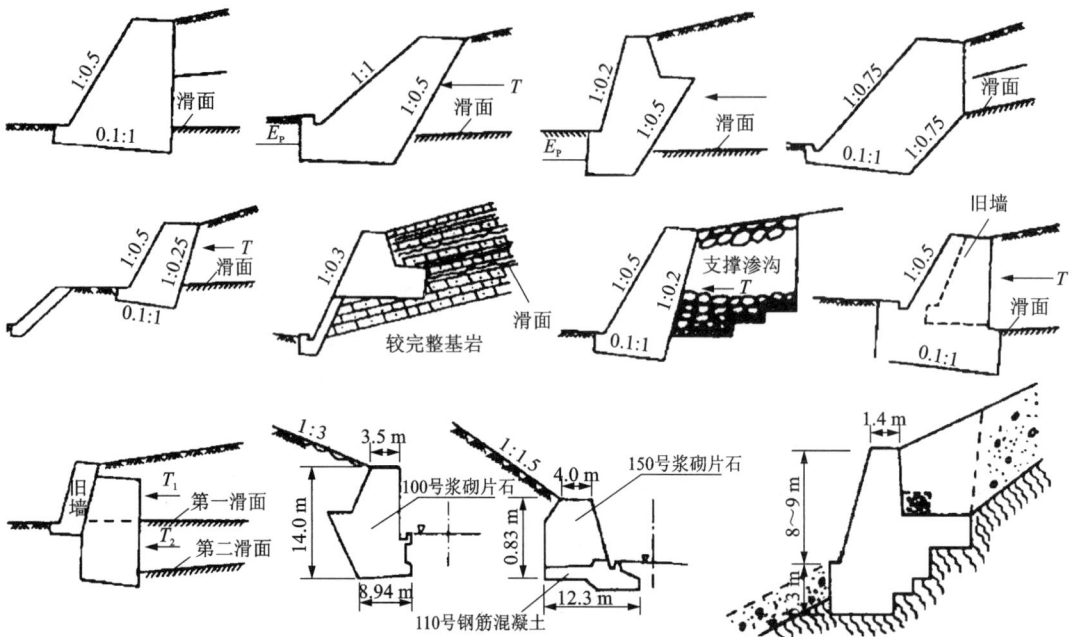

图2-29　常见重力式抗滑挡土墙断面形式(单位：m)

(3)减——减重反压

减重反压是指滑坡上部刷方减重，以减少下滑力，下部填方加压，以增大抗滑力，见图2-31。这种措施适用于推动式滑坡，一般滑动面不深，滑床上陡下缓，滑坡后壁或两侧有岩层外露或土体稳定，不可能再发展的滑坡。减重主要是减小滑体的下滑力，因不能改变其下滑趋势，所以减重常与其他措施配合使用。

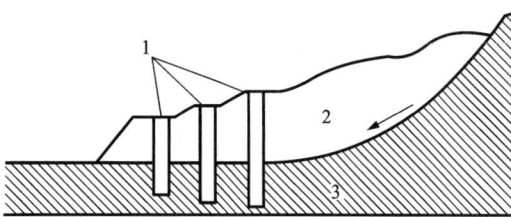

图2-30　抗滑桩示意图

1—抗滑桩；2—滑坡体；3—滑坡床

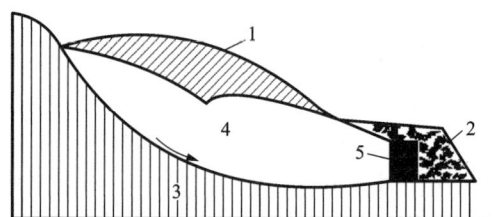

图2-31　减重反压

1—上部减重；2—坡脚反压；3—滑坡床；
4—滑坡体；5—抗滑挡土墙

(4)固——坡面加固

对于较大岩质滑坡，可采用锚固桩，对单斜构造的岩层滑坡可采用锚杆、锚索锚固，还可采用焙烧滑面土体使之胶结，裂隙土和大孔隙土可用水泥浇灌或沥青胶结。

对已发生的滑坡，针对不同的滑坡类型、引起的原因以及滑坡的发育阶段，抓住主要矛盾予以综合治理。如因地下水活动引起的滑坡，应以布置疏导工程为主；如因过度切坡，则以减挡为主；如为牵引式滑坡，则必须对整个山坡进行综合治理；如为坍塌性或推动式滑坡，应以清方减重为主，不能仅靠拦挡解决。

（5）滑坡地段防滑工程日常养护

①及时清理排水沟中碎屑，保证雨水排泄畅通。

②定期巡查各种构造物，及时处理风化裂缝。

③雨后检查排水设施，及时修补水毁构造物。

④定期检查滑坡表面，采用平整夯实、填筑积水坑、堵塞裂隙及坡面绿化等方式固定表土。

2.3 特殊地区路基养护

特殊地区应加强特殊路基日常养护，切实做好防排水、防护与支挡设施的维护与清理，及时进行修补及增设，保证各项设施功能完好。特殊地区路基养护的基本原则如下。

①特殊路基维修加固宜先进行试验段施工，验证方案可行性，确定质量控制标准，并应加强特殊路基加固后的检测与评估。

②对病害隐患较大的特殊路基路段，应进行路基长期监测，建立预警机制并做出相应预案。

③采空区路基出现沉陷等病害时，应探明采空区的位置、规模，设置安全警示标志，与当地政府和地矿部门共同协商处治方案。

2.3.1 膨胀土路基

膨胀土中含有较多的蒙脱石、伊利石等黏土矿物，主要分布在我国的云南、贵州、四川、广西、河北、河南、湖北、陕西、安徽和江苏等地，其特性是浸水后体积剧烈膨胀，失水后体积显著收缩，这类土对建筑物和构筑物会造成严重危害。膨胀土路基养护应满足以下要求。

①膨胀土路基应注重防排水设施的日常养护和维修加固，防水保湿，消除膨胀土湿胀干缩的有害影响，并应符合下列规定。

a. 路基边沟出现积水、向路基渗透现象时，应适当加宽、加深。

b. 排水沟渠衬砌发生砂浆脱落、缺损时，应及时进行养护维修。

②当既有防排水设施不满足使用要求时，应增设防排水设施，并符合下列规定。

a. 所有地面排水沟渠，特别是近路沟渠，均应铺砌和加固。

b. 膨胀土堑应设截水沟。对于台阶式膨胀土高边坡，应在每一级平台内侧设截水沟。

c. 零填和低填方路段，当公路路界内地形低于路界外的地面时，应设置截水沟。

d. 地下水位较高的低路堤路段，若路堤底部未设置防渗隔离层和排水垫层，宜在路基两侧增设地下排水渗沟。

e. 土质潮湿或地下水发育的挖方路段，若边坡排水性能不良或缺乏排水设施，宜在边坡上增设支撑渗沟或仰斜式排水孔，边沟下应增设纵向排水渗沟，填挖交界处应增设横向排水渗沟。

f. 路堑坡顶之外 3～5 m 范围的表层膨胀土若未进行处理或防渗措施失效时，应采取换填非膨胀土、铺设防渗土工膜等防渗封闭处理措施。

③膨胀土路基的边坡失稳、胀缩变形等病害处治措施应参照表2-4选用。

表2-4 膨胀土路基病害处治措施

病害类型	处治措施			
	换填改良	坡面封闭	坡面防护	支挡防护
边坡失稳	×	√	△	√
胀缩变形	√	△	√	×

注：√—推荐；△—可选；×—不可选。

④用于膨胀土路堑边坡稳定的挡土墙应根据边坡滑塌部位进行合理设置，并根据路堑边坡滑塌规模，设一级或多级挡土墙。

⑤膨胀土路基病害处治施工应符合下列规定。

a. 膨胀土路基养护作业施工宜避开雨季作业。

b. 膨胀土路基处治路段较长时，养护作业宜分段施工，各道工序应紧密衔接，连续完成。边坡应按设计要求修整，并应及时进行防护施工。

c. 换填处治宜采用非膨胀性土、灰土或改良土，换土厚度应通过变形计算确定；中、弱膨胀土宜为1.0~1.5 m，强膨胀土宜为2 m。换填土应分层铺设、分层碾压，并加强防渗。

d. 采用土工合成材料封闭、隔水时，应全断面铺设；采用土工织物对膨胀土路基进行包封时，宜控制好搭接长度。

e. 采用坡面防护处治时，高度大于10 m的膨胀土边坡开挖时宜采用台阶型。应加强边坡防排水，隔绝外部自由水的渗入。

f. 采用支挡结构物处治时，基坑应采取措施防止曝晒或浸水，基础埋深应在大气风化作用影响深度以下，基底应加强防渗处理。

2.3.2 湿陷性黄土路基

在一定压力作用下，湿陷性黄土受水浸湿后，土的结构迅速破坏，发生显著的湿陷变形，强度也随之降低。湿陷性黄土广泛分布于我国东北、西北、华中和华东部分地区。湿陷性黄土分为自重湿陷性和非自重湿陷性两种。自重湿陷性黄土在上覆土层自重应力下受水浸湿后发生湿陷。在自重应力和由外荷引起的附加应力共同作用下受水浸湿发生湿陷的称为非自重湿陷性黄土。

湿陷性黄土路基应加强防排水设施的日常养护与维修加固，并应符合下列规定。

①应加强冲沟地段上下游的衔接以及填挖交界处边沟出水口的加固。

②路堑顶出现裂缝和积水洼地时，应及时填平夯实。

③现有排水设施出现破损、渗漏、淤塞等病害时，应及时维修处理，排水设施接缝处应坚固不渗漏。

当既有防排水设施不满足使用要求时，应增设防排水设施，并应符合下列规定。

①农田灌溉可能造成黄土地基湿陷时，可对路堤两侧坡脚外5~10 m做表层加固防渗处理或设侧向防渗墙。

②湿陷性黄土路基防排水设施不完整或缺乏时,应根据需要增设防冲刷、防渗漏等措施拦截、排除地表水。地下排水构造物与地面排水沟渠必须采取防渗措施,路侧严禁积水。

湿陷性黄土路基沉陷变形处治可选用夯实法、桩挤密法等方法。采用夯实法处理湿陷性黄土地基时,应符合下列规定。

①土的天然含水率宜低于塑限 1% ~3%。

②在夯实过程中应加强夯沉降量检测。

③强夯结束后 30 d 左右,可采用静力触探或静载试验等方法测定地基承载力。

采用桩挤密法处理湿陷性黄土地基时,应符合下列规定。

①桩挤密可选用沉管、冲击成孔等方法成型。

②成孔应间隔分批进行,成孔后应及时夯填。进行局部处理时,应由外向里施工。

③若土层含水率过大,拔桩时应随拔随填。

2.3.3　盐渍土路基

广义上的盐渍土是盐土和碱土以及各种盐化、碱化土壤的总称,狭义上的盐渍土是在深 1 m 的地表土层内,易溶盐含量大于 0.3% ,在自然环境下具有溶陷、盐膨胀特性的土。盐渍土对路基稳定性的影响同环境条件有关。氯盐渍土受潮易遭溶蚀而产生湿陷、坍塌等病害,但在干燥条件下,氯盐又有较强的黏结固化作用。盐渍土路基病害主要是由盐渍土溶蚀引起的路基破坏,主要包括由于盐渍土浸水后土中盐分溶解、流失等导致地基出现的湿陷、洞穴等情况而引起路基出现沉降,甚至坍陷等的破坏现象。

盐渍土路基应加强防排水设施的日常养护与维修加固,并符合下列规定。

①路面横坡不满足要求或存在可能积水的坑洞及凹槽时,应及时修整。

②在地下水位较高、边沟积水严重或排水不畅地段,应加深两侧边沟或排水沟,以降低路基下的地下水位。

③盐渍土地区的地下排水管与地面排水沟渠防渗措施失效时,应及时维修加固。

当既有防排水设施不满足使用要求时,应增设防排水设施,并应符合下列规定。

①地面排水困难、地下水位较高或公路旁有农田排、灌水渠的路段,应在路基一侧或两侧设置排(截)水沟;排(截)水沟距路基坡脚应不小于 2 m,应低于地表 1.0 m 以下。

②在自然排水困难的路段宜设蒸发池,蒸发池边缘与路基坡脚的距离宜大于 10 m。

盐渍土路基溶蚀、盐胀、冻胀、翻浆病害处治措施可选用换填改良法、增设护坡道或排碱沟、设置隔断层等方法。

盐渍土路基病害处治施工应符合下列规定。

①采用换填改良法处治时,挖除路面结构后,可在一定深度内换填砾类土或砂。其中,高速公路、一级公路换填厚度不应小于 1.0 m,二级、三级公路换填厚度不应小于 0.8 m,并宜结合隔断层措施综合治理。

②采用增设护坡道法处治时,护坡道顶面应高出长期积水位 0.5 m 以上。

③采用设置隔断层法处治时,土工布或薄膜宜设置在路基边缘下 0.8 ~1.5 m 处,并高出边沟流水位 0.2 m 以上;挖方路段应设在新铺路面垫层下不少于 0.3 m 处,并应对挖方路段边沟加深加宽,隔断层底面高程应高出边沟设计水面 0.2 m 以上。

2.3.4　岩溶区路基

岩溶主要指地下水和地表水对可溶性岩石的破坏和改造作用及其形成的水文现象和地貌现象。我国的岩溶地区主要集中在云南、广西和贵州的西南地区。西南地区岩溶面积占西南地区辖区面积的1/3以上。岩溶地区路基养护要点如下。

①岩溶区路基的冒水、塌陷等病害可选用充填法、注浆法、盖板跨越法、托底灌浆法等方法进行处治。

②岩溶区路基的冒水病害处治应符合下列要求。

a.路堑边坡出现岩溶泉和冒水洞时，宜采用排水沟将水截流至路基外。

b.路基基底下有岩溶泉时，应采取排导措施保证路基不受浸害。

c.路基上方出现岩溶泉时，应增设排水涵(管)。

d.排水涵出现渗漏、堵塞等病害时，应及时维修加固。

③岩溶区路基塌陷病害处治应符合下列要求。

a.稳定路堑边坡上发生塌陷的干溶洞，洞内宜采用干砌片石填塞。

b.出现路堤塌陷，洞的体积不大、深度较浅时，宜进行回填夯实；当洞的体积较大或深度较深时，宜采用构造物跨越；溶洞连通且较小的岩溶发育区时，可采用注浆或托底灌浆技术。

(4)岩溶塌陷路段应增设安全警示标志。

2.3.5　冻土路基

多年冻土指天然条件下，冻结状态持续三年或三年以上的土地。多年冻土约占地球陆地面积的26%，主要分布在高纬度或高海拔的寒冷地区。中国多年冻土约有190万 km^2，主要分布在青藏高原、大兴安岭和小兴安岭地区，以及阿尔泰山、天山、祁连山和喜马拉雅山等山地。

多年冻土路基防排水设施的养护与维修加固应符合下列规定。

①对于地下水发育的多年冻土路基，应保证路基边沟防渗措施有效。

②截水沟、挡水墙因冰冻厚度过大不能满足挡水要求时，应及时进行清理、疏通，防止冰水溢出形成路面聚冰。

多年冻土路基防排水设施的增设应符合下列规定。

①位于冰锥、冻胀丘下方地段的路堤，应在其上方设截水沟，以截排涌出的水流。

②高含冰量的冻土地段不应修建排水沟、截水沟，宜修建挡水埝。挡水埝断面尺寸应通过计算确定，并采取防渗和保温措施，必要时应采取加固措施。

③多年冻土沼泽地段的路基应根据沼泽水源补给来源，在路堤一侧或两侧设置挡水埝。

季节性冻土路基防排水设施的养护与维修加固应符合下列规定。

①处于地下水水位较高地区的路基，宜增设降低地下水水位的措施。

②处于水源丰富地区的路基，应在路堑坡顶增设截水沟，填筑拦水梗，阻止外界水流入路基及路面。

③应及时清理、维护路基排水设施，以保持排水沟畅通，将水迅速排出路基之外。

季节性冻土路基防排水设施的增设应符合下列规定。

①挖方边坡有地下水出露时，对潮湿的土质边坡可设置支撑渗沟，对集中的地下水出露处设置仰斜式排水孔。

②挖方路基宜采用宽浅型边沟，不宜采用带盖板的矩形边沟。采用暗埋式边沟时，暗沟或暗管应埋设于当地最大冻深以下不小于 0.25 m 处。

③挖方路基及全冻路堤应设排水渗沟，渗沟应设于两侧边沟下或边沟外，不宜设在路肩范围以内。

④排水管、集水井、渗沟等排水设施应设置在当地最大冻深以下不小于 0.25 m 处，出水口的基础应设置在冻胀线以下，渗沟等的出口应采取防冻保温措施。

多年冻土区路基的冻胀、冻融翻浆、融沉、冰害等病害可选用换填非冻胀性材料、设置保温层、埋设通风管、热棒降温、遮阳板护坡、保温护道等措施进行处治，并加强排水。

季节性冻土路基的冻胀、软弹、变形、裂缝及翻浆病害可采用换填非冻胀性材料、铺设保温层和防冻层等措施进行处治，并加强排水。

多年冻土地区病害处治应符合下列规定。

①应采取措施保持路基及周围冻土处于冻结状态。

②对路基进行换填时，宜选用保温、隔水性能均较好的填料，严禁使用塑性指数大于12%、液限大于32%的细粒土和富含腐殖质的土及冻土。高含冰量的土不宜用于路基填料。

③当靠近基底部位有饱冰冻土层且发生融化时，宜设保温护道和护脚。

④挖方路基的土质边坡发生融沉时应进行加固，铺砌厚度应满足设计和保温要求；饱冰冻土、含土冰层地段路堑，可根据实际换填足够厚度且水稳性好的填料。

⑤挡水堰等构造物出现沉陷、开裂等病害时应采取加固措施。

季节性冻土路基病害处治应符合下列规定。

①填方路段路床填料宜优先选择矿渣、炉渣、粉煤灰、砂、砂砾石及碎石等抗冻性能较好的材料。路床或上路堤采用粉土、黏土填筑时，可按设计要求单独或混合使用石灰、水泥、土壤固化剂等进行稳定处理，填料改善或处理应根据路基抗冻胀性能要求，结合填料性质经试验确定。

②挖方路段应将路床地基土挖除，换填深度应符合设计要求。施工时应分层开挖，一般宜从外侧向内侧挖掘，最后一层应从内向外挖掘。使用粗颗粒填料换填时，填料应均匀，小于 0.075 mm 的含量应不大于 5%；采用石灰、水泥对填料进行改性处理时，应掺拌均匀，改性剂的剂量应符合设计要求或经试验确定。换填应分层填筑，压实度应达到规定要求。

2.3.6　雪害地段路基

雪害有积雪和雪崩两种形式。雪层不厚而均匀的一般积雪不致成害。当风速较大，一般积雪被吹起形成风雪流，且遇上适当的地形、地物包括路基本身的横断面形式，将会导致严重积雪，这不仅影响行车安全，还会阻断交通。

雪害地段路基养护应保持防雪设施的完好，增设必要的防雪设施，路基两侧各 150 ~ 200 mm 范围内宜清除障碍，以防止路堤积雪，减轻雪害对公路及交通的危害程度。

风吹雪路段路基及防护工程设施病害处治应符合下列规定。

①公路两侧距边坡坡脚不小于 30 m 范围内的障碍物应及时清除，并对地表进行整平；或根据条件设置防雪栅、防雪堤或挡雪墙等防雪设施。养护材料应堆放在路外的堆料台上，堆

放高度不应高于路基高度；须堆放在路肩上时，应堆放在下风侧，并使堆料顶部呈流线型。

②防雪栅被雪掩盖或倾倒时，应及时进行清理或维修加固。活动式防雪栅被埋住 2/3～3/4 高度时，应及时拔出并重新在迎风侧的雪堆顶部安放。若原路基未设置防雪栅或发生缺失时，应及时进行增补。

③轮廓标发生损坏或被雪掩埋时，应及时进行清理维护。

④及时检修导风板，保持结构和功能完好；下导风板应在雪季终止后进行检修，屋檐式导风板和防雪墙应在雪季前进行维修。

⑤防雪林带应指定专人养护管理，并控制林带的高度和透风度。

⑥存在雪阻时，应及时用人工、推土机或除雪机等机械清除路面积雪，尽快恢复交通。弃雪应抛掷于下风一侧，以免造成重复雪阻。

雪崩路段路基及防护工程设施病害处治应符合下列规定。

①对雪崩生成区，应在雪季前和雪季后对防雪崩工程如水平台阶、稳雪栅栏等进行检查维修；对雪崩运动区，应保持防雪崩工程如土丘、楔、铅丝网等的完好；对雪崩运动区与堆积区，应保持防雪走廊、导雪槽或导雪堤等工程处治措施的功能完好。

②应经常整修水平台阶平面和坡面，并种草植树，保持其良好的稳雪能力；台阶平面宽度应保持在 2 m 左右；导雪堤末端应保持有足够的堆雪场地，并在雪季时间前进行检查和清理。

③应保持防雪走廊上部沟槽中设置的各种防雪崩的辅助设施及山坡植被的完好。

④导雪槽宜从内向外略倾斜，槽下净空应满足有关规定，必须保持工程各部结构牢固完好。

⑤各种防治雪崩的工程措施都应注意保持原有植被和山体的稳定，避免人为的滑坡、泥石流与塌方。应注意加强山坡上树木的管理和抚育。

雪崩体崩落前，可采用下列措施减缓或阻止其发生崩落。

①在雪崩生成区的积雪上撒钠盐等，以促使雪融化后形成整体，增加雪体强度，减轻雪崩的危害。

②采取炮轰、人工爆破等措施降低雪檐、雪层的稳定性，使其上部失去支撑，造成小规模的"人工雪崩"，以减轻雪崩的危害程度。

③采取导风板、防雪栅、防雪墙（堤）、防雪林等措施阻止风雪流向雪崩生成区聚雪。

④在可能危害公路的雪崩区，对其范围、类型、基本特征、雪崩面积、山坡坡度、岩石性质、植被情况、最大可能积雪量、冬季主风向、降雪及风吹雪规律等进行详细的调查并逐项登记记录。

⑤在雪崩发生后，及时清除路面积雪、恢复交通，同时将发生日期、时间、雪崩量、危害情况及各项防雪崩工程设施的使用效果等详细地记录在技术档案内，并将现场情况拍摄成照片、影像资料。

2.3.7　风沙及沙漠地区路基

沙漠是指干旱地区地表为大片沙丘覆盖的沙质荒漠，包括了沙漠化土地和半干旱地区的沙地。沙漠地区由于气候比较干燥、雨量稀少、地表植被稀疏低矮、风大沙多，公路容易发生边坡或路肩被风蚀、整个路基被风沙掩埋等情况，威胁交通安全。

　　风沙及沙漠地区路基的沙埋和风蚀等病害可选用植草护坡、设置植被保护带、碎石护坡、设置风力堤及挡沙墙等方法进行处治，并应符合下列规定。

　　①半湿润和半干旱沙漠地区，应以植物治沙为主、工程防沙或化学固沙为辅。植物治沙宜采用乔、灌、草相结合。

　　②干旱沙漠和荒漠地区，宜采用工程防沙或化学固沙等与植物治沙相结合、先工程后植物的固沙方法。固沙植物以灌木和半灌木为主。

　　③极干旱沙漠地区，对流动性沙漠或沙源丰富的风沙流危害严重路段，应在路基及其两侧建立完善的综合防沙体系，设置阻沙、固沙、输沙相结合的以工程为主的综合防护体系；在以固定沙丘为主或以风沙流过境为主的路段，宜以输沙措施为主，并对局部零星沙丘进行治理；其他地区应根据其风沙流强度及沙害的具体情况设置防护体系。

　　④干旱、极干旱沙漠和荒漠地区的丘间地下水位较高或有引水灌溉条件的地方，可采用植物治沙，营造防沙林带。

　　对原有防沙设施应坚持经常性检查养护，发现损坏、掩埋应及时予以修缮、清理。受风沙危害的路段，现有防沙设施不能满足要求时，应增设工程防护设施或在公路两侧培育天然植被保护带。

　　风沙及沙漠地区路基病害处治施工应符合下列规定。

　　①采用植物固沙的路段，应坚持经常性养护。在风后、雨后应及时检查，发现损坏及时修补，及时清理被沙埋没的围栏，补栽草方格和撒播草籽等。

　　②草方格沙障发生腐烂破坏时，应根据沙丘部位和麦草的腐烂程度，进行重新修补扎设。草方格沙障以 1.0 m×1.0 m 和 1.0 m×2.0 m 的半隐蔽式方格为宜，一般用草量为 6000 kg/hm^2。

　　③利用各种草类、截枝条全面铺压或带状铺草、平铺杂草固沙施工时，应用草绳或枝条纵横固结，或者用沙粒压盖，防止风毁。

　　④采用阻沙栅栏进行阻沙时，栅栏应与主风向垂直，阻截风沙流，防止流沙埋压固沙带。由于沙粒在栅栏前越堆越高，会成为新的沙丘，故要随时注意修复被埋压的栅栏。

　　⑤在受风沙危害的路段，公路两侧应划定天然植被保护带，其上风侧宽度不应少于 500 m，下风侧宽度不应少于 200 m。在此范围内应设立界桩，严禁樵采和放牧等一切有碍天然植被生长的活动，保护好原有的天然植被，并进行必要的培育，扩大植被面积。

2.3.8　涎流冰地段路基

　　寒冷地区的冬季，随着气温的降低，地表向下冻结，季节冻融层发生变化，使原来的冻结层的潜水变成承压水。承压水随着上部冻结层的加厚和过水断面的减小，其压力逐渐增大，在地表盖层薄弱处被挤出或在水头压力下破坏盖层，形成冰锥，使地下水流出，漫流在路面上，冻结成高低起伏的冰壳，即为涎流冰，见图 2-32。

　　山区公路挖方边坡截断地下含水层处，含水层中的水在冬季边渗边冻，可

图 2-32　涎流冰

以曼延整个路幅,长可达数十米乃至百余米,称为涎流冰。对涎流冰应当采取截水盲沟将渗流水分截断,并且引至其他地方排出,以防止涎流冰的出现。路面上一旦出现冰层,要及时刨除,以免危及行车安全。

涎流冰地段路基病害可选用聚冰坑(沟)、挡冰墙(堤)、冻结沟等工程措施进行处治,并应符合下列规定。

①挡冰墙(堤)应设在边沟外侧;当聚冰量大时,可在挡冰墙(堤)外侧设置聚冰坑(沟)。挡冰墙(堤)可采用浆砌片、块石砌筑,高度宜为1~2 m。

②聚冰坑(沟)的底宽宜为1.5~3.0 m。土质地段的聚冰坑(沟)可根据坡面渗水和土质情况,在边坡坡脚设置干砌片石矮墙。

③冻结沟应采用浆砌片石防护。

涎流冰地段路基应加强排水设施的养护、保温处理及融冰水的清理,必要时应进行增设,并应符合下列规定。

①山坡涎流冰地段的路基应设置完善的排水系统,必要时可加宽、加深边沟,或设置挡冰墙(堤)、聚冰坑(沟)等设施。聚冰坑(沟)处应设置净空较高的涵洞排除融冰水。当山坡地下水量较大时,可设置渗沟、暗沟等地下排水设施。

②冲积扇或缓山坡上的涎流冰地段,可在路基边坡外设置聚冰沟,聚冰沟的下方宜设置挡冰堤。聚冰沟横断面应根据地形、地质、水量、聚冰量确定,沟深和底宽宜为0.8~1.2 m,并做好聚冰沟与排水设施的衔接处理。挡冰堤高度宜为0.8~1.2 m,堤顶宽度宜为0.6~1.0 m,边坡坡率不宜陡于1:1.5;采用干砌片石铺砌时,边坡可陡至1:0.5。

采取排、挡、截等防治措施时,应保证自然排水系统的畅通。

涎流冰地段路基病害处治施工应符合下列规定。

①涎流冰地段路基排水系统、挡冰墙(堤)等出现破损,或截水沟、排水沟淤堵时,应及时修复、清理疏通。

②涎流冰加重或原有处治措施失效时,应及时采取措施进行增强处理。

③秋末冬初对需要保温的部位应采用人工堆放积雪、干草等增强保温措施,并可根据需要增设临时挡冰堤。

④地下排水设施应设在冻结深度以下,出水口高出地面不应小于0.5 m,并应做好出水口的保温措施,或采用开挖纵坡大于10%的排水沟措施。

特殊气候应加强冬季巡查,对临时出现的涎流冰,应及时人工刨除;对有可能威胁公路运营的涎流冰,应采取临时排水、排冰措施。

2.4　思考与练习

1.路基养护的基本工作内容和要求是什么?

2.路基翻浆的主要原因是什么,应如何防治?

3.试述路基沉陷的主要原因,防治措施有哪些?

4.试述道路路基坍塌的含义、种类和防治措施。

5.防治滑坡常用的排水方式有哪些?防治滑坡的方法有哪些?

6.特殊地区路基有哪些种类,如何养护?

第 3 章　沥青路面的养护与维修

3.1　沥青路面日常养护

3.1.1　沥青路面养护基本要求

①路面养护设计包括调查与评价、病害诊断与养护对策选择、技术设计与施工图设计等内容。

②路面养护设计应按照设计流程，利用路面技术状况数据及专项检测数据，开展病害原因诊断及养护对策选择工作，并通过技术及经济比选推荐合理的养护方案。

③路面养护设计宜采用新技术、新材料、新工艺、新设备。对涉及工程质量和安全的新技术、新材料、新工艺、新设备，尚无相关标准参照，应通过试验论证审查后方可规模化使用。

3.1.2　沥青路面日常养护类型

沥青路面的日常养护按照养护性质可以分为预防性养护和矫正性养护两类。

1.预防性养护

《"十三五"公路养护管理发展纲要》明确要求：高速公路预防性养护（单车道里程）平均每年实施里程比重不少于8%，普通国省道不少于5%；普通国省道当年新发现次差路次年实施养护工程比例东部达到95%以上，中部达到85%以上，西部不低于80%。

预防性养护的两个主要理念是：①让状态良好的道路保持更长时间；②在合适的时间，用恰当的方法和措施，对适宜的路段进行养护。

预防性养护包括狭义和广义两个方面的定义。

狭义的预防性养护是指在路面没有发生功能性破坏以前，为了更好地保持路面的运营状态，延缓路面破坏，获取路面生命周期内的最大收益，在不增加结构承载能力的前提下，在适当的时间，采取合适的技术措施用以维持或改善路面系统的功能状况，延长其使用寿命，提升路面服务水平。

广义的预防性养护是指在路面没有发生结构性破坏以前，为了更好地保持路面的良好运营状态，延缓路面的破坏，获取路面生命周期内的最大收益，在不增加结构承载能力的前提下，针对路面出现或可能出现的病害，在适当的时机，采取相应的综合技术措施，防止各类路面病害发生或扩大，用以改善路面系统的总体功能状况，延长其使用寿命，提升路面服务水平。

已有研究表明，路面性能从完好到质量衰减40%的过程进展比较缓慢，这段时间一般可以达到设计寿命的75%。如在路面只出现轻微损坏或病害的阶段能及时实施预防性养护，则只需花费较少的费用即可很好地恢复路面的服务能力，这个阶段称为预防性养护阶段。如果在这一阶段不采取养护措施而继续使用，衰减速率将急剧加快；再使用12%的路面寿命，路面将达到第二个40%的质量下降，这一阶段称之为矫正性养护阶段，超过这一阶段路面将完全损坏，只能翻修重建。

预防性养护的概念起始于20世纪90年代的美国。20世纪90年代末，美国公路及运输协会（AASHTO）制定了沥青路面预防性养护方面的规程，为其他国家的预防性养护提供了借鉴。美国对养护费用效益的研究表明，在整个路面寿命周期内进行3~4次的预防性养护可延长使用寿命10~15年，节约养护费用45%~50%。

美国预防性养护起步较早，总体上呈现以下特点：①广泛性。至21世纪初，几乎所有的州都制订了预防性养护的计划，并付诸实施。②差异性。预防性养护在美国各个州的发展表现出一定的差异性。③混乱性。各个州在养护时机和养护方法的选择上有差异性。随着美国LTPP数据库以及各个州PMS系统的不断完善，美国沥青路面预防性养护正逐渐规范。

相比美国，中国的预防性养护发展较晚。虽然近年来我国各地对预防性养护技术进行了尝试和发展，但总体而言，我国对预防性养护的认识仍处于初级阶段。

20世纪70年代，相关部门制定了《公路养护质量检查评定标准》（JTJ 075—1994）。1985年交通部颁布了《公路养护技术规范》（JTJ 073—1985）；随着实践和理论技术的提升，1994年交通部颁布了《公路养护质量检查评定标准》（JTJ 075—1994），将公路养护质量等级划分为优、良、次、差，以优、良路段里程占总评定里程的比例作为"好路率"的评定标准。2002年交通部颁布了《高速公路养护质量检评办法（试行）》，提出了评定路面性能的相关指标。2007年颁布了《公路技术状况评定标准》（JTG H20—2007）。各个省根据实际情况也推出了相应的技术规程，例如河南省2014年颁布了《高速沥青路面预防性养护技术规范》（DB41/T 894—2014），河北省2017年颁布了《高速沥青路面养护技术规范》（DB13/T 2465—2017），北京市2014年颁布了《北京市沥青路面预防性养护技术指南》，上海市2006年颁布了《上海市沥青路面预防性养护技术规程》。总体而言，我国对预防性养护的理论和实践都做了一定的工作，但目前还未形成系统的、科学的预防性养护决策体系。虽然相关规范对预防性养护做了明确说明和规定，但各省区市对预防性养护的实施仍有很大的差异性，预防性养护措施的应用效果差异性也比较明显。预防性养护也缺少长期的养护投入规划。

2. 矫正性养护

相对于预防性养护，矫正性养护是指在路面病害已经发展到结构性破损但还没有波及全局的情况下对路面病害进行的养护作业。它与预防性养护最根本区别体现在养护的成本和时机：①矫正性养护的成本一般要高于预防性养护；②矫正性养护的时机一般晚于预防性养护；③矫正性养护一般工艺复杂，施工周期较长。图3-1为各种养护措施时机的选择。

3. 路面养护的注意事项

我国公路养护的总体方针是"预防为主、防治结合"。

沥青路面养护应符合下列要求。

①对沥青路面应进行预防性、经常性和周期性养护；加强路况巡查，掌握路面的使用状况；根据路面的实际情况制订日常小修保养和经常性、预防性、周期性养护工程计划；对于较大范围路面损坏和达到或超过设计使用年限的路面，应及时安排大中修或改建工程。

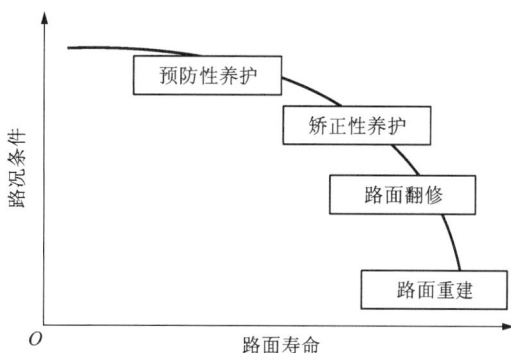

图 3-1　各种养护措施时机的选择

②应及时掌握路面的使用状况，加强小修保养，及时修补各种破损，保持路面处于整洁、良好的技术状况。

③沥青路面养护工程使用的沥青、粗集料、细集料和填料的规格、质量要求、技术指标、级配组成及大修、中修、改建工程的设计、施工、质量控制，均应符合现行《沥青路面设计规范》（JTG D50—2017）和《公路沥青路面施工技术规范》（JTG F40—2017）的有关规定。

沥青路面的技术状况应符合现行《公路技术状况评定标准》（JTG 5210—2018）有关规定。

对沥青路面采取中修、大修、改建时，除遵守《公路养护技术规范》（JTG H10—2009）的相关技术规定外，还应遵守现行《公路沥青路面施工技术规范》（JTG F40—2017）、《公路路基施工技术规范》（JTG/T 3610—2019）、《公路路面基层施工技术细则》（JTG/T F20—2015）的有关规定。

沥青路面养护质量的评定等级分为优、良、中、次、差 5 个等级，按现行《公路技术状况评定标准》（JTG H20—2015）评定，则以下情况应分别采取养护对策。

①在满足强度要求的前提下，当高速公路及一级公路的路面损坏状况指数（PCI）评价为优、良，或者二级以下公路的路面损坏状况指数评价为优、良、中时，以日常养护为主，并对局部破损进行小修；当高速公路及一级公路的路面损坏状况指数评价为中以下，或者二级以下公路的路面损坏状况指数评价为次以下时，应采取中修罩面措施。

②当强度不能满足要求时，应采取大修补强措施以提高其承载能力。

③当高速公路及一级公路的路面行驶质量指数（RQI）评价为优、良，或者二级以下公路的路面行驶质量指数评价为优、良、中时，以日常养护为主；当高速公路及一级公路的路面行驶质量指数评价为中以下，或者二级以下公路的路面行驶质量指数评价为次以下时，应采取罩面等措施改善路面的平整度。

④高速公路及一级公路抗滑能力不足（$SFC<40$，SFC 为路面抗滑系数）的路段，或二级以下公路抗滑能力不足（$SFC<33.5$）的路段，应采取加铺罩面层等措施提高路表面的抗滑能力。

⑤当路面不适应现有交通量或荷载的需要时，应通过提高现有路面的等级，或通过加宽等改建措施提高公路的通行能力和服务质量。

⑥大、中修及改建工程的结构类型和厚度，可根据公路等级、交通量、当地经济条件和

已有经验,通过设计确定,具体要求应符合《公路养护技术规范》的有关规定。

对项目级的养护维修对策,可根据公路网的资金分配情况和养护工作计划安排,结合各路况分项评价结果和本地区成熟的养护经验,选择具体的养护维修措施。

3.1.3 沥青路面养护主要内容

路面养护设计应按调查与评价、病害诊断与养护对策选择、技术设计及施工图设计的流程开展工作。路面养护设计流程应按图 3-2 进行。

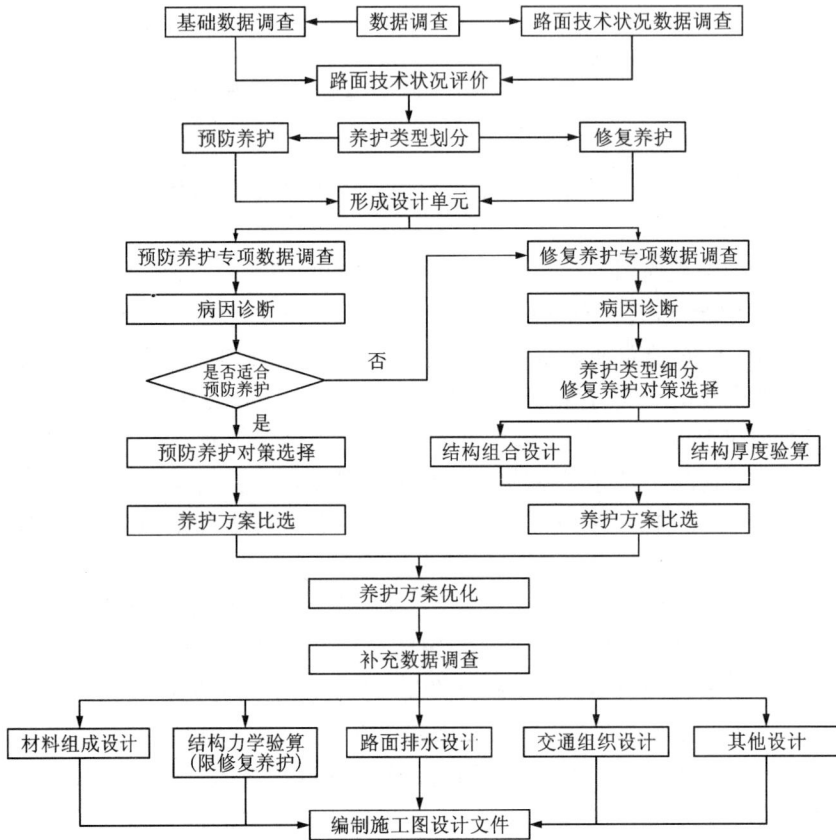

图 3-2 沥青路面养护设计流程图

3.2 沥青路面的主要病害

沥青路面长期承受荷载和环境影响,其功能性和耐久性会逐渐退化。沥青路面使用过程中会出现诸多病害。路面病害将导致路面服务能力降低,它是路面服务能力劣化的可见结果。按照对路面基本职能的不同影响,路面病害可分为功能性病害和结构性病害。功能性病害主要影响路面的平整度、抗滑性能等,影响行车安全和行车舒适性;结构性病害主要指沥青面的结构病害,影响路面的耐久性。沥青路面主要病害具体可以分为变形、裂缝和表面损坏等三大类。其中，变形类又可以分为沉陷、车辙、拥挤、拥包；裂缝类又可以分为纵向裂缝、横向裂缝、龟裂等；表面损坏类可以分为松散、露骨、剥落和泛油等。

　　影响路面病害的因素是复杂多样的。病害的成因主要包括内因和外因两类。其中内因主要包括设计、材料和施工因素；外因主要包括荷载和环境因素，典型的环境因素包括水分、温度、紫外线等。引起路面病害的内因和外因是相互联系和影响的，例如环境因素（水分、温度、紫外线等）会导致路面材料的性能逐渐劣化，诱发各种路面病害，荷载的作用又会加剧路面病害发生的可能性。同时，沥青路面的养护策略也会影响路面病害的发生和发展。图 3-3 为路面病害的相关影响因素。

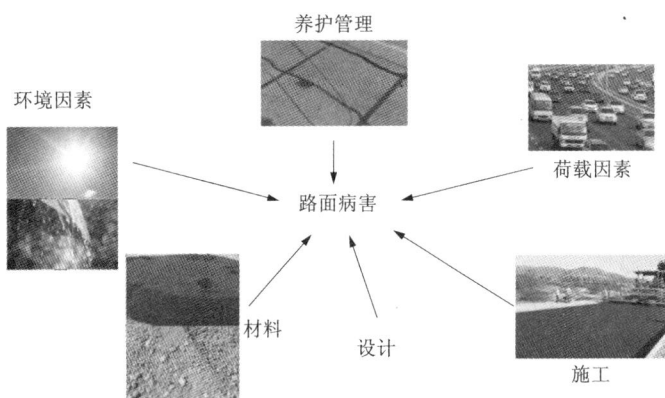

图 3-3　路面病害影响因素

3.2.1　沥青路面变形类病害

1. 沉陷

　　沉陷是指由于路基、路面产生竖向变形而导致路面下沉的现象。通常有三种情况：①均匀沉陷，是由于路基、路面在自然因素和行车作用下，达到进一步密实和稳定，引起的沉落，一般不会引起路面破坏。②不均匀沉陷，由于路基、路面不密实，碾压不均匀，在水的浸蚀下，经行车作用引起的变形。③局部沉陷，由于路基局部填筑不密实或路基有墓穴、枯井、树坑、沟槽等，当受到水的浸蚀时而发生沉陷，见图 3-4。

2. 车辙

　　车辙是指沥青路面在荷载作用下沿着轮迹带发生的纵向渠道化的永久变形。车辙严重影响路面的平整度，导致行车舒适性降低；辙槽处沥青层厚度减薄，降低路面结构的整体强度，诱发其他病害；辙槽较大的路段，车辆

图 3-4　路面局部沉陷

变向难以控制；雨天路表排水不畅，行驶车辆易发生漂滑而影响高速行车的安全。在我国，车辙主要发生在南方常年高温地区，在北方属于一种主要的路面病害形式，见图3-5所示。

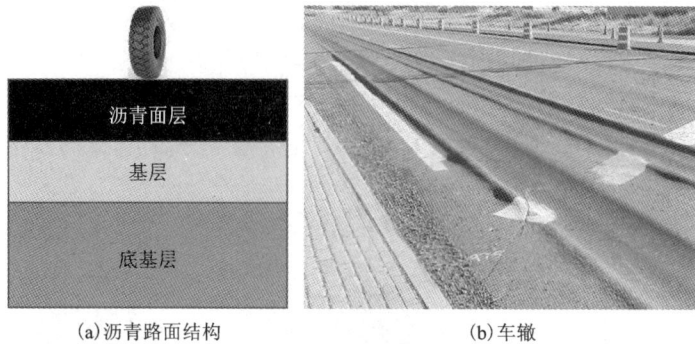

(a)沥青路面结构　　　　　　(b)车辙

图3-5　道路车辙

沥青车辙的形成机理主要包括三个方面：①沥青材料磨损；②材料密实化；③沥青材料的水平塑性流动，进而发生剪切破坏。导致沥青车辙的原因是多方面的，既有环境因素、荷载因素、材料因素，还有施工因素。

①由于沥青混凝土的黏弹性性质，高温会使沥青混凝土材料发生车辙病害。

②压实度不够会使沥青混凝土或者基层材料在荷载作用，尤其是重载作用下发生永久沉陷变形。

③不合理的沥青混凝土配合比(例如：油石比过大，骨料形状不合理，过多矿物掺和料，等等)。

根据沥青路面车辙的形成机理，沥青路面车辙主要有四种类型。

①磨耗型车辙。由于轮胎(例如冬季镀钉轮胎)和路面之间的相互作用导致路面沥青材料的磨损，从而形成车辙。

②结构性车辙。这类车辙主要是基层等路面结构层或路基强度不足，在交通荷载反复作用下产生向下的永久变形，车辙断面一般呈两边高中间低的V形，同时常伴有网裂、龟裂和坑槽发生。

③流动性车辙。即在交通荷载产生的剪切应力的作用下，路面层材料失稳，从而凹陷和产生横向位移。此类车辙的外观特点是沿车辙两侧可见混合料失稳横向蠕变位移形成的凸缘，车辙断面一般呈W形，轮迹带处下陷周边隆起。流动性车辙一般出现于车辆轮迹的区域内，当路面材料的强度不足以抵抗交通荷载作用在上面的应力，特别是重载车辆高频率通过、路面反复承受高频重载时，极易产生此类车辙。

由于我国的沥青路面的基层主要是半刚性材料，强度和刚度较高，不会产生塑性永久变形。沥青路面车辙基本上是由于沥青混合料面层的永久变形而导致的流动性车辙。流动性车辙的形成机理包括以下三个阶段。

第一阶段：初始的压密过程。沥青路面是由沥青、粗细骨料以及掺和料等压密而成。压密的过程中，粗骨料形成骨架空隙结构，沥青、细集料以及矿粉等填充骨架中的空隙。沥青路面压实之后本身会有一定的空隙率；如果压实度不足，该空隙率会更大。在施工完毕的初始运营状态，汽车轮载将继续这一压密作用，因而此密实过程还将继续发展。

第二阶段：沥青混合料的流动过程。沥青混合料是一种黏弹性材料，在荷载频率和温度作用下会表现出不同的性质。在高温下，沥青混合料呈现出以黏性为主的半固体状态。持续的荷载作用使沥青、沥青胶浆产生黏性流动，进而带动骨料一起流动和迁移，最终导致沥青混合料的骨架结构失稳。

第三阶段：矿质骨料的重新排列及矿质骨料的剪切破坏过程。由于沥青、沥青胶浆在荷载作用下已发生流动，半固态沥青混合料中粗、细骨料组成的骨架结构已逐渐承担了大部分的荷载，在荷载和沥青润滑的双重作用下，矿料颗粒沿矿料间接触面滑动，从而使沥青、沥青胶浆向其富集区流动，最终流向沥青混合料的自由面。图 3-6 为沥青路面流动性车辙的形成机理。

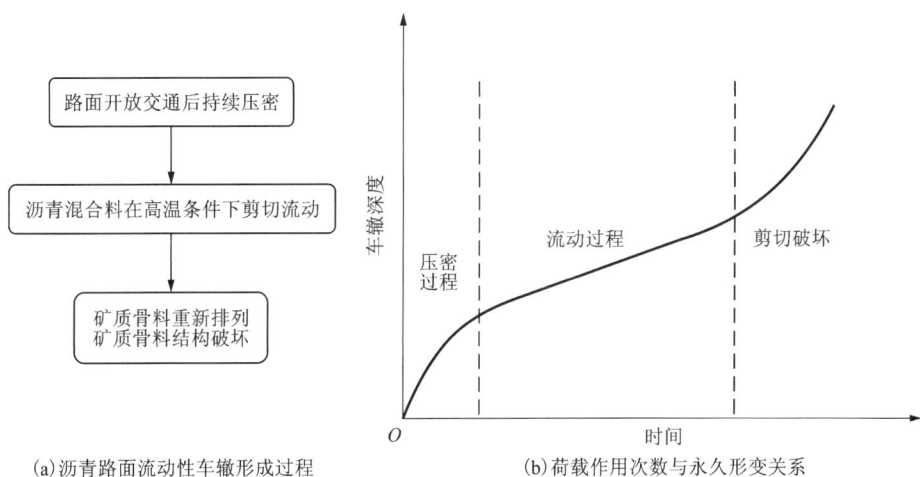

(a)沥青路面流动性车辙形成过程　　　(b)荷载作用次数与永久形变关系

图 3-6　沥青路面车辙形成机理

④压密性车辙：由于沥青路面面层压实度不足，在荷载和温度作用下，沥青路面面层被进一步压密，从而产生竖向永久变形。

3. 拥包

沥青路面因受车轮推挤而形成局部隆起的现象称为拥包。沥青路面出现拥包病害一般要经历三个过程：①路面平整度变化；②沥青路面出现小的突起或凸包；③路面出现明显的推移和拥包。沥青路面的拥包会显著破坏路面的平整度，降低路面行车的舒适性和安全性；由于路面的不平坦性，增加了车载的冲击力，加剧了路面的破坏，诱发路面出现其他类型的病害。除此之外，在桥面板沥青路面上，拥包也是一种常见的病害，如图 3-7 所示。

沥青路面出现推挤和拥包的原因是多方面的，主要包括：

①沥青路面面层之间或者面层与基层黏结强度不足。

②混合料的配合比不满足要求。

③沥青混合料摊铺和压实不均匀。

④车辆超载超出了路面设计强度。

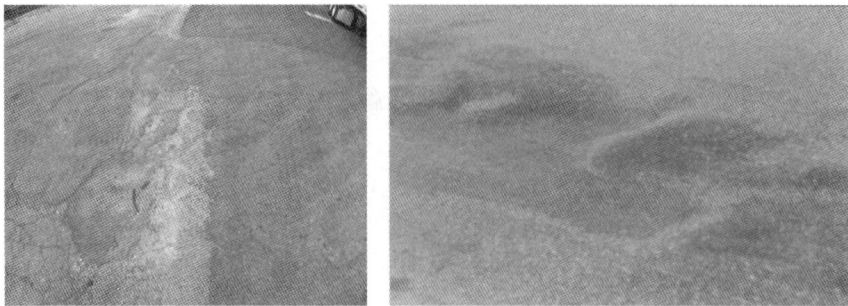

图 3-7 拥包

⑤基层(二灰层)不平整或没有压实,沥青路面面层混合料在车辆的挤压下向凹处聚积形成拥包。

⑥长大纵坡或者小的转弯半径也会导致沥青路面的局部层间剪切应力过大,导致路面出现推挤拥包。

⑦车辆的重复制动和启动。

3.2.2 沥青路面裂缝类病害

沥青路面裂缝大体分为两种类型:一种是荷载型裂缝,即在车辆荷载作用下,半刚性基层底部产生拉应力,如果拉应力大于基层材料的抗拉强度,则基层底部很快开裂,直至影响到沥青路面面层;另一种是非荷载型裂缝,即以温度裂缝为主的低温收缩裂缝和温度疲劳裂缝,以及由于施工工艺不当或使用不合格材料产生的裂缝。两种类型的裂缝按其形状又基本分为横向裂缝、纵向裂缝、网状裂缝、块状裂缝和滑移裂缝等。本节首先对裂缝的分类和成因进行总结,之后将对几种特殊原因产生的裂缝进行讨论。

1. 纵向裂缝

纵向裂缝表现为平行于路面纵轴方向的裂缝,有时伴有少量支缝。产生纵向裂缝的原因多种多样,其形成机理也各不相同。纵向裂缝可以发生在摊铺的纵接缝处,尤其是发生在纵向的冷接缝处,也可以发生在有严重车辙和侧向推移的混合料鼓起部位,这是由过高的轮胎压力和负荷造成的。纵向裂缝还可能由基层或路基发生纵向的不均匀沉降导致,也可由下承层的断裂向上反射导致,还可能发生在缺少侧面阻挡的路面边缘,由重车碾压导致,如图 3-8 所示。具体的产生原因如下:

①路基局部压实度不足或基层材料处理不当,路基出现不均匀沉降,使路面承载力不足而出现纵向裂缝,纵向裂缝在高挖高填方处出现的尤其频繁。

②沥青混合料的质量不满足要求。

③路基边坡坡度小于设计值,使得路基边坡压实度不足产生滑坡。

④面层前后摊铺相接处的冷接缝没有按照相关要求进行处理,结合不紧密而相互脱离,产生纵向裂缝。

⑤此外,地震、水毁等自然灾害也时常造成纵向裂缝。

2. 横向裂缝

横向裂缝通常指与路面纵轴垂直的裂缝, 常常以近似间隔的形式出现, 如图 3-9 所示。横向裂缝可以是荷载型裂缝, 也可以是非荷载型裂缝。荷载型裂缝是由于路面设计不当和施工质量低劣, 或由于车辆严重超载, 致使面层或半刚性基层内产生的拉应力超过其疲劳强度而开裂。非荷载型裂缝是横向裂缝的主要形式, 主要包括温度裂缝和反射裂缝。

图 3-8 纵向裂缝

图 3-9 横向裂缝

横向裂缝产生的原因主要有以下几种。

①沥青路面面层温度变化产生的温度裂缝, 包括低温收缩开裂和温度疲劳裂缝。

②由基层裂缝导致的反射裂缝。

③沥青混凝土施工缝处理不当, 接缝不紧密, 造成不同部位结合不良, 从而产生横向裂缝。

④桥梁、涵洞等结构物回填部位没有按照要求进行施工或处理不得当, 从而产生不均匀沉降, 导致路面产生横向裂缝。

3. 网状裂缝

网状裂缝也称龟裂, 是在重复交通荷载作用下, 沥青路面面层或稳定基层疲劳破坏产生的一系列相互贯通的小网格状裂缝, 如图 3-10 所示。沥青路面网状裂缝产生的原因主要包括以下几种。

①在荷载和环境作用下, 纵横裂缝出现后继续扩展成网状裂缝。

②沥青混合料的性能不满足要求, 尤其是低温抗变形能力过低。

③路面面层厚度不足。

④路面结构中含有软弱夹层, 粒料层松动, 水稳定性差, 从而形成网状裂缝。

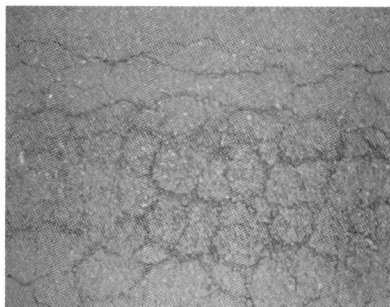

图 3-10 网状裂缝

⑤沥青总体强度不足，在损坏初期形成网裂，随后裂缝逐步扩展，缝间距变小。

⑥降雨引起的路面积水会透过路面的微小裂缝对稳定基层及路基内部造成破坏，从而引起路面的龟裂。

⑦超载重载导致道路高负荷或超负荷使用，超过了道路本身的设计运营能力和荷载极限，造成了道路损坏致路面龟裂。

路面一旦出现严重的大范围的龟裂，表明路面结构已经进入设计极限状态。

网状裂缝是路面疲劳开裂的最终形式，所以网状裂缝也称疲劳裂缝。除了上述原因，按照裂缝的发展方向，疲劳裂缝可以分为自下而上和自上而下两种。一般认为较厚的沥青路面结构容易产生自上而下的疲劳裂缝；而较薄的道路结构容易产生自下而上的疲劳裂缝。

4.块状裂缝

块状裂缝是疲劳裂缝发展的初级阶段，一般表现为一系列互相连接的大块，如图3-11所示。引发块状裂缝最常见的原因除了有反射外，还有温度应力加上混合料变硬、发脆。具体包括三个方面的原因。

①基层整体强度不足，沥青路面老化，在行车的作用下形成网状或不规则裂缝。

②沥青路面面层偏薄，不符合设计要求，或交通量超过设计能力，造成网状或块状裂缝。

③沥青路面面层在温度周期性的变化下产生收缩，造成块状裂缝。所以，块状裂缝经常发生在不承担交通荷载的面层。

5.滑移裂缝

滑移裂缝（图3-12）是车辆在制动、启动、加速、转向作用下的水平推力超过了沥青路面层间的黏结强度，从而使上、下层之间发生滑移造成的。另外，层间黏结不良也是诱发滑移裂缝的原因。

图3-11　块状裂缝

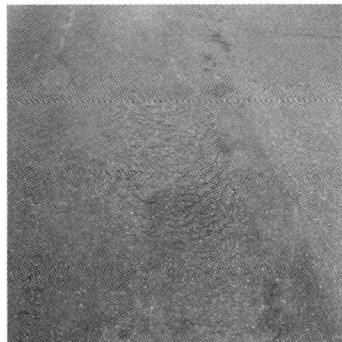

图3-12　滑移裂缝

6.温度裂缝

1)低温断裂

沥青路面结构内温度的升降会引起路面材料体积的膨胀和收缩。但是路面材料体积的胀缩会受到外界的束缚，路面结构就会产生温度应力。这种附加温度应力一般发生在降温过程中。如果沥青的温度拉应力超过沥青混凝土的极限抗拉强度，沥青路面面层便会产生温度收缩裂缝。

2）温度梯度裂缝

沥青路面结构体的温度与周围环境紧密关联，路面结构的温度沿着路面的深度呈不均匀分布，因此在不同时期和不同的深度，沥青的体积变化也是不相同的。即使在同一时间、同一路面结构，由于气温的骤然降低，沥青路面的不同深度处温度也不相同，表面和底面之间的温度差即形成温度梯度。由于上表面温度更低，路面上部比下部承受较大的收缩应力。因此，在应力不断积累的过程中，上部拉应力将首先达到和超过路面材料的极限抗拉强度，从而在路面表面强度薄弱处引起收缩裂缝。在应力集中作用下，裂缝很快向深处发展，穿透路面结构后继续向基层以下扩展。

3）温度疲劳裂缝

温度疲劳裂缝即在温度应力小于沥青混凝土极限抗拉强度情况下产生的疲劳裂缝。温度的升降循环包括两种：气温的昼夜周期性变化；气温的四季周期性变化。虽然这两类温度循环导致的温度应力小于沥青混凝土的极限抗拉强度，但温度的升降会引起沥青混凝土材料的内部损伤，随着损伤的不断积累，最终会导致沥青混凝土在低于材料极限抗拉强度的情况下发生破坏，即出现低温疲劳裂缝。温度疲劳裂缝是温度收缩和温度梯度作用共同作用的结果。

7. 反射裂缝

旧混凝土路面补强或者沥青路面的基层为半刚性基层，或者混凝土变形产生的拉应力超过沥青面层的抗拉强度时，沥青路面面层就会开裂，这种裂缝即称为反射裂缝。对于半刚性基层沥青路面，反射裂缝指由于半刚性基层在温度梯度和湿度变化下产生收缩开裂，此种基层材料先开裂而后沿开裂基层向上方反射到沥青路面面层形成反射裂缝，或者在行车荷载作用下，裂缝沿已开裂半刚性基层向上扩展形成反射裂缝。

对于反射裂缝的处理，一般有三个方面的措施。

①改善沥青路面面层性能，如增加沥青层厚度、加筋罩面层、使用改性沥青等。

②设置应力/应变吸收薄膜夹层，如采用土工织物等。

③对基层材料本身，选择抗冲刷性能好、干缩系数和温缩系数小和抗拉强度高的半刚性材料。

3.2.3　沥青路面表面损害类病害

1. 坑槽

路面坑槽指的是在行车作用下，路面骨料局部脱落而产生的坑洼，是沥青路面易发多发的常见病害，影响行车安全性、舒适性和路容路貌。如果养护维修不及时，会对行车安全构成极大威胁，同时增加养护成本，见图 3-13 所示。

根据坑槽生成的部位不同，可以将坑槽分为以下几类。

1）沥青路面面层产生坑槽

由于沥青路面面层混合料局部空隙率较大，沥青与石料间的黏结力不强，水分进入并滞

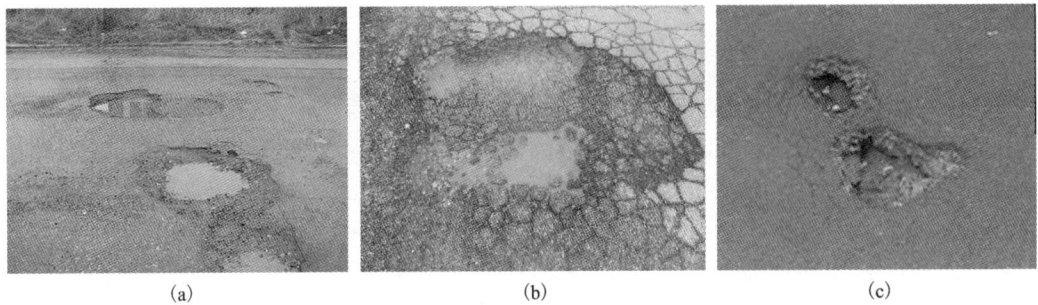

(a)   (b)   (c)

图3-13 坑槽

留在上面层沥青混合料中,在荷载作用以及冻融循环的不断作用下,产生的动水压力使表面层沥青混合料出现水损害,将沥青从骨料上剥落,出现局部松散破损,如图3-13(a)所示。散落的石料被行驶的车轮带出,路面自上而下逐渐形成坑槽。

沥青层产生坑槽的另一个原因是当路面疲劳裂缝(龟裂)劣化到一定程度时,沥青路面会被裂缝分割成小块状,在荷载和雨水作用下,小块状的沥青混合料会被行驶的车辆带出,从而形成坑槽,如图3-13(b)所示。

2)基层和底基层产生坑槽

此类病害一般由下而上发展,水进入路面滞留在基层表面,在重载车辆作用下,自由水产生很大的压力冲刷基层混合料表层细料,形成灰白色浆。在动水压力和孔隙水压力的反复作用下,整个面层范围内的基层粒料出现松散,并反射到面层,形成恶性循环,最终导致坑槽出现,如图3-13(c)所示。

3)桥面铺装层产生坑槽

由于桥面板和沥青层局部层间黏结不足,在荷载和雨水的作用下,沥青和骨料之间的黏结逐渐劣化,骨料逐渐剥落,最终产生自下而上的坑槽。

2.泛油

传统型定义:沥青路面面层中的自由沥青受热膨胀,直至沥青混合料中的空隙无法容纳而溢出路表的现象,如图3-14所示。

新型定义:路表水侵入面层内部并长期滞留在沥青层底部,在行车荷载的反复作用和动水压力作用下,集料表面的沥青膜剥落成为自由沥青,沥青在水的作用下向上部迁移,从而导致面层上部泛油。

沥青路面泛油主要包括以下几种原因。

①空隙率偏小,油石比偏大。在高温作用下,沥青受热膨胀,沥青在填满混合料的空隙后溢出路表面形成泛油。

②沥青混合料由于压实度不足,开放交通后在车辆荷载尤其是重载车辆的再次压密作用下,沥青混合料内的集料不断嵌挤使空隙率减少,最终沥青胶浆被挤压到路表而发生泛油;高温作用会促使该过程的发生。

③路面积水在高速行驶的汽车轮胎下形成很高的动水压,车速较高时,动水压可能促使

水分进入面层底部；路表水侵入面层内部并长期滞留在沥青层底部，在行车荷载的反复作用和动水压冲刷下，集料表面的沥青膜剥落成为自由沥青，并在水的作用下被迫向上部迁移，导致面层上部泛油而底部松散。

3.磨光

路面磨光是指在重复的交通荷载作用下，沥青表面层的粗构造在轮胎摩擦作用下逐渐衰退或消失，路面表面石料逐渐被磨光，致使表面纹理深度减小，如图 3-15 所示。

导致路面磨光的主要原因包括：重复的交通荷载；表面沥青封层太薄；集料质地软弱，缺少棱角或矿料级配不当，粗集料尺寸偏小，细集料尺寸偏小，细料偏多或沥青用量偏多；等等。

图 3-14 泛油　　　　　图 3-15 磨光　　　　　图 3-16 松散、剥落

4.松散、剥落

松散和剥落是指在车辆荷载的冲击作用下，道路表面骨料或沥青结合料变形错位或被压碎而被带离路面的现象。松散从道路表面自上而下发展。松散可出现在整个道路表面，但由于行车的作用，一般在轮迹带处尤其严重，如图 3-16 所示。

导致松散和剥落的主要原因包括：铺设道路时压实效果不佳；沥青和矿料之间的黏附性较差；水进入到沥青混合料中，水的作用以及可能的冻融作用削弱了沥青与矿料的黏结强度；施工时混合料加热温度过高，致使沥青老化失去黏性。

3.3　沥青路面主要病害的维修技术

根据路面产生病害的类型和实施养护的性质，沥青路面的病害维修技术一般分为两类：矫正性养护技术和预防性养护技术。

3.3.1　沥青路面矫正性养护

在路面产生明显病害或者病害已经发展到一定程度后，需要采用矫正性的养护措施加以解决。矫正性养护措施包括：直接加铺、翻修重建、旧路再生利用等。

1.热修补技术

沥青坑槽热修补技术是指通过专用的加热设备对普通沥青混合料或者改性沥青混合料进

行就地加热，然后按照一定的工艺对坑槽进行修补的技术。其修补工序是首先对坑槽边缘进行处置，同时对坑槽进行水分干燥，然后喷洒沥青黏结层，填充新的热拌沥青混合料，并摊铺、压实。对于坑槽贯穿了路面多层的情况，沥青坑槽热修补要进行分层填筑。

坑槽热修补工艺技术成熟，通过开槽切缝、吹缝烘干、填补、压实等一系列程序，沥青修补料能够与原路面紧密结合，如图 3-17 所示。热修补技术具有修补质量好、耐久性高、修补后的路面可以承受重载交通的特点。其缺点是需要较高的加热温度，尤其是对于改性沥青坑槽修补料，不适用于分散、工程量小的坑槽修补，在冬季受到的限制比较大。

(a)开槽切缝

(b)吹缝烘干

(c)填补

(d)压实

图 3-17　热修补技术现场施工图

2.冷修补技术

坑槽冷修补技术是指通过对坑槽进行切缝和烘干，在常温下将沥青冷补料进行摊铺和压实就能修补坑槽的一种工艺，如图 3-18 所示。冷补材料施工简单，所需施工机械、施工人员少，修补料可以实现一次拌和后储存起来。路面出现病害时直接使用，不需要再进行二次加工，开放交通快。采用冷补料修补的坑槽寿命可以达到三年左右，大大延长了道路的大修周期。用它来作为全线的日常养护，相对热修补技术来说价格更低。

冷料修补采用成品冷料，开槽后按路面结构层直接填筑分层压实。

冷修补技术的施工工艺如下。

①清理坑穴。一般修补应将待修补坑槽内的碎石、废渣清理干净，坑槽内不得存有泥浆、冰块等杂物。修补高速公路、市政公路坑槽时，应将四周切割整齐，并将已损坏的结构层清理干净。

(a)坑槽处置　　　　　　　　　　(b)填筑和压实

图 3-18　冷修补技术

②填满坑穴。把足够的冷补材料填进坑穴内,填料应高出地面 1.5 cm 左右;高速公路和一般公路修补,其材料的投入量可增加 20% 或 10% 左右。填满后坑穴中央处应高于四周路面并呈弧形。如路面坑穴破损深度在 80 mm 以上时,填补工作应以每 30 ~ 50 mm 为一层,分层填补、逐层压实。

③压实。铺设均匀后,根据实地修补环境、修补面积大小和深度,选择适当的压实工具和方法进行压实。

④验收。修补完的坑穴表面应光洁、平整、无轮迹,坑槽四周和边角压实良好、无松散等现象,通常压实度应达到 93% 以上。

冷修补技术和热修补技术的对比见表 3-1。

表 3-1　坑槽修补工艺的对比

对比项目	冷补修技术	热补修技术
施工季节	冬季和雨、雪天气都能施工	冬季和雨、雪天气不能施工
最低温度	最低施工环境温度可达-40℃	施工环境温度在 10℃ 以上
对坑槽的处理	须清理散落颗粒、灰尘或其他杂物等,坑槽内有少量积水亦不影响施工	清理干净,排出积水并干燥,刷黏层油
存放	可露天存放,袋装存放时间更久	不能存放,必须当时使用
施工性能	不需要熟练工和专用机械	需要熟练工和专用机械
施工环境	可就地生产或工厂预拌,没有热沥青气味	须工厂拌和,有浓重沥青气味
材料利用率	随时取用,剩余材料下次可继续使用,可实现 100% 的利用率	取料量必须多于用料量,剩余材料不能继续使用
开放交通	修补完成后,可以立即通车	修补完成后,须关闭交通一段时间
耐久性	寿命达 3 ~ 5 年	耐久性一般优于冷修补技术
材料及费用的消耗	修补及时,减少重复修补,节约材料,降低冬季和雨、雪季停工造成的费用消耗	只能集中修补,造成修补不及时、路面破坏加剧、修补材料浪费、交通不便

3.铣刨修复技术

铣刨修复是将损坏的路面结构层采用专用机械铣刨后,再恢复路面结构层的工艺。该方法是目前处治路面结构性损坏的主要方法。路面铣刨修复一般应用于高等级公路较大面积病害路面的铲除,或应用于高等级公路路面加铺前降低原路面标高,或应用于和路面抗滑能力不足时的拉毛处理。施工前先根据设计图纸确定铣刨范围,实地放出铣刨线样,根据需铣刨工程数量确定使用铣刨机的数量,在需铣刨路段的一端按顺序进行铣刨;铣刨尽量一次完成,中间除特殊原因外不得停顿。铣刨出的废料用机械集中统一运输至指定地点废弃,不得随意倾倒以免造成环境污染。

路面铣刨修复需要确定以下步骤。

①确定铣刨的位置、宽度和深度。

②铣刨要分段进行。

③分幅铣刨带有充分的重叠覆盖。

④确保铣刨机和运载材料的自卸卡车始终顺着交通流动方向行驶和工作。

⑤摊铺过程中要尽量减少摊铺停机的现象,减少横向接缝。

⑥摊铺宽度应与两侧旧路面重叠 50～100 mm。

4.沥青表层就地热再生

沥青表层就地热再生是指采用就地热再生设备对需要维修的路面进行就地加热翻松、搅拌、摊铺等连续作业,最后用压路机碾压,达到热接缝、热界面、热再生目的的一次成型新路面的施工方法。这种工艺适用于原路面基层和横断面良好、路面出现坑槽等情况。表3-2为沥青表层就地热再生时的控制要点。

技术要点包括以下几个方面:①再生剂喷洒量准确;②加热温度适宜;③再生路面厚度均匀;④纵缝密实无松散;⑤大吨位快速碾压。

表3-2　沥青表层就地热再生检查项目与试验方法

检查项目	检查频度	质量要求或允许偏差	试验方法
宽度/mm	每 1 km 20 个断面	大于设计宽度	T0911
再生厚度/mm	每 1 km 5 个点	-5	T0912
加铺厚度/mm	每 1 km 5 个点	±3	T0912
平整度 IRI/mm	全线连续	<3.0	T0933
外观	随时	表面平整密实,无明显轮迹、裂痕、推挤、油包、离析等缺陷	目测
压实度代表值	每 1 km 5 个点	最大理论密实的 94%	T0924

3.3.2　沥青路面预防性养护

1.预防性养护理念

预防性养护作为一个完整的概念于 20 世纪 80 年代提出,是一种定期的强制保养、维修措施,是在路面结构强度充足,仅表面功能衰减的情况下,为恢复表面服务功能而采取的一种养护措施。

预防性养护的实质是在适当的时间,将适用的技术措施应用在适宜的路面上。

预防性养护的核心思想是要求采用最佳成本效益的养护措施,强调养护管理的主动性、计划性、合理性。

美国公路管理部门从 20 世纪 80 年代以来,通过对几十万公里道路进行跟踪调查发现:一条质量合格的道路,在 75% 的使用寿命时间内性能下降 40%;此阶段如不及时进行养护,在随后 12% 的使用寿命时间内,性能再次下降 40%。如图 3-19 所示。

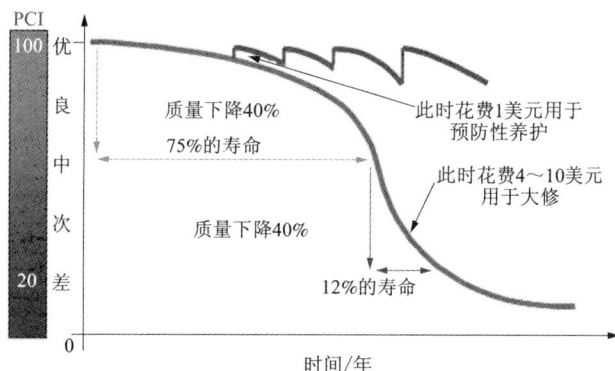

图 3-19　路况与使用寿命曲线

2.沥青路面预防性养护时机

预防性养护计划的制订应包含以下基本内容和步骤。

①现场调研,确定路面是否需要进行预防性养护。

②根据路况条件初步选择若干种养护方案,《公路沥青路面养护设计规范》(JTG 5421—2018)根据公路等级和交通荷载等级给出了建议的预防性养护措施,如表 3-3 所示。

③对所期望的性能和工程项目的约束条件进行评估,确定最终可供进行费用-效益分析的预防性养护方案。

④进行费用—效益分析,确定各种方案的费用-效益。

⑤选择优先采用的预防性养护方案,并验证其最佳实施时机。

表3-3   预防性养护措施应用条件

公路等级	交通荷载等级	预防养护措施							
		含砂雾封层	稀浆封层	微表处	碎石封层	纤维封层	复合封层	超薄磨耗层	薄层照面
高速公路、一级公路	重级以上	▲	X	★	X	X	★	★	★
	中级以下	★	X	★	▲	▲	★	★	★
二级以下公路	重级以上	▲	▲	★	▲	▲	★	★	★
	中级以下	★	★	★	★	★	★	★	★

注：★—推荐，▲—谨慎推荐，X—不推荐。

1）预防性养护时机评价指标

预防性养护时机评价指标一般包括：承载能力、车辙、平整度、抗滑性、路面破损等指标。

路面承载能力一般采用路面结构强度指数（$PSSI$）进行评估。路面平整度，一般用路面行驶质量指数（RQI）作为评价指标；它是反映路面在行驶质量方面所提供服务能力的主要指标，与国际平整度指数（IRI）有关。RQI 值越大表示路面平整度越好。路面破损状况指数（PCI）反映路面的路况质量。车辙一般用路面车辙深度指数（RDI）来评估。路面抗滑性能一般用路面抗滑性能指数（SRI）来评估。

2）最佳养护时机确定方法

预防性养护时间的确定方法主要有：基于时间或路况的方法、排序法、费用效益评估法、生命周期费用评估法、决策树或决策矩阵等方法。

（1）基于时间或路况的方法

基于时间的方法是指每种预防性养护措施都有一个合适的实施时间，根据路面服役时间的长短来确定具体的预防性养护措施。表3-4 给出了不同预防性养护措施的合理使用时间，注意：表3-4 所给出的预防性养护措施的使用时间只是规范建议的时间，具体实施时间还受到其他因素的影响。

表3-4   预防性养护措施预期使用年限

措施	含砂雾封层	稀浆封层	微表处	碎石封层	纤维封层	复合封层	超薄磨耗层	薄层照面
时间/年	2	2~3	2~3	2~3	2~3	3~4	3~4	3~5

基于路况的预防性养护方法就是根据路面的具体破坏情况，找出进行预防性养护的临界破坏状态。用 HSRM（highway sufficiency ratings manual）评分体系进行预防性养护时机的选取，指出柔性路面预防性养护须在 6 分以上时进行，刚性路面的预防性养护须在 8 分和 8 分以上时进行。

美国 PAVER 路面管理系统采用路面破损状况指数综合表征路面的结构完整性和行驶状况，并建立了路况等级、路面破损状况指数值和养护对策间的关系，如表3-5 所示。可以看出，针对具体的路面破损状况指数值，表3-5 给出了路面状况的评级及建议的养护方法，但没有给出具体的养护措施建议。同时，路面破损状况指数只是对路面破坏状况的外观评价，没有考虑路面病害的原因和机理；所以按照表3-5所示的养护方法往往不能对路面病害对症下药，影响了预防性养护的效率。

表3-5 美国 PAVER 养护和改建方案同路面破损状况指数值和路况评级关系

评级	优	非常好	好	良	差	很差	破坏
PCI	85～100	70～85	55～70	40～55	25～40	10～25	10～0
养护方法	日常养护		日常养护、大中修、改建		大中修、改建、重建	改建、重建	

（2）排序法

在路面状况劣化的过程中，除了路面状况会发生变化，路面交通、具体养护的气候条件以及预防性养护的经验等也都是养护过程中需要考虑的因素。但这些因素一般不容易量化。除了效益费用以外，还可对所采取的预防性养护措施进行整体评分排序。

排序法通常是先初步安排养护的时间和对策，然后考虑预算的约束和优先次序的要求，进而对项目进行一年或多年的规划。预防性养护时间的安排可以遵循某一事先设定的标准进行，如采用使用性能标准。当路段路面的路面破损状况指数低于此标准时，该路段须采取预防性养护措施。此时，进行预防性养护的时机和措施是分开考虑的，通常采用使用性能参数进行各项目的排序。当然也可以采用经济分析参数进行排序，此时预防性养护的时间和措施的确定是同时进行的。

（3）效益—费用评估法

采用效益—费用评估法来确定最佳养护时机符合预防性养护的基本理念，即针对恰当的路面，在合适的时间，采取恰当的措施来维持和提高路面的服务能力。该方法是要用最小的费用维持或改善路面现有的通车条件，延迟路面的损坏，延长原有路面的使用寿命来推迟昂贵的大修和重修活动。

（4）生命周期评估法

生命周期是一种实现工程项目的全生命周期的理论体系，包括建设前期、建设期、使用期和拆除期等阶段总成本最小化的理论体系。生命周期评估法是目前路面预防性养护中应用比较广泛的一种方法。在路面大、中修和重建时，常常用到生命周期评估法。预防性养护推迟了昂贵的路面大修活动，但预防性养护要求提前支付养护费用。在不同时期支付同样多的费用有不同的经济价值，所以有必要进行经济分析。生命周期评估法有很多，例如现值法、年度等额费用法、收益率法等。

现值法是将分析期内不同时间支出的费用，按某一预定的计算方法转换为现在的费用。通过转换成单一的现值，可在等值的基础上比较各种养护方案。该方法是生命周期费用分析中使用最多的方法。

年度等额费用法是指把分析期内的各项费用，转换成每年等额支出的费用。

收益率法是用内部收益率来评价项目投资财务效益的方法。内部收益率，即资金流入现值总额与资金流出现值总额相等、净现值等于零时的折现率。当收益率等于或大于某个预定的最低期望收益率时，该项目（或方案）在经济上是可取的。收益法在实际应用中不经常使用，主要是因为计算量较大而且比较复杂。

(5)决策树或决策矩阵法

决策树根据不同决策影响因素，通过建立一定的树结构形式，将决策方案不断细化，并综合考虑各种组合条件，在各个分枝的枝末，给出各种组合条件限制下可能的处治对策。决策树或决策矩阵常用于企业的战略经营管理中，它是表示决策方案与有关因素之间相互关系的矩阵表式，常用来进行定量决策分析。在国外，有些公路管理部门用决策矩阵作为预防性养护的决策支持。表 3-6 为决策矩阵用于预防性养护措施选取的例子。美国密歇根州运输部认为一些薄层罩面的目的不是为了提高沥青路面的结构强度，因此将其纳入预防性养护措施中。从表 3-6 可以看出，当路面出现严重的不平整和疲劳裂缝时就不可以采用微表处预防性养护措施了；当路面出现严重的车辙，横、纵向裂缝和少量的疲劳裂缝时，应用微表处措施并不一定有效。

表 3-6　决策矩阵用于预防性养护措施选取

| 措施 | 路况 | | | | | | | | | | | |
| | 平整度 | | 车辙 | | 纵横裂缝 | | 松散 | | 泛油 | | 疲劳裂缝 | |
	低	高	低	高	低	高	低	高	低	高	低	高
封缝	×	×	×	×	√	□	×	×	×	×	×	×
石屑封层	√	×	√	×	√	□	√	√	√	□	□	×
稀浆封层	√	×	√	×	√	×	√	√	√	□	×	×
微表处	√	×	√	□	√	√	√	√	√	√	□	×
薄层罩面	√	□	√	□	√	√	√	√	√	√	□	×

注：√—可应用于预防性养护措施；×—不能应用于预防性养护措施；□—经研究可以应用于预防性养护措施。

图 3-20 是根据密歇根州运输部的标准，以路面行驶质量指数(RQI)和路面破坏指数(DI)作为预防性养护的标准而建立的决策树。可以看出，当 $RQI<54$，$RD<3$ mm(RD 为路面车辙深度)，如 $20<DI<25$，此时进行单层石屑封层即可；如 $25<DI<30$，此时须进行双层石屑封层；如 $DI>40$，预防性养护措施就不适合了，此时就须进行昂贵的路面大修。

3. 预防性养护措施的分类

各种预防性养护技术可按照结构层厚度和应用时间分为以下几类，如图 3-21 所示。

1)雾封层

采用雾封层撒布车将稀释成雾状的乳化沥青或专门配制的制剂喷洒在沥青路面上形成薄层，用来填封道路表面微小裂缝和表面空隙，修复路面松散破坏，改善路面外观，提高路面的使用寿命。雾封层以乳化沥青、煤焦油乳液、人造树脂乳液、石油蒸馏液等为基材，经过特殊配方设计配制成液态产品；或直接将乳化沥青用水按一定比例稀释，通过喷洒车雾化喷洒或人工涂刷在沥青路面表面，而后渗入路面裂缝、孔隙中，裹覆于旧集料及黏结料表面。

雾封层常用于低等级或低交通量道路，雾封层实施后一般需要封闭交通 4~6 h，从而使

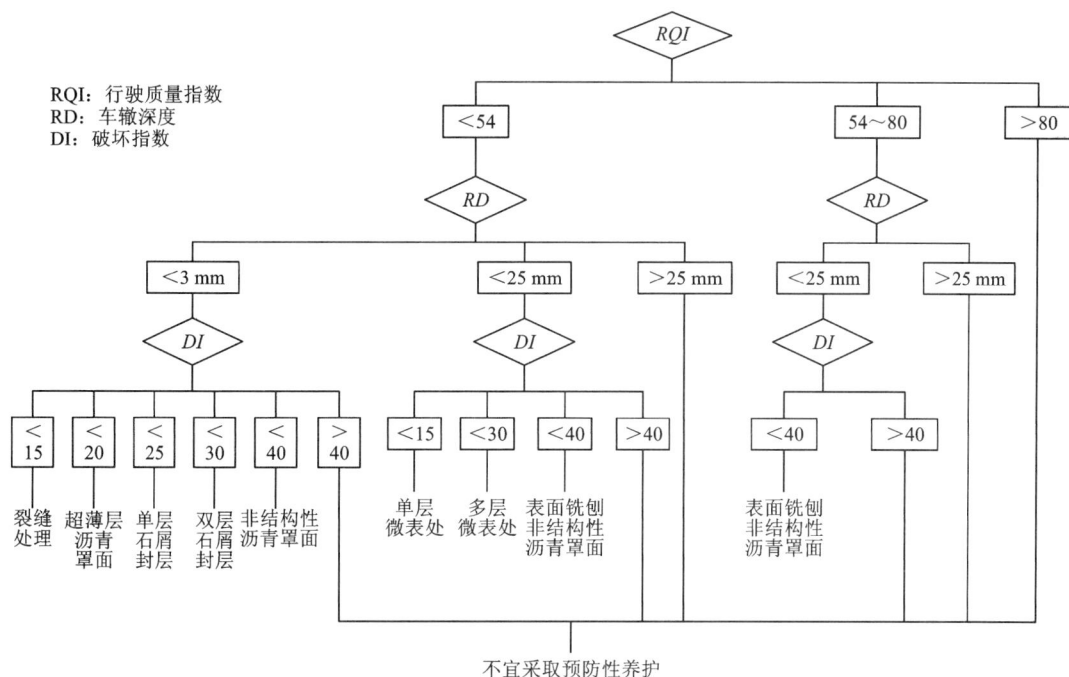

RQI：行驶质量指数
RD：车辙深度
DI：破坏指数

图 3-20　预防性养护决策树(根据密歇根州运输部)

雾封层材料破乳和凝结。

高用量的雾封层材料会导致原有沥青路面路表有一层薄的沥青膜，会降低路面的抗滑性能，所以在雾封层施工时，往往会在雾封层表面撒布一层砂，也称为砂封层。

雾封层的适用条件为原路面基层和横断面良好，路面出现轻度的纵、横向疲劳开裂，局部有轻度松散现象，路面渗

图 3-21　预防性养护技术分类

水加大。使用雾封层前须对路面进行预处理：对裂缝进行处理，松散部位清除修补。雾封层喷洒前后路面的状态如图 3-22 所示。

雾封层的工程质量要求：

①路面应表面均匀，无露白、条痕、泛油等现象，不污染其他构造物。

②纵向搭接处应紧密、平整、顺直。

③路面渗水系数应不超过 20 L/min。

④沥青撒布率应满足设计值±5% 的范围。

⑤路面摩擦系数应不低于原路面。

(a)前   (b)后

图 3-22　雾封层喷洒前后路面的状态

水是路面破坏的主要原因，空隙、骨料松散、裂缝等是水渗入的主要途径，水的渗入会影响胶结效果使黏结力降低，水渗透到基层后路基软化，承载力降低，开裂、沉陷、龟裂等病害相继出现。

雾封层材料具有较高的渗透性和黏结特性，可渗入微裂缝和骨料空隙，对路面"输血"，从而恢复路面沥青黏附力，填补微小裂缝和空隙，防止路面水下渗，维持路面性能 2～3 年时间，推迟造价更高的养护工程，提高道路的经济效益。

2）还原剂封层

还原剂封层是将专门研制的还原剂或再生剂通过一定的技术手段喷洒在已经老化的沥青路面上，其作用是更新和还原表面已经发生老化的沥青，同时保护尚未被老化的沥青，使其维持原有性能，减缓老化的时间。

一般的沥青路面再生剂是一种单组分的沥青制品，由石油蒸馏液、改性沥青、再生剂、阻燃剂等合成。目前市场上较好的沥青路面养护产品有沥再生 RejuvaSeal™、ERA-C 型沥青再生剂、Sasojuve 再生养护剂、Star-Seal 涂封层。

从施工角度来看，与雾封层类似，还原剂封层也是在沥青路面表面增加一个薄薄的养护层来达到防水、封缝、抗老化等养护目的，只是这里喷洒的是还原剂（专用的再生剂要求渗入路面 6 cm 左右）。

3）含砂雾封层

含砂雾封层是以改性乳化沥青或煤沥青基材料、陶土、聚合物添加剂为主要成分的雾封层材料与砂组成的混合料。采用专用的含砂雾封层高压喷洒车，在沥青路面上喷洒形成一薄层，起到封闭路面微裂缝、防止松散石料脱落、阻止水分下渗的作用，并能延缓路面沥青老化、降低沥青路面面层温度与保持路面抗滑性能，达到显著改善路面外观的效果，如图 3-23 所示。

含砂雾封层除了具有传统雾封层技术封堵微裂缝、固化松散矿料、施工速度快等优点

图 3-23　含砂雾封层施工

外, 还能够提供良好的表面构造, 保证车辆行驶安全; 含砂雾封层采用冷拌冷铺的施工工艺, 施工过程中无废气排放, 具有良好的社会效益。

4) 石屑封层

先在路面上喷洒沥青材料, 紧接着撒布单位粒径或适当级配的石屑, 而后进行碾压。石屑封层是一种简单易行、价格低廉的养护方法。它的缺点是要有较长的初期养护时间, 汽车高速行驶时噪声过大, 路面上的松散集料还会被高速行驶的车轮带出而撞击、黏附在车身和挡风玻璃上, 集料的丧失还会导致抗滑能力的衰减, 所以一般很少用在大交通流量和高速行驶的道路上。石屑封层如图 3-24 所示。

目前, 石屑封层通常会与雾封层配合使用, 即石屑封层后再进行雾封层。

图 3-24　石屑封层施工

5) 同步碎石封层

碎石封层技术是一种用于建立道路表面功能层的薄层施工技术。基本方法是先把适量的沥青结合料通过专用设备均匀地涂布在道路表面, 然后把粒径相对均匀的碎石密播在沥青层上, 并经碾压使平均 3/5 左右的碎石粒径嵌入沥青层。沥青结合料类型主要包括稀释沥青、乳化沥青/改性乳化沥青、改性沥青、胶粉沥青。

同步碎石封层技术的最大优点是同步铺洒黏结材料和石料, 实现喷洒到路面上的高温黏结料在不降温的条件下及时与碎石结合的效果, 从而确保黏结料和石料之间的牢固结合。该技术具有卓越的抗滑性能和有效的封水效果, 可以延缓路面松散、老化, 以及造价低、施工工艺简便、施工速度快等优点, 但施工后路面噪声有一定增加。同步碎石封层施工如图 3-25 所示。

同步碎石封层适用于以下状况: 原路面基层和横断面良好, 表面可见的病害为轻微松散, 中度纵、横向裂缝并伴随裂缝处有轻度松散, 路面出现中度及以下磨光, 修补处路况良好。同步碎石封层同时适用于道路养护罩面, 新建路面磨耗层, 新建中轻交通道路面层, 应力吸收黏结层以及路面下封层。

同步碎石封层施工的技术要求包括: ①高质量的机械设备是成功应用的前提; ②沥青洒布和集料撒车必须进行标定; ③控制集料粉尘含量; ④及时碾压, 不得使用钢轮压路机。

工程质量要求包括: ①沥青撒布率应满足设计值±8%; ②石料撒布率应满足设计值±10%; ③表面平整密实, 无松散、油包、油丁、泛油、剥落、封面料明显散失等缺陷。

图 3-25　同步碎石封层施工

6）稀浆封层

稀浆封层技术在 20 世纪 30 年代兴起于德国。在美国，稀浆封层的应用占到全国黑色路面的 60%，对新旧路面的老化、裂缝、磨光、松散、坑槽等病害起到了预防和维修的作用，使得路面的防水、抗滑、平整、耐磨性迅速提高。

稀浆封层采用机械设备将乳化沥青、粗细集料、填料、水和添加剂等按照设计配比拌和成稀浆混合料摊铺到原路面上形成薄层，经过裹覆、破乳、析水、蒸发和固化等过程与原路面牢固地结合在一起，形成密实、坚固、耐磨和道路表面封层，大大提高了路面使用性能。稀浆封层适用于路面已磨损、老化、磨光、松散、裂缝等病害，或需要尽快恢复通车的路段。稀浆封层具有耐磨、抗滑、防水、平整性等性能，以及施工迅速、造价低、用途广、节约能源等优点。

7）微表处

微表处是在稀浆封层基础上发展起来的一种预防性养护方法。其工作原理是用具有一定级配的石屑或砂、填料（水泥、石灰、粉煤灰、石粉等）与聚合物改性乳化沥青、外掺剂和水，按一定比例拌制成流动型混合料，再均匀洒布于路面上封层，如图 3-26 所示。自 1999 年对微表处技术进行研究和推广应用以来，微表处封层技术的优越性已经得到广大公路技术人员的认可，并在我国的二十多个省市的高速公路的路面养护中得到广泛应用。

图 3-26　微表处施工

微表处封层适用于路面渗水、老化、抗滑力不足，路面车辙严重、平整性差或者有轻、中度微裂缝的情况。微表处封层具有防水、耐磨、提高防滑性能、提高路面平整度/美观度、防止路面的老化与松散等优点。同时，微表处封层还可以填补已经稳定的车辙，摊铺后可在较短的时间内开放交通，具体的时间因各个工程的实际情况而有所不同；作为预防性养护技术也可直接用于新建道路的表面磨耗层，从而减少昂贵石料的使用，降低工程造价，降低或者消除早期水损坏的发生；由于在常温下施工，没有毒烟雾、粉尘、噪声污染。

复式微表处封层是以微表处封层技术为基础，底层采用细级配混合料，表层采用粗级配混合料组合形成的一种新型超薄罩面结构。其中底层采用细级配混合料，起到增强黏结和防水的作用，表层采用粗级配混合料使表面抗滑耐磨。

根据复式微表处封层的技术特点和功能，其主要用于水泥混凝土路面的养护罩面、水泥混凝土桥面超薄铺装层及沥青路面的养护罩面。

微表处封层与稀浆封层的不同之处是前者在材料和工艺、设备上比后者有着更为严格的要求，表现在：①在乳化沥青上，微表处封层要求采用慢裂快凝式的高分子聚合物改性沥青；②在集料上，微表处封层要求采用优质的集料，在集料的棱角性、耐磨性、扁平颗粒的含量等方面有着更高的要求，在集料级配上则要求采用中粒式或粗粒式；③稀浆封层的铺层厚度通常只等同于集料的公称最大粒径，而微表处封层的铺设厚度由于改性乳化沥青黏度较大而可以达到集料工程最大粒径的 1.2 ~ 1.5 倍；④由于改性乳化沥青的稀浆混合料比乳化沥青稀浆混合料更加黏稠，在工艺上要求更加强化的搅拌和摊铺过程。

8）开普封层

开普封层最早在 19 世纪 50 年代应用于南非开普敦，多用于中、低等级公路新建工程面层或养护工程。开普封层是首先在路面上铺筑碎石封层，然后在碎石封层表面铺筑稀浆封层。稀浆封层可以部分填充碎石封层中骨料之间的空隙，或者完全覆盖在碎石封层表面。稀浆封层可以铺设单层或多层，如图 3-27 所示。

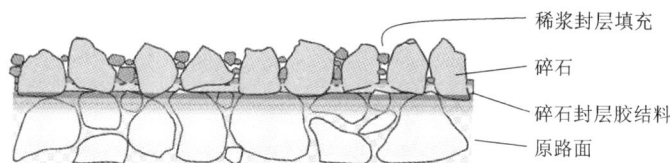

图 3-27　开普封层

随着养护技术的不断发展，碎石封层也可以采用改性乳化沥青稀浆封层。因表面层引入了微表处，开普封层结构得到了进一步改良，如图 3-28 所示。

碎石封层有优良的防水和抗裂性能，但其主要问题是在行车作用下，容易导致集料松散、脱落，产生扬尘；同时，集料脱落也可能引起推移、波浪、泛油等其他问题。稀浆封层（或微表处）能提供一个平顺、坚实、抗滑、美观的行车表面，与铺筑面黏结紧密，对基面（原路面、基层）保护好，但在抗裂性能上存在局限性。开普封层集合了碎石封层系统和稀浆封层（或微表处）系统的优点，提高了表面行驶功能和耐久性。

开普封层技术适用于各种基层，如半刚性基层、柔性基层等路面，有着很强的变形协调性，特别适用于基层强度不稳定的农村道路。

9）超薄层罩面

超薄层罩面是在原有路面上加铺一层厚度 4 cm 以下的热拌沥青混合料面层，它基本上不起增加路面强度的作用，属于非结构性的路表面养护层，如图 3-29 所示。《公路沥青路面设计规范》（JTG D50—2017）将超薄层罩面的厚度规定为 20 ~ 25 mm。

超薄层罩面的优点是：①在原路面具有足够的结构强度和没有结构性病害的条件下，较

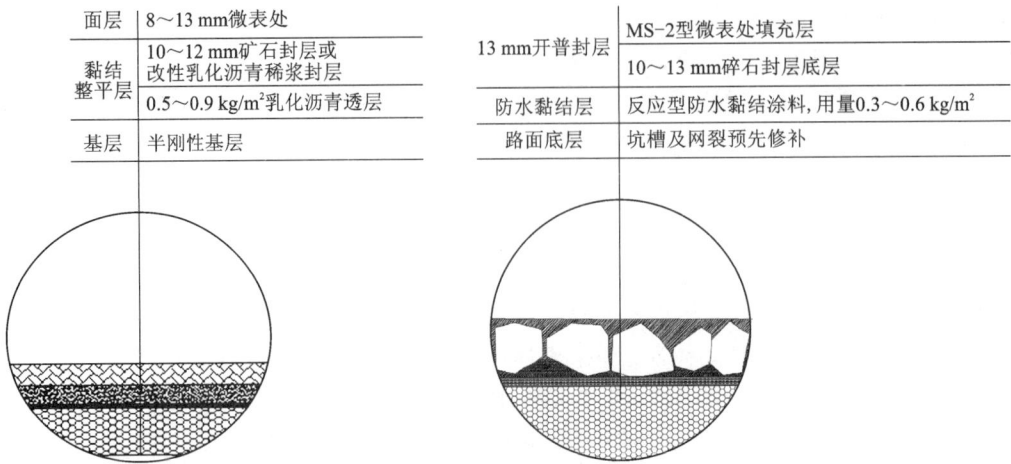

面层	8～13 mm微表处
黏结整平层	10～12 mm矿石封层或改性乳化沥青稀浆封层
	0.5～0.9 kg/m²乳化沥青透层
基层	半刚性基层

13 mm开普封层	MS-2型微表处填充层
	10～13 mm碎石封层底层
防水黏结层	反应型防水黏结涂料,用量0.3～0.6 kg/m²
路面底层	坑槽及网裂预先修补

图 3-28 开普封层沥青路面铺装结构示意图

图 3-29 超薄层罩面

其他预防性养护技术具有更强的工程适应性、更长的使用寿命和更低的寿命周期费用;②具有一定的矫正纵、横坡的能力;③能承受重交通的压力和高的剪切荷载;④良好的表面平整度;⑤没有像石屑封层那样有集料颗粒脱落的风险;⑥在施工中没有或很少有粉尘的污染;⑦没有养生的要求,开放交通的时间短;⑧车轮—路面滚动噪声低;⑨容易实施路面材料的再生利用;⑩容易进行路面的养护与维修。

按照沥青混合料的结构原理和矿料的级配,超薄层罩面可分为悬浮密实型、骨架密实型、骨架空隙型等三大类。

密级配的悬浮密实型超薄层罩面是传统的罩面类型,铺层厚度与公称最大粒径之比通常要求(3:1)～(5:1),具有良好的改善原路面平整度、抗开裂和降低噪声的能力,通常用于城镇和住宅区以及低交通量的道路上。

断级配的骨架密实型超薄层罩面采用骨料骨架嵌挤密实结构,铺层厚度与公称最大粒径之比通常为(2:1)～(3:1),表面纹理较粗、宏观构造较深,具有良好的抗车辙能力和抗滑性能,通常用于干线公路和大交通量的高速公路上。

开级配的骨架空隙型超薄层罩面最常用的厚度是25～30 mm的多孔开级配混合料,空隙率通常为15%～18%,通常用于对排水和降噪有较高要求的场合。

10）超薄磨耗层

超薄磨耗层，是采用专用机械设备将改性乳化沥青和间断级配（设计空隙率大于 10%）的热拌改性沥青混合料同步铺筑、碾压成型为厚度 10 ~ 25 mm 的沥青路面表面层。超薄层罩面可以起到密封、保护路面，恢复抗滑性能，修复车辙、轻微裂缝、表面磨光、麻面、唧浆等病害。与石屑封层、稀浆封层、微表处等预防性养护措施相比，超薄磨耗层具有强度高、耐久性好、表面纹理丰富等优点，可以即时开放交通，提高路面排水性能。

根据施工工艺可以将超薄磨耗层分为同步超薄磨耗层和分步超薄磨耗层两种。同步超薄磨耗层是通过专用机械同步完成黏层油喷洒与沥青混合料摊铺；分步超薄磨耗层是分两台设备分别完成乳化沥青的撒布与沥青混合料的摊铺。

超薄沥青混凝土磨耗层技术，主要用于高等级沥青或水泥路面加铺沥青层的预防性养护和轻微病害的矫正性养护中。理论上测算，一般高速公路路面使用寿命至少在 6 年以上，但优良的超薄沥青混凝土磨耗层使用寿命可长达 8 ~ 10 年。

超薄磨耗层具有以下特点：①高性能聚合物改性乳化沥青将集料牢固地黏附在路面；②高质量集料可承受较大的交通量；③单一尺寸的集料可减少噪声；④能够快速开放交通（<1 h）；⑤性能可靠；⑥具有较大的孔隙率。

超薄磨耗层适用于原路面断面整齐，基层尚好仅有少量病害的沥青路面。表面病害包括：中度松散，中度纵、横向裂缝，中度疲劳开裂或中度块裂。使用年限一般为 3 ~ 5 年。

超薄磨耗层与石屑封层相比具有以下优势：①具有极好地石屑保持性；②对较浅的车辙、较细的裂缝等轻微病害有一定的修复能力；③良好的降噪性能。

超薄磨耗层与微表处封层相比具有以下优势：①有更好地与原路面的黏附性；②更大的宏观构造深度；③更好的表面排水性能，改善行车的安全性；④良好的降噪性能。

超薄磨耗层与密级配的薄层罩面相比具有以下优势：①更好地与下层路面的黏附性；②更高的抗车辙能力；③更大的构造深度；④良好的表面排水能力，改善了行车的安全性；⑤更好的水密性，保护下层路面不受表面雨水侵入。

超薄磨耗层与沥青升级配套耗层相比具有以下优势：①更好地与下层路面的黏附性；②更好的水密性，保护下层路面不受表面雨水的侵入；③更高的耐久性与寿命。

11）裂缝填封

裂缝填封是常用的养护措施，能有效实现裂缝填封，防止因水的渗透导致路面裂缝扩大，避免造成更加严重的唧浆、坑槽等病害，减缓道路使用功能的退化，防止路面状况指数（PCI）迅速下降，延长道路使用寿命。

从养护工艺的角度来看，裂缝可以按缝宽分为微裂缝或者发裂（<2 mm）、微小裂缝（2 ~ 6 mm）、小裂缝（6 ~ 12 mm）、中裂缝（12 ~ 25 mm）、大裂缝（>25 mm）。

适用领域：对于发裂来说一般不作处理，如在单位面积内的发裂众多，则可以在其上进行表面封层处理；对于微小裂缝、小裂缝，由于尚未发生结构性损坏，通常只在表面上做贴封式的封面，或者对裂缝进行灌缝处理，向裂缝填充灌缝胶，以起到封闭裂缝的作用。

（1）嵌缝条

嵌缝条是一种沥青基的自黏、可熔性的预制带状卷材，专门用于处理沥青路面接缝处。嵌缝条施工操作简便、快捷，适用于沥青路面的冷接缝部位、与构造物相连接部位，维修、养护中的施工接缝部位。

　　嵌缝条在冷接缝处的使用，能够有效地防止因两侧铺筑材料的不同或温差过大引起的材料间黏结力弱、抗剪能力不强、渗水等因素造成路面的早期破坏。嵌缝条能弥补面层冷接缝施工时的不足，提高面层抗剪切强度。

　　(2)灌缝胶

　　裂缝灌注是道路养护最经济的方法之一，为避免水的渗透对道路造成的损坏，填封裂缝能确保裂缝的有效性，从而大大延长道路的使用寿命。灌缝胶适用于原路面基层和横断面良好，仅表面出现纵、横向裂缝。适用年限一般为2～3年。

　　裂缝是高速公路、沥青路面最常见的病害，全国每年用于裂缝灌注的经费在10亿元以上，如何让养护经费得到最好的利用，最首要的是研发出新材料、新工艺，以遏制裂缝的出现和发展。

　　常见灌缝胶的种类有：

　　①热灌注型主要有沥青玛蹄脂类、改性橡胶沥青类、聚氯乙烯胶泥类。

　　②冷灌注型以异氰酸酯端基预聚体与沥青反应制成的嵌缝胶及改性乳化沥青类为代表。

　　③预制型的多孔封闭型丁苯橡胶嵌缝条。

　　灌缝材料的基本要求是：良好的渗透性；良好界面黏结性；耐高温性；低温延展性。

　　灌缝时间与方法如下所述。

　　缝宽在5 mm以内时：①清除缝中杂物及尘土；②将低稠度的热沥青(缝内潮湿时应采用乳化沥青)灌入缝内，灌入深度约为缝深的2/3；③填入干净石屑或粗砂，并捣实；④将溢出的沥青及石屑、砂清除干净。

　　缝宽在5 mm以上时：①用开槽机将裂缝切割整齐，清除缝中杂物及尘土；②用热拌沥青混合料填入缝中，捣实。缝内潮湿时应采用乳化沥青混合料灌缝。

　　灌缝胶施工质量要求：①灌封材料填充饱满密实，与原路面平齐；②灌缝材料和贴缝条与路面黏结牢固，无脱开；③裂缝处不渗水。

　　灌缝施工如图3-30所示。灌缝施工流程如图3-31所示。

(a)原路路面	(b)清缝除尘
(c)注胶灌缝	(d)灌缝完成

图3-30　灌缝施工流程

图 3-31　灌缝施工

（3）贴缝条

贴缝条有面层贴缝条和基层贴缝条两种，如图 3-32 所示。

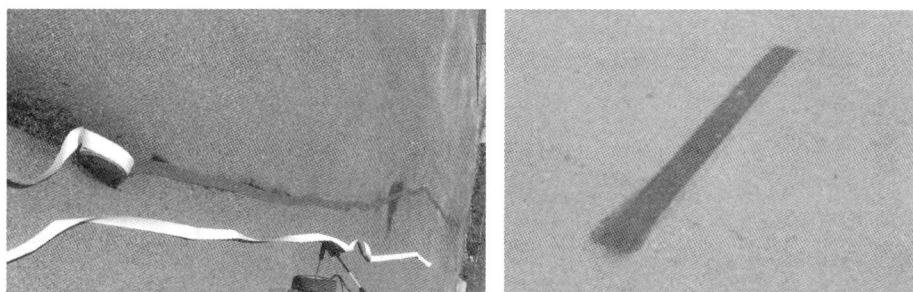

(a)面层贴缝条　　　　　　　　　　　　　　(b)基层贴缝条

图 3-32　贴缝条

贴缝条一般是由聚丙烯材料涂抹一层防水膜，经严格工艺碾压复合在一起。根据裂缝宽度的不同，生产出的贴缝条宽度有多种规格，符合各种裂缝宽度的修补。适用年限一般为 2~3 年。

同时还可以根据实际缝宽及抗裂需求现场剪切或拼接，也可以按客户需求规格生产。

应用领域：一般国道、高速公路、市政道路的网裂、道路裂缝、接缝、段差修正。

材料特点：操作简便、施工速度快；质量可靠；安全环保；成本低廉。

适用条件：原路面基层和横断面良好，仅表面出现纵、横向裂缝，伴随裂缝处有较多细微的扩展裂缝。

修补流程：

①将路面、基层裂缝以及裂缝两侧 20 cm 范围内的路面清理干净。

②用宽刷蘸取专用胶粘剂沿裂缝均匀涂刷，以裂缝为中心线两侧各涂刷 8 cm 以上。一般涂胶面积比贴缝带宽度多出 1 cm。

③剪取长度略长于裂缝长度的一段贴缝带，揭去隔离纸，有聚丙烯织物的一面朝上，以裂（接）缝为中心线将贴缝带平整地贴在路面上。

④用滚筒用力碾压将贴缝带烫贴至路面，以确保贴缝带同路面结合为一体，不能有气泡、皱褶。

⑤如遇不规则的裂（接）缝，可用剪刀将贴缝带切断，按裂（接）缝的走向跟踪粘贴。但在

贴缝带的结合处,要形成 80~100 mm 的重叠。

(4)局部挖补

局部挖补是指挖除小面积的病害路面,换填新的路面材料的施工,它分为病害路面的挖除和挖除路面的修复两个工序,图 3-33 为沥青路面局部挖补施工图。

(a)切槽

(b)挖除

(c)补填

(d)压实

图 3-33　沥青路面局部挖补施工图

路面挖补一般可以使用以下几种材料。①热拌沥青混合料:AC-13、AC-16;②乳化沥青常温混合料:稀浆封层混合料Ⅱ型、Ⅲ型;③稀释沥青常温混合料。

技术要点:①修补材料与洞壁要有牢固的黏结;②修补后的路面与开挖线周围路面应保持平整;③修补材料要经受住交通荷载和气候的考验。

工程质量要求:①压实度不低于 95%(试验室密度);②修补必须彻底,开挖外缘应超出病害外缘;③修补路面与开挖线周围路面应保持平整,不低于周围路面;④接缝处不渗水。

3.4　沥青路面再生技术

2019 年我国公路总里程已达到 501.25 万 km,其中大部分为沥青路面结构。我国高速沥青路面设计年限为 15 年。一般 7~8 年后就要进行中大修改造。对沥青路面进行维修,翻修或者道路改建时将会生成大量的废旧沥青混合料(RAP),这些废旧沥青混合料中,不仅含有碎石等性能优良的骨料,而且含有 4%~6% 的旧沥青。沥青路面再生利用技术是指将需要翻修或废弃的旧沥青路面,经过路面再生专用设备的翻挖、回收、加热、破碎、筛分后,与再生剂、新沥青、新集料等按一定比例拌和成具有一定路用性能的混合料,重新铺筑于路面的一整套工艺。通过路面再生,不仅可以使其重新满足路用性能要求、节约大量材料资源和资金、降低工程造价，也可避免废弃材料对环境的污染、实现行业循环经济、促进生态环境保护，是实施"节约型社会"战略举措的具体实践，有着非常显著的社会效益和经济效益。我国对 RAP 的利用率仍然较低，大部分 RAP 用在低交通量公路面层和高等级公路的垫层或底基层，还有部分甚至堆置废弃。

3.4.1　国内外概况

1. 国外概况

发达国家早在 20 世纪初就开始研究沥青路面再生技术。但真正规模化应用开始于 20 世纪 70 年代。发达国家的公路网建设完成较早，目前处于养护和改建期，每年产生的大量 RAP 通过再生利用技术得到了广泛应用。目前，沥青路面再生利用技术已经成为发达国家公路建设与维修养护的常用技术。

在 20 世纪 80 年代末的美国，再生沥青混合料的用量就已占到全部沥青混合料的 50% 以上。旧路面材料的再生利用率超过 80%，技术标准齐全。根据美国联邦公路管理局统计，到 1995 年 25 个州再生沥青混合料的用量就达到 2 亿吨，差不多为全国路用沥青混合料的一半。20 世纪 80 年代，美国相继颁布了《路面废弃料再生指南》《沥青路面热再生技术手册》《沥青路面冷拌再生技术手册》。

日本在 20 世纪 80 年代颁布了《再生沥青铺装技术指针》《路面废料再生利用技术指南》等技术标准。2000 年时再生沥青混合料已经占到了全年沥青混合料掺量的 58%。目前，日本旧沥青路面的再生利用率超过 80%。

德国是最早将再生料应用于高速公路路面维修的国家，早在 1978 年就实现了废弃沥青材料的全部回收利用。在芬兰，几乎所有的城镇都组织旧路面材料的收集和储存工作。过去再生料主要用于低等级公路的路面和基层，近几年已应用于重交通道路。

苏联对沥青路面再生技术研究也比较早，1966 年先后出版了《沥青混凝土废料再生利用技术》《旧沥青混凝土再生混合料技术准则》等规范，提出了适于各种条件下路面再生利用的方法。

上述国家也深入研究了 RAP 再生的沥青路面的可靠性。美国和日本研究发现 RAP 再生的沥青路面和普通沥青路面的路用性能和使用寿命区别不大。日本道路协会的《厂拌再生沥青铺装技术指南》也认为，当对再生沥青混合料进行合理的质量控制时，再生沥青混合料铺装后的性能与只用新料铺装的路面性能没有明显的区别。

在利用 RAP 再生沥青路面的过程中，国外发达国家十分重视 RAP 再生技术的研究，在施工工艺、施工机械设备、再生剂和温拌剂等方面都取得了很多的研究成果，具备完善的再生技术体系，RAP 再生利用规范化程度较高。国际经合组织在 1997 年编写的《道路工程再生利用战略》（表 3-7）里给出了相关国家道路材料的再生利用率、再生方式以及再生料等相关信息。

表 3-7　1997 年国际经合组织《道路工程再生利用战略》

国家	澳大利亚	奥地利	比利时	加拿大	丹麦	芬兰	法国	日本	荷兰	瑞典	英国	美国
利用率/%	80	80	100	90	90	95	—	80	100	75	90	80
厂拌热再生	G	G	G	G	G	G	G	G	G		G	G
就地热再生	L	L		L	G	G	G		G	G	L	L
厂拌冷再生		L		L			G			G	L	L
就地冷再生	L			L		G				L		L
基层\沥青		L		L		L	G		L	L		
基层\水泥	G	G	G				G	G	G		G	
基层\水泥和沥青		G					G			L	G	
底基层		G		G	L	L	G	G	G		L	G
填料	G					L					G	L
其他	G										G	

注：G 表示普遍采用，L 表示有限采用。

2.国内概况

相比国外发达国家，我国目前还处于公路网建设的高峰阶段，RAP 再生利用研究工作起步较晚。随着我国早期施工的高等级沥青路面逐渐进入大中修养护期，产生的 RAP 亟须再生利用。然而我国 RAP 再生利用技术研究较少，引进国外再生利用新技术、新设备和新材料成为解决问题的重要手段。

20 世纪 80 年代，我国在不同程度上开展过旧沥青材料的再生技术研究，再生料一般只用于轻交通道路、道路的垫层或非机动车道等。20 世纪 80 年代后期，伴随着高等级公路的大规模建设，我国将主要精力放在了新建公路上，路面再生技术的研究基本处于停滞状态。

1991 年，建设部发布了《热拌再生沥青混合料路面施工及验收规程》。交通部在《沥青路面养护规范》中提到了部分再生技术。1997 年，江苏淮阴市公路处用乳化沥青冷再生方法铺筑路面，取得了一定效果。我国大陆第一条高速公路沈阳至大连高速公路进行了再生重铺。针对旧沥青的化学组分，结合沥青材料的路用性能，使用再生剂和低稠度沥青进行调配。试验结果表明，再生沥青基本满足高速公路对沥青的技术要求，可用于沥青路面层的中下层。

近几年，伴随着我国公路建设的快速发展和大量高等级沥青路面需要进行翻修和重建，旧沥青路面材料的再生利用问题重新得到重视和广泛关注，旧沥青混合料如图 3-34 所示。

按照每 10 年左右翻修一次，路面平均宽度为 22 m、翻修厚度为 10 cm 计算，8.5 万 km 的全国高速公路网平均每年将产生接近 5000 万 t 的旧沥青混合料。

近年来，为适应建设资源节约型、环境友好型社会的要求，北京、辽宁、广东、江苏、上海、河北、江西、陕西、天津、山东、吉林等省市对沥青路面再生技术进行了研究，并铺筑了面积不等的再生工程。沥青路面再生技术在我国公路建设和养护中逐步推广应用。

为促进沥青路面再生技术的广泛应用，规范再生应用技术，保证沥青路面再生工程质

图 3-34 旧沥青混合料(RAP)

量,交通部公路司于 2006 年 9 月下达了《公路沥青路面再生技术规范》的编制任务,由交通部公路院等单位负责编写。2008 年 4 月交通部发布了《公路沥青路面再生技术规范》,并于 7 月 1 日实施。新版《公路沥青路面再生技术规范》(JTG/T 5521—2019)于 2019 年 11 月 1 日开始实施。

3.4.2 沥青路面再生技术

沥青路面再生方式分为厂拌热再生、就地热再生、厂拌冷再生、就地冷再生和全深式冷再生 5 种。沥青路面再生应采用沥青路面再生设备,将一定比例的新集料、再生结合料、沥青再生剂等新材料与沥青混合料回收料、无机回收料等沥青路面回收料进行拌和,并经摊铺、压实形成路面结构层。这 5 类再生方式的拌和场所、拌和温度、再生涉及的层位以及再生时所用的结合料类型分析见表 3-8。

表 3-8 5 种再生方式的区别

再生方式	拌和场所		拌和温度		再生涉及层位			结合料类型		
	路面现场	拌和厂	加热	常温	沥青层	非沥青层	沥青层+非沥青层	沥青、沥青再生剂	乳化沥青或泡沫沥青	无机结合料
厂拌热再生	—	√	√	—	√	—	—	√	—	—
就地热再生	√	—	√	—	√	—	—	√	—	—
厂拌冷再生	—	√	—	√	√	√	—	—	√	√
就地冷再生	√	—	—	√	√	—	—	—	√	√
全深式就地冷再生	√	—	—	√	—	√	√	—	√	√

√—表示可使用,—表示不可使用。

1. 厂拌热再生

厂拌热再生技术是一种实用、灵活、简单同时又能够保证质量的一种再生工艺。它是将旧沥青路面面层,经过翻挖、铣刨,回收集中到再生拌和厂,根据需要进行破碎筛分预处理,再掺入一定比例的新骨料、新沥青、再生剂等,用改装或特制的再生沥青混凝土搅拌设备进行加热拌和后,运至施工现场,热铺成为新的沥青路面结构层。

厂拌热再生是目前世界上应用最为广泛的沥青路面再生方法，也是目前我国公路养护部门最常用的一种方法，再生后的沥青混合料根据其性能和工程情况，可用于各等级沥青路面面层及柔性基层。在厂拌热再生方法中，因添加了新骨料、新沥青和再生剂等新组分，故应针对再生沥青混合料拟用层面进行专门的材料性能配合比设计，并进行相应的拌制及摊铺工艺设计。

旧沥青路面材料在使用之前，应该按照路面使用年限、路面结构、养护状况等将性能相近的废料集中堆放，以便于后期加工处理。在进行再生沥青混合料配合比设计之前，要对废旧路面材料性质进行全面了解。例如进行抽提实验确定旧沥青的含量，进行筛分实验确定骨料级配等。

旧沥青混合料通过厂拌热再生方法完全可以达到高等级沥青路面技术标准的要求。根据国外有关资料，厂拌热再生方法可处理的沥青路面旧料的掺配比例可达到50%～60%，表3-9为厂拌热再生的适用范围。

表3-9　厂拌热再生的适用范围

公路等级	再生层的结构层位				
	表面层	中面层	下面层	基层	底基层
高速、一级	可使用	宜使用			—
二级	可使用	宜使用			—
三、四级	宜使用				—

1)厂拌热再生的分类

根据厂拌作业方式的不同，厂拌热再生可以分为间歇式厂拌热再生和连续式厂拌热再生两种类型。

(1)间歇式厂拌热再生

间歇式沥青混合料搅拌设备发展较早，是一种传统的沥青搅拌设备。该设备首先将初步计算的冷骨料加入干燥滚筒内，用逆流式烘干加热；然后将热骨料提升，经振动筛筛分，通过热料仓储存计量，加入搅拌锅内；最后在搅拌锅内与按一定比例计量好的矿粉和热沥青加到一起，拌和成沥青混合料，一锅一锅地搅拌，一锅一锅地出料，因而称为间歇式。因为有二次计量，间歇式再生搅拌设备能保证集料的级配，集料和沥青的比例精确度比较高。由于是间歇式搅拌，因而也很容易改变集料的级配和油石比。

间歇式厂拌热再生的优点是投资低，缺点是需要新骨料过热，添加的比例有限。

(2)连续式厂拌热再生

连续式沥青搅拌设备，也称滚筒式搅拌设备。在冷骨料的级配、计量和加热烘干方面其工艺过程和间歇式基本相似。但是连续式没有热骨料的提升、筛分、第二次计量等工序。动态计量后的冷骨料进入干燥滚筒内加热，在与其相连的搅拌滚筒内搅拌成沥青混合料，连续加热，连续出料。

连续式搅拌设备的优点是生产效率高，缺点是全部为冷计量系统，需要较精细的骨料分级(料仓)才能达到精确的级配。因为是冷计量，就沥青混合料和新骨料中的水分和粉尘会直接影响计量精度, 不太适合中国国情。

2) 厂拌热再生路面的路用性能

影响再生混合料性质的因素主要是 RAP 中老化沥青的性质及回收的沥青混合料的用量。研究表明, 再生混合料的老化速率通常比新拌混合料的低。此外, 研究还显示再生混合料抵抗水损害的能力优于新鲜的混合料, 而其耐久性也比传统的混合料好。

3) 厂拌热再生特点

①所用的机械设备除了拌和设备与普通热拌沥青混合料的拌和设备有部分不同之外, 其他设备基本相同。

②厂拌热再生技术成熟, 技术难度小, 质量控制比较简单, 再生后的沥青混合料性能比较理想, 适用范围广, 是目前全球范围内应用最为广泛的再生技术。

③铣刨后的旧沥青混合料需要来回运输。

④RAP 用量较少, 间歇式为 10% ~ 25%, 连续式拌和楼为 30% ~ 50%。厂拌热再生的回收沥青路面材料(RAP)掺配比例相对较低, 费用相对较高。

⑤摊铺碾压成型的沥青路面与新沥青路面基本相同, 能较好地恢复路面的承载能力, 做到平整、美观。施工质量不会因为使用了废旧混合料而降低。

4) 适用范围

各等级沥青路面经铣刨、挖除下来的沥青材料都可以通过厂拌热再生工艺进行再生利用, 再生后的沥青混合料可用于各等级沥青路面的建设和维修养护工程。适用于对各等级公路 RAP 进行热拌再生利用, 再生后的沥青混合料根据其性能和工程情况, 可用于各个等级公路的沥青路面面层及柔性基层。图 3-35 为厂拌热再生的施工流程。

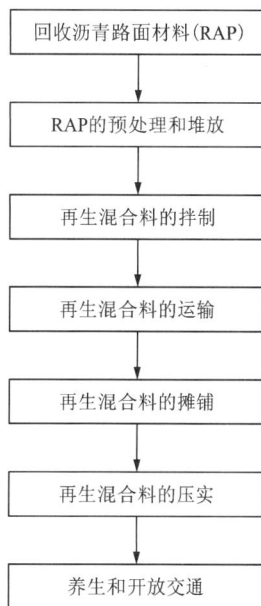

回收沥青路面材料(RAP)

↓

RAP 的预处理和堆放

↓

再生混合料的拌制

↓

再生混合料的运输

↓

再生混合料的摊铺

↓

再生混合料的压实

↓

养生和开放交通

图 3-35　厂拌热再生的施工流程

2. 就地热再生

就地热再生是一种预防性养护技术。采用专用的就地热再生设备, 对沥青路面上面层进行加热、铣刨, 就地掺入一定数量的新沥青、新沥青混合料、再生剂等, 经热拌和、摊铺、碾压等工序, 一次性实现对表面一定深度范围内的旧沥青路面再生的技术。

1) 就地热再生的种类

就地热再生技术分为三种, 即耙松整形再生、复拌再生、加铺再生。

(1) 耙松整形再生

先用加热设备把沥青路面烤热软化, 然后用设备本身自带的耙松装置将路面耙松整形, 同时添加再生剂, 然后用压路机碾实。

(2) 复拌再生

将旧沥青路面加热、翻松, 就地掺入一定数量的沥青再生剂、新沥青混合料、新沥青(需要时), 经热态拌和、摊铺、压实成型。这种方法适用于破损不严重、破损面积较小的路面, 可消除车辙、龟裂等病害, 恢复路面的平整度, 改善横坡, 改善原路面级配以及原路面沥青的老化状况。

（3）加铺再生

将旧沥青路面加热、翻松，就地掺入一定数量的沥青再生剂、新沥青（需要时），拌和形成再生沥青混合料，利用再生复拌机的第一熨平板摊铺再生沥青混合料，利用再生复拌机的第二熨平板同时将新沥青混合料摊铺于再生混合料之上，两层一起压实成型。这种方法适用于破损较严重路面的维修翻新和旧路面升级改造施工，可以恢复路面的抗滑阻力、消除车辙、改善横坡和加强沥青路面强度，改善原路面级配；加铺层可彻底改善原路面的使用功能。

2）就地热再生功能

就地热再生功能有：①修复沥青路面表面层病害；②恢复沥青表面层物理力学性能；③恢复沥青路面平整度，修复沥青路面车辙。

3）就地热再生特点

就地热再生节省了材料转运费用，实现了回收沥青路面材料的全部再生利用。与其他维修方法比，其对交通和沿线居民的影响程度较小。这种再生方法是以路面面层为施工对象，损坏波及基层以下时，原则上不适用。缺点是在现场加热旧路面，施工容易受气候的影响，寒冷季节一般不宜施工；无法除去已经不合适进行再生的旧混合料，级配调整幅度有限；再生深度有限，再生深度通常限制在 25～60 mm。

4）适用范围

路面有足够承载能力，沥青路面的病害仅发生在中、上面层（60 mm 以内），一般用于高速公路，一、二级沥青路面的修复。

再生层可用作上面层或者中面层，一般只推荐用于路面的预防性养护。就地热再生的适用范围见表 3-10。

表 3-10　就地热再生的适用范围

公路等级	再生层的结构层位				
	表面层	中面层	下面层	基层	底基层
高速、一级	宜使用		可使用	—	—
二级	宜使用			—	—
三、四级	不应使用				—

3. 厂拌冷再生

在拌和厂将沥青混合料回收料（RAP）或者无机回收料（RAI）破碎、筛分后，以一定的比例与新矿料、再生结合料、水等在常温下拌和为混合料，然后经过常温摊铺、常温碾压等工序形成沥青路面的技术。

对于 RAP，一般使用乳化沥青或泡沫沥青作为再生结合料；对于 RAI，可使用水泥或石灰等无机结合料作为再生结合料，或根据工程需要使用泡沫沥青等作为再生结合料。使用沥青类结合料时可同时掺加一定量的无机结合料。

厂拌冷再生沥青混合料可用于高速公路和一、二级沥青路面的下面层及基层、底基层，以及三、四级沥青路面的面层。当用于三、四级公路的上面层时，应采用稀浆封层、碎石封层、微表处做上封层。厂拌冷再生技术适用于低等级公路的面层和各级公路基层的病害处理，大多数情况下应用于基层。其最广泛的工程应用是处理反射裂缝和提高行车舒适性。

1）厂拌冷再生的种类

（1）水泥稳定再生层

即沥青路面面层与基层材料、水泥、水按照一定的比例混合，经过一定时间形成的具有一定强度的水泥稳定基层。

（2）乳化沥青厂拌冷再生

即用乳化沥青作为有机再生结合料以及水泥或石灰作为无机再生结合料，形成一种复合有机水硬性材料，可以为道路提供足够的承载力。原材料包括再生沥青混合料、乳化沥青、水泥和水。采用乳化沥青可改善施工条件，延长可施工季节。

（3）泡沫沥青厂拌冷再生

即用泡沫沥青作为结合料与 RAP、水泥和水等常温拌和形成的一种再生混合料。在高温的沥青中加入少量的水，水急速气化形成爆炸性泡沫，使沥青表面积大量增加，体积膨胀数倍至数十倍，在 1 min 内又恢复原状，这种膨胀成泡沫的沥青称为泡沫沥青。沥青膨胀产生泡沫而使其黏度下降，从而方便地与冷湿集料拌和均匀。

2）厂拌冷再生功能

厂拌冷再生功能有：

①以冷拌沥青混合料的形式实现旧路面沥青层材料的再生利用。

②恢复和改善旧沥青混合料路用性能。

③修复面层和基层病害。

④在不改变路面的几何特性的前提下改善路面的结构承载能力。

⑤改善行驶质量。

⑥节省原材料和能源。

⑦减少了空气的污染。

3）适用范围

适用于对各等级公路的 RAP 进行冷拌再生利用，再生后的沥青混合料根据其性能和工程情况，可用于高速公路和一、二级沥青路面的下面层及基层、底基层，三、四级沥青路面的面层。当用于三、四级公路的上面层时，应采用稀浆封层、碎石封层、微表处等做上封层。

厂拌冷再生混合料再生工艺易于控制，对 RAP 质量要求较低，再生混合料性能较好、能耗低、污染小。

需要施工条件和气候条件较高；再生后路面水稳定性差，易受水分的侵蚀和剥落，再生混合料强度的形成需要较长的时间；一般不能直接用作表面层，需要加铺一定厚度的罩面层。

表 3-11 为乳化沥青及泡沫沥青厂拌冷再生的适用范围，表 3-12 为无机结合料厂拌冷再生的适用范围。

表 3-11　乳化沥青及泡沫沥青厂拌冷再生的适用范围

公路等级	再生层的结构层位				
	表面层	中面层	下面层	基层	底基层
高速、一级	不应使用	可使用	宜使用		—
二级	不应使用	宜使用			—
三、四级	宜使用				

表 3-12　无机结合料厂拌冷再生的适用范围

公路等级	再生层的结构层位				
	表面层	中面层	下面层	基层	底基层
高速、一级	不应使用			可使用	宜使用
二级	不应使用			宜使用	—
三、四级	—			宜使用	

4. 就地冷再生

沥青路面就地冷再生的施工工艺是在原有旧沥青路面的基础上,采用专用设备对沥青层进行就地铣刨,掺入一定数量的新矿料、再生结合料、水,经过常温拌和、摊铺、压实等工序,重新形成结构层的一种工艺方法。沥青就地冷再生处治的深度一般为 75~100 mm。

冷再生工程中最为常用的稳定剂为水泥、乳化沥青、泡沫沥青,不同的稳定剂有其各自的特点和适用性。再生料拌和机是将传统的连续式滚筒搅拌设备安装在自行式底盘上,作为就地再生机的一个主要组成部分。

沥青层就地冷再生施工工艺如下。

①将需要用于修整路面结构的新骨料用碎石撒布机均匀地撒到被翻修的旧路面上。

②用沥青路面冷铣刨机将旧路面铣刨至要求深度。

③装料搅拌—添加新的黏结剂(水泥、如乳化沥青或者泡沫沥青)和可加入的再生添加剂。

④再生后的混合料卸入摊铺机进行摊铺、碾压。

⑤及时在再生层上铺筑沥青表面层。

沥青层就地冷再生主要功能:实现旧沥青路面的翻修、重建。再生混合料可用于中下面层或柔性基层。

沥青层就地冷再生特点:

①实现了就地的再生利用,节省了材料转运费用。

②施工过程的能耗低、污染小;适用范围广。

③施工质量控制的难度较大。

④一般需要加铺沥青罩面层。

适用场合:一般用于病害严重的一、二级沥青路面的翻修、重建。

沥青路面冷再生的限制条件：

①需要相对温暖、干燥的施工条件，气候条件要求高。

②再生后路面水稳定性差，易受水分的侵蚀和剥落。

③路面通常需要两周的养生时间。

表 3-13 为就地冷再生的适用范围。

表 3-13　就地冷再生的适用范围

公路等级	再生层的结构层位				
	表面层	中面层	下面层	基层	底基层
高速、一级	不应使用		宜使用		—
二级	不应使用	可使用		宜使用	—
三、四级	宜使用				

5. 全深式就地冷再生

全深式就地冷再生是指采用专用设备对沥青层及部分下承层进行就地翻松，或是将沥青层部分或全部铣刨移除后对部分下承层进行就地翻松，同时掺入一定数量的新矿料、再生结合料、水等，经过常温拌和、摊铺、压实等工序，实现旧沥青路面再生的技术。

美国规定全深式冷再生是对全部沥青层和一定深度的下承层材料(基层、底基层、路基)进行的就地冷再生，再生深度为 100 ~ 300 mm。《公路沥青路面再生技术规范》中定义的全深式冷再生包括两种，一种是对沥青层和部分下承层一起进行的再生，另一种是铣刨了部分或全部沥青层后对下承层进行的再生。

全深式就地冷再生一般用于病害严重的二、三级沥青路面的翻修、升级改建，再生材料可用于沥青路面的基层及轻交通量道路的下面层。

表 3-14 为全深式冷再生的适用范围。

表 3-14　全深式冷再生的适用范围

公路等级	再生层的结构层位				
	表面层	中面层	下面层	基层	底基层
高速、一级	—	—	可使用	宜使用	
二级	—	可使用		宜使用	
三、四级	—	宜使用			

3.5 思考与练习

1. 预防性养护的内涵是什么？预防性养护和矫正性养护的区别是什么？
2. 试述沥青路面病害的主要种类及产生原因。
3. 稀浆封层和微表处有何相同和不同之处？
4. 超薄层罩面和超薄磨耗层的区别是什么？

第 4 章　水泥混凝土路面养护与维修

4.1　水泥混凝土路面养护

4.1.1　水泥混凝土路面养护基本要求

水泥混凝土路面的特点是在养护良好的条件下，使用年限比其他路面长，一旦发生破坏，会迅速发展。因此，必须加强预防性、经常性养护。养护工作必须贯彻"预防为主、防治结合"的方针。基本要求如下所述：

①根据路面实际情况和具体条件以及水文、地质、气候交通和公路等级等情况，采取预防性、经常性的保养和相应修补。对于较大范围的路面修理应安排大、中修或专项工程，使路面处于良好的技术状态。

②应保持对路面的经常性巡视和观察，及早发现缺陷，查清原因，不失时机地采取适当的措施，以保持路面状况的完好；做好预防性、经常性的保养和破损修补，保持路面处于良好的技术状况与服务水平。

③路面在使用过程中，必须对其使用质量进行定期的检查和评定，有计划地进行养护和改善，以保持良好的服务状况。

④水泥混凝土路面养护应以机械化养护为主，并积极采用新技术、新材料、新工艺。

⑤路面养护必须贯彻安全生产的方针，其安全技术、劳动保护等必须符合有关规定。做到安全生产，文明施工，保护环境。

⑥路面养护应做好日常巡查和定期检查。日常巡查指对路面外观状况进行的日常巡视检查。主要检查拱起、沉陷、错台等病害，以及路面油污、积水、结冰等诱发病害的因素和可能妨碍交通的路障。定期检查是按一定周期对路面的基本技术状况进行全面检查。图 4-1 为水泥混凝土路面日常养护工作。

(a)路面清扫　　　　　　　　　　　(b)接缝养护

图4-1　水泥混凝土路面的日常养护

4.1.2　水泥混凝土路面养护的主要内容

水泥混凝土路面养护是通过路面各部分的日常检查、雨季前后检查、恶劣气候、灾害情况下的应急检查和定期检查，发现路面存在的病害及可能引起路面出现病害的因素，采取正确有效的预防、抢修、维护及加固措施，保证路面处于良好的技术状态及使用状态。水泥混凝土路面养护工作内容如下。

①经常清扫行车道和硬路肩上的泥土和杂物，中间带、变速车道、爬坡车道、应急停车带等的泥土和杂物亦应清扫干净。

②路面各种接缝料出现缺损和溢出时及时填补和清除，防止泥土、砂石及其他杂物挤压进入接缝内，影响混凝土路面板的正常伸缩。

③经常检查和疏通路基路面排水设施，防止积水，保护路面不受地面水和地下水的损害。

④及时清洗和恢复路面各种标线、导向箭头和文字标记，保持各种标线、标记完整无缺、清晰醒目。保持辅助和加强标线作用的突起路标无损坏、松动或缺失，保持其反射性能。

⑤及时浇灌、剪修路肩外和中央分隔带内种植的乔木、绿篱和花草，以保持路容美观、整齐，如有空缺或老化，及时补植或更新。及时防治病虫害，对影响视距和路面稳定的绿化栽植予以处理。

⑥对路面、路肩和路缘石等的局部损坏应查清原因，采用合适的材料并采取相应的措施进行修复，以保持路面具有各级公路所要求的使用状态和服务水平。

⑦对路面的较大损坏，根据路面检查评定结果确定的养护对策，安排大、中修和专项工程进行维修和整治，局部路段路面损坏严重的应予以翻修，以达到设计标准；整个路段平整度、抗滑能力不足的，可采取罩面、铺筑加铺层，以恢复其表面功能；整个路段路面接缝填缝料失效的，应予以全面更换。

⑧对承载能力不足和不适应交通发展要求的路面，可根据不同情况进行加铺加宽，以提高承载能力和通行能力。

4.1.3　水泥混凝土路面日常养护

水泥混凝土路面的日常养护应做好预防性、经常性养护，经常巡视检查，及早发现缺陷，查清原因,采取适当措施,清除障碍物,保持路面状况良好。

1.清扫保洁

水泥混凝土路面必须定期清扫泥土和污物,与其他不同类型路面平面连接处及平交道口应勤加清扫,路面上出现的小石块等坚硬物应予以清除,中央分隔带内的杂物应定期清除,保持路容整洁。

路面清扫时,应尽量减少清扫作业产生的灰尘,以免污染环境,危及行车安全。清扫作业宜避开交通量高峰时段进行。

路面清扫后的垃圾应运至指定地点进行处理,不得随意倾倒。

当路面被油类物质或化学药品污染时,应清洗干净,必要时用中和剂或其他材料处后再用水冲洗。

交通标志标牌、示警桩、轮廓标以及防撞栏等交通安全设施应定期擦拭,交通标志及在受到污染后应及时清扫(洗),保持整洁、醒目。

应保持交通标志标牌、标线、示警桩轮廓标的完整,发生局部脱落破损时应及时进行修复或更换。

2.接缝保养及填缝料更换

1)接缝保养

①对接缝进行适时保养,保持接缝完好,表面平顺。

②填缝料凸出板面,高速公路、一级公路超出 3 mm,其他等级公路超过 5 mm 时应铲平。

③填缝料外溢流淌到接缝两侧面板,影响路面平整度和路容时应予清除。

④杂物嵌入接缝时应予清除,若杂物系小石块及其他坚硬物时,应及时剔除。

⑤应对接缝进行适时保养,保持接缝完好、表面平顺,应对填缝料进行周期性和日常性的更换。

2)填缝料更换

①应对填缝料进行周期性或日常性的更换。填缝料的更换周期一般为 2 ~ 3 年。

②填缝料局部脱落时应进行灌缝填补,填缝料脱落缺失大于 1/3 缝长或填缝料老化、接缝渗水严重时应立即对整条接缝的填缝料进行更换。

③填缝料的更换应做到饱满密实、黏结牢固。清缝、灌缝宜使用专用机具,填缝料更换应做到饱满、密实、黏结牢固,清缝用专用机具。

④更换填缝料前应将原填缝料及掉入缝槽内的砂石杂物清除干净,保持缝槽干燥清洁。

⑤缝内填缝料应做到饱满密实,表面连续平整,黏结牢固。清缝、灌缝作业应使用专用机具,灌缝前应确保缝槽清洁、干燥。填缝料灌注厚度宜为 30 ~ 40 mm。当缝深过大时,缝的下部可填 25 ~ 30 mm 高的多孔柔性垫底材料或泡沫塑料支撑条,见图 4-2、

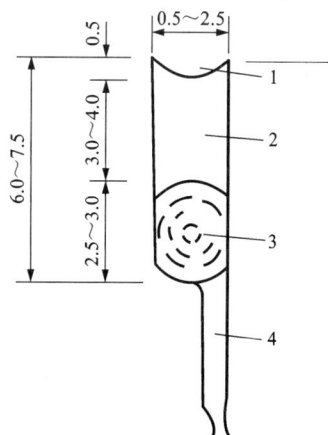

图 4-2　填缝料的更换(单位: mm)

1—膨胀空间;2—填入接缝材料;
3—支撑条;4—导裂缝

图 4-3。

　　⑥填缝料的灌注高度在夏天宜与路面板平，冬天宜稍低于路面板 2 mm。灌缝前应在缝两侧各刷宽度 50~100 mm 泥浆(或石灰浆)，灌缝后应清除缝外灌缝料。

　　⑦填缝料更换宜选在春秋两季，或当地年气温居中且较干燥的季节进行。

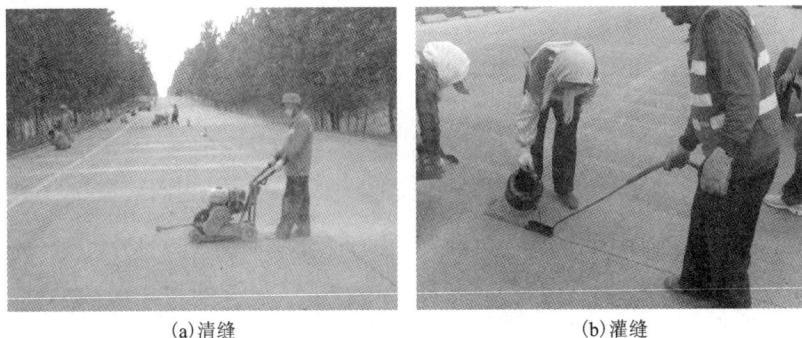

(a)清缝　　　　　　　　　　(b)灌缝

图 4-3　水泥混凝土路面填缝料更换

3. 排水设施养护

　　①必须对路面路肩、中央分隔带、边沟、边坡、挡土墙以及所有排水构造物进行妥善的日常维护，保持系统的排水功能。当排水系统整体功能不能满足要求时，应通过改善或改建工程进行完善提高。

　　②对路面排水设施，应采取经常性的巡查并与重点检查相结合，发现损坏应及时安排修复，发现堵塞必须立即疏通，路段积水应及时排出。

　　③雨天应重点检查超高路段中央分隔带纵向的排水状况，出现堵塞、积水应及时排出。

　　④排水构造物及路肩修复宜采用与原构造物相同的材料。

　　⑤保持路面横坡及路面平整度。当快车道是水泥混凝土路面，慢车道或非机动车道是沥青路面时，应保持沥青路面横坡大于水泥混凝土路面。

　　⑥保持路肩横坡大于路面横坡，路肩横坡应顺适，及时修复路肩缺口

　　⑦封闭路面板裂缝。

　　⑧路面接缝、路肩接缝及路缘石与路面接缝处变宽渗水时，应进行填缝处理。

　　⑨定期修整路肩植物、清除路肩杂物，疏通路肩排水设施和中央分隔带排水设施，常年保持路面排水顺畅。

4. 冬季养护

　　①冰雪地区路段混凝土路面冬季养护的重点是除雪、除冰和防滑，作业的重点是桥面、坡道、弯道、垭口及其他严重危害行车安全的路段。

　　②除雪、除冰、防滑要根据气象资料、沿线条件、降雪量积雪深度、危害交通范围等确定作业计划，并做好机驾人员培训、机械设备、作业工具、防冻防滑材料的准备。

　　③除雪作业以清除新雪为主。化雪时应及时清除雪水和薄冰。除冰困难的路段应以防滑措施为主，除冰为辅。除冰作业应防止破坏路面。

④路面防冻防滑主要措施有：使用盐或其他融雪剂降低路面上的结冰点；使用砂等防滑材料或与盐掺和使用，加大轮胎与路面间的摩擦系数；防冻、防滑料的施撒时间主要根据气象条件(降雪、风速、气温)、路面状况来确定，一般可在刚开始下雪时就撒布融雪剂或与防滑料掺和撒布，或者估计在路面出现冻结前 1~2 h 撒布；在冻融前，应将积雪及时清除路肩之外，以免雪水渗入路肩。冰雪消融后，应清除路面上的残留物；禁止将含盐的积雪堆积于绿化带。

4.2　水泥混凝土路面的主要病害及产生原因

水泥混凝土路面病害形式较多，为便于对其病害进行分析、研究、维修和治理，通常按病害的成因和表现形式对路面使用性能的影响进行分类。表 4-1 为《公路水泥混凝土路面养护技术规范》(JTJ 073.1—2001)规定的分类方法，常用于水泥路面的养护管理。

表 4-1　水泥混凝土路面病害的种类与分级

路面板断裂	路面板裂缝	轻度裂缝
		中等裂缝
		严重裂缝
	路面板破碎	轻度破碎
		中等破碎
		严重破碎
	路面板断角	轻度断角
		严重断角
	路面补块	轻度补块
		严重补块
路面变形	路面脱空唧泥	—
	路面错台	轻度错台
		中等错台
		严重错台
	路面隆起	轻度隆起
		中等隆起
		严重隆起
	路面胀起	轻度胀起
		严重胀起
	路面沉陷	轻度沉陷
		中等沉陷
		严重沉陷

续表 4-1

		接缝轻度剥落
路面接缝	路面接缝剥落	接缝中等剥落
		接缝严重剥落
	路面纵缝张开	轻度张开
		严重张开
	路面接缝填缝料损坏	—
路面表面病害	路面露骨	轻度露骨
		严重露骨
	路面表层裂纹	—
	路面层状剥落	—
	路面坑洞	—

4.2.1　水泥混凝土路面板断裂

水泥混凝土路面在使用期间，路面板常有断裂现象发生，轻者影响路面的使用寿命，严重的将影响行车安全，对此必须予以足够重视。对此类病害应当加强养护，路面板一旦发生断裂病害，应及时采取处理措施。通常将路面板断裂病害分为裂缝、破碎、断角、补块 4 种类型，根据断裂程度不同，分为轻度、中等、严重等 10 种不同等级的病害。

1.路面板裂缝

路面板裂缝主要分为表面裂缝和贯穿裂缝两类。

1）表面裂缝

表面裂缝主要是路面早期过快失水或者泌水造成的裂缝和碳化收缩引起的裂缝，如图 4-4 所示。混凝土是一种多相不均匀材料。由于混凝土组成材料密度不同，新拌阶段容易出现分层离析。混凝土配比合理，施工操作得当，混凝土的离析就会大大减轻。在水泥混凝土路面施工中发生的离析大多是粗骨料从混合料中分出，即重颗粒下沉，水分向上迁移，从而形成表层泌水。泌水造成路面自由水含量增加。当路面自由水的蒸发速度大于泌水速度时，水的蒸发面就会深入混合料表面之内，水面形成凹面。由于路面凹面较凸面所受压力大，同时固体颗粒间产生毛细管张力，促使颗粒凝聚。当路面尚未充分硬化，不能抵抗这一张力时，路面发生裂缝。这种塑性裂缝的发生时间大致与泌水消失时间相对应，在混凝土浇筑后数小时，路面表面将普遍出现细微的表层龟裂。

混凝土的碳化收缩也会引起混凝土表面龟裂。当混凝土的水泥用量较低、水灰比较大时，空气中的 CO_2 易渗透到混凝土内，与其中的碱性物质起化学反应后生成碳酸盐和水。混凝土的碳化反应在空气相对湿度为 65% 左右的情况下最为激烈。碳化引起的收缩仅限于路面，只产生混凝土的表面裂缝。混凝土的碳化收缩速度较失水干缩速度慢得多，因而由碳化带来的表面裂缝对混凝土强度的危害并不大，有时碳化甚至能增加混凝土的强度。但是无论是哪种表面龟裂，都给路面表面的耐磨性带来了不利影响。严重的表面裂缝，会使路面较快出现裸露砂石现象，如不及时处理，将降低路面的表面抗滑能力和行车舒适性。

2）贯穿裂缝

贯穿裂缝为贯穿路面板全厚度的横向裂缝、纵向裂缝、交叉裂缝等。

（1）横向裂缝

垂直于行车方向的有规则的裂缝称为横向裂缝，如图 4-5 所示。导致路面出现横向裂缝的原因较多，大致可以归纳为如下几个方面。

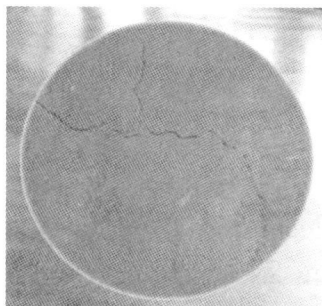

图 4-4 混凝土路面表面裂缝

图 4-5 混凝土路面横向裂缝

①干缩裂缝。

混凝土中的水是以化学结合水、层间水、物理吸附水以及毛细水等状态存在。当这些水在混凝土硬化过程中失去时，水泥浆体就会收缩，这就是干缩。自由收缩不会导致裂缝发生，当收缩受到限制而产生收缩应力时，就会引起干燥收缩裂缝。

混凝土的坍落度、水泥用量、集料粒径、细集料含量等对混凝土的干缩有影响，但最重要的影响因素还是混凝土的单位用水量。混凝土的单位用水量越小，干缩降低。过小的单位用水量，往往满足不了混凝土路面施工要求，因而在实际施工中，在满足施工要求的情况下，应减小混凝土的单位用水量。对于路面长度方向，则借助于设置接缝的方法来缓和约束；对于基层与侧边，则借助于隔离层和整平层来缓和约束。

干缩裂缝引发的路面横向裂缝，往往是在混凝土水化的早期。研究表明，混凝土 50% ~ 70% 的收缩量发生的 28 d 龄期内。

②温缩裂缝。

与普通材料相同，混凝土具有热胀冷缩性质。路面的热胀冷缩都是在相邻部分或整体性受限条件下发生的。

水泥的水化过程是一个放热过程。混凝土在水化过程中释放大量热能，使温度上升。在通常温度范围内，混凝土每上升 1℃，每米膨胀 0.01 mm。这种温度变形，对大面积面板极为不利。由现场测试可知，水泥水化过程中的放热速度是变化的，初始较缓慢，约 30 min 后增温，在水泥终凝后 12 ~ 24 h 内水化热温度可达 80 ~ 90℃，使内部混凝土产生显著的体积膨胀。而板面温度随着晚上气温降低，湿水养护而冷却收缩，致使路面内部膨胀，外部收缩，产生很大的拉应力。当外部混凝土所受拉应力一旦超过混凝土当时的极限抗拉强度时，路面板就会产生裂缝或横向断裂。

此外，由于受到已有基层或已有硬化混凝土的约束力，温度下降时，路面不能自由收缩就要产生裂缝。这种裂缝大多是贯通路面的。

为防止路面的干缩裂缝和温缩裂缝，通常采用切缝的方法将路面分块。我国现行的《公路水泥混凝土路面设计规范》规定，路面板长不大于6m，板宽不大于5 m。但施工中切缝的时间难以控制得当，导致路面板出现横向裂缝。从混凝土收缩因素考虑，最好是在混凝土中水泥水化初始阶段就切缝，但因抗压强度过低事实上很难做到。对于已切缝的混凝土路面，除第一天的应力有可能大于该龄期的抗拉强度外，其余温度应力均小于相应龄期的强度。所以切缝不及时，就会导致路面板横向裂缝产生。

（2）纵向裂缝

顺路方向出现的裂缝称为纵向裂缝，如图4-6所示。水泥混凝土路面的传递荷载顺序为面层、基层、垫层、路基。尽管面层板传到路基顶面的荷载应力值很小，往往不会超过0.05 MPa，但路基的支承条件却是很重要的。

由于填料土质不均匀、湿度不均匀、膨胀性土、冻胀、压实不足等多种原因，很可能导致路基支承不均匀；在混凝土浇筑之前未严格检查基底弹性模量是否符合规范要求，如盲目施工，在路基稍有沉陷的情况下，在板块自重和行车压力作用下会产生纵向断裂。开始缝很细，一般小于0.05 mm，但随着雨水浸入和浸泡基层，使其表层软化、液化而产生唧泥、淘空，使裂缝加大。

拓宽路基时，由于路基处理不当，新路基出现沉降，路面板下沿纵向出现脱空。在车轮荷载作用下，使路面板沿纵向断裂。

（3）交叉裂缝

两条或两条以上相互交错的裂缝称为交叉裂缝，如图4-7所示。产生交叉裂缝的主要原因有：

①混凝土强度不足，在轮载和温度作用下出现交叉裂缝。

②路基和基层的强度与水稳性差，一旦受到水的浸入，将会发生不均匀沉陷；在车轮荷载作用下，路面板出现交叉裂缝。

③水泥水化反应在混凝土发生升温和降温过程中产生体积的胀缩变形。在内部骨料及外部边界约束下使混凝土的自由胀缩变形受阻，产生拉压应力。

④水泥的安定性对混凝土的质量影响很大，但是长期以来，人们对水泥的安定性不够重视。在水泥的生产过程中，有时会出现一些过烧的CaO和MgO，它们的水化速度较慢，往往是在水泥硬化后再水化，使得水泥浆体积膨胀、开裂甚至溃散。

图4-6 混凝土路面纵向裂缝

图4-7 混凝土路面交叉裂缝

2.混凝土路面板破碎

1）破碎病害分类

当裂缝将一块路面板分为 3 块以上时，称为水泥混凝土路面板破碎病害。全部断块或裂缝只发生在一个角的，称为断角病害。按病害程度不同，破碎病害又分为轻度、中等、严重 3 个等级。对于已经影响行车安全的破碎病害，应当立即进行换板处治。

（1）轻度破碎

水泥混凝土路面板被轻度裂缝分为 2～3 块，破碎板未发生松动和沉陷，视为轻度破碎病害，如图 4-8 所示。对于存在轻度破碎病害的路面板，一般是由轻度裂缝病害进一步开裂形成的。轻度破碎病害路面板，应采取封闭裂缝等方法控制其发展，以维持路面的正常使用。

（2）中等破碎

水泥混凝土路面板被中等裂缝分割成 3～4 块，或被轻度裂缝分割成 5 块以上的，被视为中等破碎病害，如图 4-9 所示。对于存在中等破碎病害的路面板，一般是轻度破碎病害路面板或中等裂缝路面板进一步开裂形成的。对于中等破碎病害的路面板，应采取封闭裂缝等方法处治，或与相邻的严重破碎病害路面板一并进行整板更换，以维持路面的正常使用。

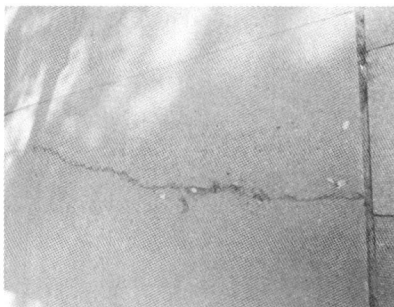

图 4-8　水泥混凝土路面轻度破碎

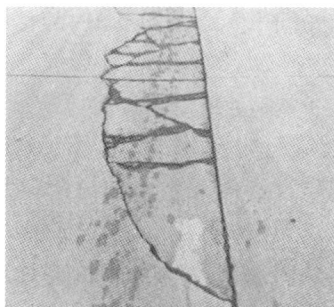

图 4-9　水泥混凝土路面中度破碎

（2）严重破碎

水泥混凝土路面板被严重裂缝分为 4～5 块，或被中等裂缝分割成 5 块以上，被视为严重破碎病害，如图 4-10 所示。严重破碎病害的路面板，一般是中等破碎病害路面板进一步发展形成的，也可能是严重裂缝病害路面板或补块路面板进一步开裂的结果。发生严重破碎病害的路面板，一般应立即整板更换，同时对基层一并进行妥善处理。

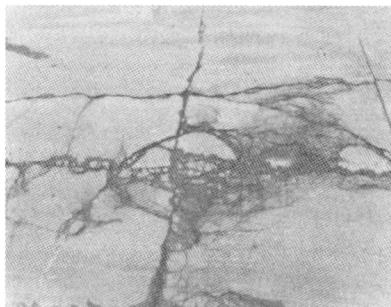

图 4-10　混凝土路面严重破碎

2）破碎产生成因

水泥混凝土路面板产生破碎病害的原因多种多样，而温度和荷载等因素在破碎病害的形成原因中占了主导地位。

（1）温度所致破碎

混凝土路面因温度变化产生的变形受到约束而产生温度应力，其中路面板与基础之间存在摩擦阻力，这种阻力是一种主要约束。它不同于一般所认为的路面板底部与基础表面之间的滑动摩擦。由于现场浇筑混凝土的水泥浆渗入基础，与基础表层材料黏结成整体，当路面板出现滑动趋势时，阻力来自基础材料内部的水平抗剪力，这种摩擦阻力在数量上远远超过一般的摩擦阻力。当路面板的温度改变时，体积也随之变化的路面板与基层之间的摩擦力对变形起抑制作用，形成路面板内部的温度应力。

由于水泥混凝土路面板是受约束的，所以在低温或者温度骤降的情况下，路面板中产生的收缩拉应力或拉应变一旦超过混凝土的抗拉强度或极限拉应变面层就会开裂，从而产生裂缝；或者在温度应力的反复作用下，路面板因疲劳开裂形成裂缝。在裂缝成因中，温度影响最为显著。

温度引起的裂缝主要是由于水泥混凝土路面在气候反复变化下产生的累积温度应力超过混凝土路面的抗拉强度，如图4-11所示。开裂首先在混凝土抗拉强度的薄弱面或某点开始，路面板表面开裂后在裂缝尖端产生应力集中，使其继续向下发展并贯穿整个路面板。

温度引起的裂缝有两种，一种是一次性降温造成的温度收缩裂缝，即在冬季气温骤降时，混凝土的应力松弛不能适应温度应力的增长，温度应力超过混凝土的极限抗拉强度，使混凝土路面面层与基层的黏结力不够好，导致产生收缩裂缝。另一种是一次性升温造成的温度膨胀裂缝，即在夏季气温骤升时，水泥混凝土膨胀，当温度应力超过水泥混凝土的极限抗压应力时造成水泥混凝土路面板的断裂。水泥混凝土路面板的温缩裂缝经常是在温

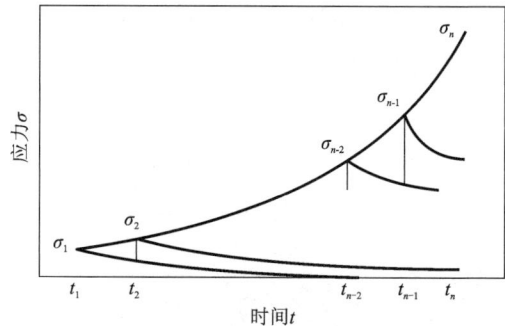

图4-11   降温过程温度应力积累曲线

度应力的反复作用下裂缝逐渐发展与扩张而形成的温度疲劳裂缝。

温度疲劳裂缝有两种开裂模式：第一，从温度进程角度划分，在大幅度降温和持续低温下，温度应力松弛性能难以发挥，温度应力随温度下降越来越大，当超过材料的抗拉强度时，出现裂缝，此时的临界温度为温裂温度；第二，从时间进程角度划分，路面在相近的应力水平下长时间反复作用，材料的抗拉强度不断下降，温度应力也随之下降，当其下降速度小于抗拉强度下降速度时裂缝出现，此时的临界时间为温裂时间。

温带地区的春末秋初季节，中午温度高，下午、晚上温度骤降，路面温度变化较大；过快的降温速率将使路面内的应力来不及松弛，出现过大的应力积累。与此同时，由于温度降低，水泥混凝土的应力松弛模量逐渐增大，应力松弛性能降低，导致应力聚积过大，待温度应力积累到超过水泥混凝土的极限抗拉强度时，路面就将出现裂缝，释放应力。路面结构各层的温度应力不同，裂缝从路面开始，逐渐向下延伸，由于温度梯度(据资料分析，一次大幅降温可产生 $300 \times 10^{-6} \sim 500 \times 10^{-6}$ 的拉应变)、基层的黏结约束作用，致使裂缝形式上宽下窄，路面全宽分布，形成"自上而下的裂缝"。温缩裂缝产生后加速了路面板的破碎速度，使路面板在短期内破碎。

(2)荷载所致破碎

水泥混凝土路面受交通荷载的反复作用，长期处于拉、压应力交替变化状态，致使其结

构强度逐渐下降、变形，路面在重载车辆的反复碾压下，路面内产生的应力就会超过结构抗力，路面材料发生疲劳破坏而形成的一种裂缝，亦称疲劳裂缝。这种裂缝开始可能只是微观裂纹，后来相互连通形成宏观裂缝。破损的产生反映出路面的强度不足以承受行车荷载的作用，路面一旦出现严重的、大范围的破损，就表明路面结构已经进入设计极限状态。

①力学角度。

在动荷载的作用下，路面结构各点处于不同的受力状态，如图 4-12 所示。车轮作用于 b 点正上方时该点处于全拉应力状态，车辆驶过后，应力方向转变，量值减小，并伴随剪应力出现；当驶过一定的距离后，b 点承受主压力，a 点则相反。每一辆车驶过，a 和 b 两点均出现一次应力循环。水泥混凝土的抗压强度大于抗拉强度，故可通过抗拉强度大小来判断是否破坏。图 4-12 中，b 点在车轮的作用下受的拉应力较 a 大得多。所以，在荷载的重复作用下，疲劳破坏通常先由底部开始发生，裂缝逐渐向上扩展到表面。

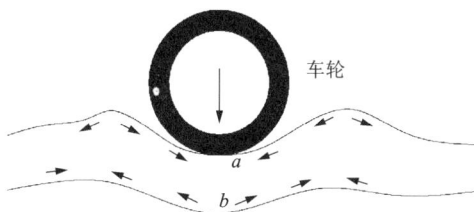

图 4-12　水泥混凝土路面受力状态

对水泥混凝土路面板的疲劳寿命进行分析发现，其在使用过程中经历以下三个阶段。

疲劳开裂前阶段：由于温度与荷载的作用，在使用初期会出现微小裂缝。

疲劳开裂阶段：在荷载反复作用下，微小裂缝逐渐扩展成连通裂缝，导致路面板断裂。

疲劳开裂后阶段：荷载继续反复作用，混凝土路面板断板进一步破碎成小块。疲劳试验证明，刚性材料在开始阶段有较高的承载能力，经过荷载的反复作用，强度衰减到一定程度后，破碎是较快的脆性破坏。

②设计、施工角度。

a.混凝土的强度未达到设计要求。

第一，水泥的品质不能很好地满足混凝土的要求。水泥混凝土路面是弯拉结构，长期承受车辆荷载的反复冲击和摩擦作用，同时它又是暴露面较大的板块结构，受大气冷暖干湿变化的影响以及路面工程的特点，要求水泥具有早期强度高、耐磨耗、胀缩小、耐久性好等性能；而熟料中高活性矿物 C_3S 含量较低，加入大量混合料，将导致水泥凝结硬化较慢，早期强度低。

第二，实际施工的混合料配合比与原设计不符。混合料是一种多相不均匀材料，由于构成混合料的各种固体粒子大小、比重不同，混合料不可避免地会发生分层离析；若配比合理，操作得当，则会大大减轻混凝土的离析。

第三，原材料质量得不到保证。粗集料粒径过大，针片状颗粒多，强度偏低，砂石的含泥量过高。出现坑洞的原因之一是混合料中含有泥块杂质。

第四，施工工艺没有得到很好的控制。混合料拌和不匀，水灰比控制不严，振捣不密实，致使混凝土出现蜂窝状。初期养护不好，影响了混凝土早期强度的形成。

b.基层强度不足，表面平整度差。

第一，基层混合料配合比不合理。水泥稳定砂砾基层属于半刚性结构，砂砾材料的级配、水泥的剂量对基层的强度影响极大，一般试验室能够按照设计要求选择合格的材料，并进行合理的配比。而施工时由于没有专用的基层拌和设备，砂砾级配、水泥剂量就难以控制，导致混合料配比不符合要求，影响基层的板体性和强度。

第二，基层表面平整度差。施工时高程控制不好，会出现基层超高现象，而为了保证路面板的厚度，必须凿除基层高出的部分。这样基层就会出现凹凸不平的现象，使路面板形成多支点结构，路面板受力的均匀性将会发生变化，其内部应力就会出现叠加；同时也增加了基层对路面板的约束，使得路面板变形带来额外阻力，最终路面板断裂。

c.路基的不均匀沉降、稳定性差。

由于水泥混凝土路面都是在新路基上铺筑的，经行车荷载作用路基出现弹塑性变形，路面板底出现部分脱空，局部脱空在板内产生附加应力，从而导致路面板断裂。

3.水泥混凝土路面板断角

1）断角病害分类

水泥混凝土路面板出现的裂缝与路面板的纵横接缝相交，且两交点距角点均在一个板厚以上和半个边长以下。裂缝发展到这种状况的病害，被视为路面板断角病害。对于路面板断角病害，按其是否发生下沉，是否影响行车安全和损坏程度，又分为两个不同的等级。

（1）轻度断角

路面板断角没有发生下沉现象，或已经修补，且补块未破碎下沉，被视为轻度断角病害，如图4-13所示。轻度断角病害，可对其实施封缝处理以维持正常交通。

（2）严重断角

路面板断角处发生下沉，或断角本身进一步断裂成两块以上，被视为严重断角病害，如图4-14所示。严重断角病害是由轻度断角病害发展而来。对严重断角病害，应对路面板角隅处进行全厚式修补，或横向全厚式修补，以恢复正常交通。

图4-13　轻度断角

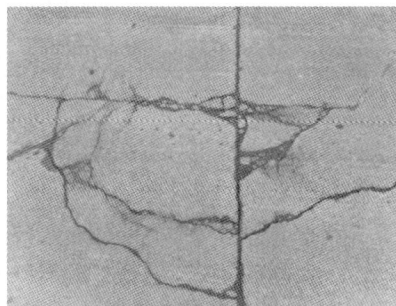

图4-14　严重断角

板角是路面板的薄弱部位，由于侧模的模壁效应，施工时插入式振捣器很难保证混凝土完全密实，板角密实度不够强度相对较小，受力上板角较为不利。相邻板角之间无传力杆，传荷能力较差，在车轮荷载的作用下荷载应力较集中，除在路面的起始点设有角隅及边缘钢筋外，其他部位均未设加强筋，一旦路面板接缝进水，板下就会出现唧泥、脱空现象。板角更是处于不利状况，车轮荷载作用在板角时，很容易出现板角断裂。板角断裂分析如图4-15所示。

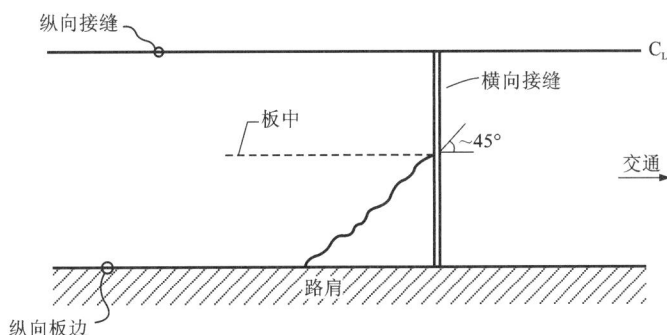

图 4-15　板角断裂分析图

4. 水泥混凝土路面补块

1）路面补块病害分类

当水泥混凝土路面板损坏到只能用水泥混凝土进行局部全厚式修补的程度时，被视为补块病害。当补块为断角修补时，归入断角病害。当补块板的非补块部分发生新的开裂时，归入破碎板病害。按补块本身是否下沉和开裂情况，补块病害分为两个等级。

（1）轻度补块

补块内没有或稍有损坏，错台小于 10 mm，不影响路面使用性能时，被称为轻度补块。对于轻度补块病害，一般可不予处理。

（2）严重补块

补块内开裂，或错台沉陷大于等于 10 mm 时，被视为严重补块病害。对于严重补块病害，应实施对补块翻修或整板更换，同时对基层进行完善处理。

2）路面补块病害成因

全厚式水泥混凝土路面板的修补块再次出现裂缝或补块与旧水泥混凝土路面板错台的病害，亦被视为补块病害。补块病害主要由补块自身的原因和补块下基层的原因引起。

（1）补块自身原因

①原材料。施工中严把材料关是保证混凝土质量的前提，由于不合格材料组成的路面板的弯拉应力达不到设计要求，很容易在施工期间产生不规则断裂，或在使用过程中出现更多的病害。因此，应选用优质的水泥、碎石、砂、水等原材料，且粗、细集料级配要合理。

②混凝土配合比。严格控制混合料组成配合比，使施工配合比与设计配合比相符合。在施工中要经常检查集料的级配和杂质，发现所购进的集料级配与原试验级配不符时，必须及时调整施工配合比，同时还要检查含泥量，使其不能超标。在施工中最应注意水灰比的控制，如果水灰比变化，在摊铺时又不注意摊铺的均匀性，就会造成水灰比的不同片块，其交界处由于凝固收缩率或受热膨胀率不同，形成裂缝和断板；如果水灰比过大，混合料便偏稀，在其凝结成型时，收缩率就大，易在较大的收缩应变作用下形成裂缝，如果进一步发展，还可以形成贯通的路面断板。因此，在施工中要严格控制混合料的配合比，特别是水灰比。

③面层养生不规范。夏季气温高，风力大，水分损失较快，导致拉应力迅速增加，在未

到切缝时间时产生断板，加上洒水不及时、不均匀，造成混凝土强度降低。所以在施工中要注意尽量避免在温差大或大风天气施工，或者当混凝土浇筑完毕后立即采用遮阳、洒水、喷洒养护剂等措施，使路面板表面始终保持潮湿，确保昼夜温差不至太大，以预防面板断裂。

严格控制开放交通的时间，加强养生和养护。水泥混凝土路面浇筑完毕后必须达到设计强度后方可开放交通，并及时进行养生、洒水、清扫，保证表面的湿度。

（2）路面基层、路基原因

①路基不均匀沉降。路基的质量是非常关键的，在混凝土路面遭到破坏后进行维修的难度极大。如果湿软地基处理不当、填挖交界处压实标准不一致、桥涵和构造物附近压实度不足、路段地质变化处路基处理不当，都会产生路基不均匀沉降，导致路面板错台。因此，在施工中，表面清除要彻底，不适宜的材料应全部清除且按规范要求搞好基底压实。软基处理要慎重，采用合理的施工方案和施工工艺，并要特别注意路基的均匀压实；要严格按规范要求选好填料，控制松铺厚度和粒径，控制压实含水率与最佳含水率之差在规定的范围内；分层填筑要用平地机等机械整平后压实，形成横向路拱；做好临时排水使路基干燥，在路基排水不良地段增加垫层，以排除或隔断地下水对基层的影响；回填施工时要选用符合要求的回填料，保证分层填筑厚度及压实度。

②基层表面不平整、施工控制不严。在基层施工中，基层表面凹凸不平增加了基层与面层之间的摩阻力。一方面，摩阻力使路面形成不均匀的片状区，这样在不均匀片状区的边缘部位和摩阻力集中的区域就最容易形成断板；另一方面，基层表面不平整造成路面板厚度不一致，而切缝深度又是按正常板厚实施的，这样在混凝土凝结过程中产生的拉应力作用下，导致面板相对比较薄的部位产生不规则裂缝。因此把基层的高程控制准确，提高表面平整度是预防断板的一个重要措施。

另外，破损的壁面和底面材料未清除干净就填料，造成填补坑槽后，其壁面接缝抗拉、抗剪及防水能力不足。在交通荷载、水侵蚀及温度应力的综合作用下，壁面接缝处很容易产生开裂和局部破损。修补时不注重修补材料的松铺控制，填料过多或过少都会影响路面的平整度，在行车荷载对接缝边缘的冲击下会造成破坏。

4.2.2 水泥混凝土路面变形

路面板发生变形是水泥混凝土路面的第二类病害，该类病害表现形式主要有唧泥、错台、拱起、胀起和沉陷。

1. 唧泥

1）唧泥病害表征

目前，国内修筑的水泥混凝土路面都不同程度地存在唧泥现象，尤其在南方多雨地区，唧泥是水泥混凝土路面板最主要的破坏形式。

路面板的唧泥，如图4-16所示，主要表现为：当车辆通过脱空的路面板时，会有明显的活动感，同时缝内喷溅出稀泥浆，即发生唧泥现象；在路面板接缝处有污染，沉积着许多基层材料；路面板边弯沉检测值大于0.2 mm。

唧泥病害不分等级。对于路面板脱空、板块松动，可以采取灌浆的方法对其进行板底封填处治。当有唧泥现象发生时，表明路面、基层或路基排水不良，尚应采取措施改进路面、基层和路基排水系统。唧泥现象发生的关键是水的作用,一方面要解决好防水和排水,做好路面排水和防水,另一方面提高基层的抗冲刷能力,增铺沥青封层可以起到较好效果;同时应设置横缩缝传力杆以加强传荷能力。图 4-17 为路面板唧泥形成原因示意图。

图 4-16　路面板唧泥

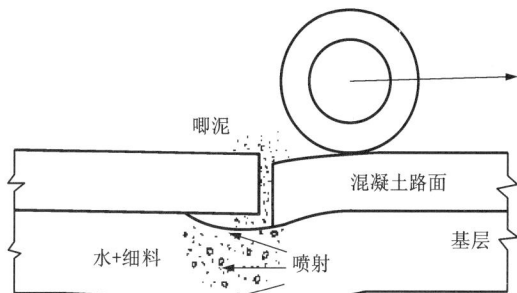

图 4-17　路面板唧泥形成原因

2)唧泥病害成因

唧泥是在车辆荷载作用下面板接缝、裂缝和板边下部产生的水和细粒土混合物的强制性位移。唧泥一般易在直接铺筑在细粒高塑性土和易冲刷的路面板基层上产生。唧泥的结果一是严重错台,二是接缝处的断板破坏。由于水泥混凝土路面在凝结硬化过程中具有较大的干缩变形和温缩变形,从而要求路面设置间距很密的缩缝,这些接缝无疑是路面最薄弱、最易损坏的部位。目前我国生产的填缝料使用期都较短,2~3 年后都不同程度地出现渗水现象。特别是南方多雨地区,雨水通过接缝、裂缝和板边缝隙渗入到面板底,在车辆动荷载的重复作用下,形成有压水在板底接缝、裂缝处和板边高速流动,对基层顶面进行冲刷,细颗粒从接缝、裂缝处和板边被带到路面上,产生唧泥现象;时间一长板底脱空,改变了混凝土面板原有的受力状况,从而产生错台、板体下沉、断板,进而发展到破碎。

唧泥的产生须具备以下几个条件:

①路基或基层材料处于松散状态,即存在松散的细粒土。水泥混凝土顶板在荷载作用下产生泵吸作用时有泥浆可吸出。

②在路面板与基层及路基之间有自由水存在。

③频繁的重载车辆轴载的作用。

水泥混凝土路面唧泥损坏是结构性损坏,产生的原因主要有如下几方面。

(1)结构因素

目前,我国大部分水泥混凝土路面采用的断面形式如图 4-18 所示,这也是水泥混凝土路面的一种典型断面形式。

从图 4-18 可以看到:这种断面形式是将水泥混凝土路面板放在一个下部、左和右三面无排水设施的石灰土基层的凹槽中,雨水不可避免地将沿着纵缝、横缝、硬路肩与水泥混凝土面板边衔接处、破碎板的裂缝处等部位,渗入石灰土基层表面。渗入基层表面的雨水,在行车荷载的重复作用下,形成在面板底高速流动的有压水,对石灰土基层产生冲刷,基层中的细颗粒被带到混凝土表面上来,从而产生唧泥。唧泥现象的长期发展,必然造成石灰土基层表面的凹凸不平,从而使混凝土板底脱空,导致面板的荷载应力增大,加速混凝土面板的

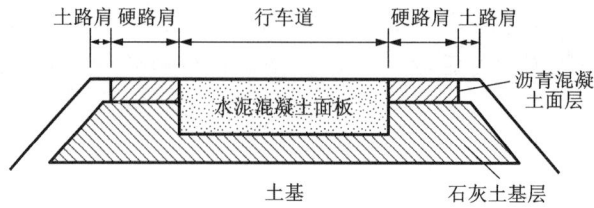

图 4-18　水泥混凝土路面典型断面

断裂。由于面板的断裂扩大了渗水范围,反复循环,促使断板率增大,从而造成水泥混凝土路面大面积破坏。图 4-19 为路面板唧泥导致的板断裂。

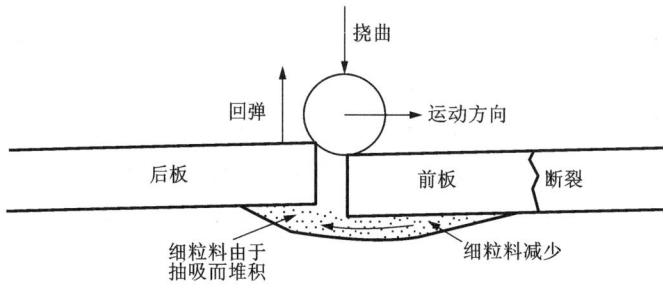

图 4-19　唧泥导致板断裂

(2)路面基层材料因素

当路基填土主要为粉土和粉质低液限黏土时,常用石灰稳定粉性土作为基层。这样处理存在三个主要方面的不足:一是早期强度和整体强度低,不能满足强度要求;二是抗冲刷性能差;三是施工成型困难。

①石灰稳定粉性土强度低。

用石灰稳定粉性土做基层,其早期强度较低,一般 7 d 饱水抗压强度值的室内变化为 0.4~0.6 MPa,室外变化为 0.3~0.6 MPa,远远不能满足规范的要求,而且后期强度增长缓慢。

粉性土颗粒粒径分布不均匀,特别是粒径小于 0.002 mm 的含量偏低(4%~2%),而且大多数粒径成分的粉粒是一些非活性的原生矿物,可参与反应的活性物质极少,比表面积偏小、离子交换容量不足。这些不良性质,限制了早期强度的形成。另外,石灰的重结晶和石灰的碳化作用也因本身的反应程度和反应时间的滞后限制了早期强度的形成,所以部分地区石灰土早期强度低是必然的结果。同时,石灰土的后期强度发展缓慢,且后期强度也不高,一般不能用作高等级公路的基层。

②石灰土基层材料抗冲刷性能差。

石灰土早期强度与后期强度都较低,不能形成很好的板体性和整体性,在雨水的浸泡下,强度降低较快;而且稳定细粒土的收缩裂缝多,整体结构更难以形成,在流动雨水的作用下,极易将细颗粒带走,产生路面唧泥现象。

③石灰土基层施工成型困难。

粉土及粉质低液限黏土由于自身的抗剪强度不足,很难抵抗压路机的剪应力,致使基层在施工中发生松散及推移等问题。特别是稳定土沿碾压方向呈鱼鳞状,在基层表面形成较光滑的不连续界面。竣工通车后,这些不连续的破裂体随着雨、雪水的渗入,使原碎裂体进一步破碎从而变松、变软,并在面层底部形成 20～30 mm 厚的软弱夹层,从而在混凝土路面产生唧泥,最终导致断板。

(3)施工因素

①目前,二级公路以下的基层一般采用路拌法施工。施工过程中布料的均匀性不易控制,致使拌和后出现碎石集中或碎石料在下层、灰土在上层的现象。

②片面追求平整度,存在"薄层找补"的错误做法。由于布料时松铺厚度控制不好,或机械人员操作水平较低,导致基层平整度较差,于是在施工中采用平地机反复刮补,在已经被初步压实的光滑表面上又贴上了一层薄层,此谓"薄层找补"。这种方法使基层表面碎石含量减少,抗冲刷能力和载荷能力减弱,同时在"薄层找补"层与原先的光滑结构层不能有效的结合成整体,易形成滑动面,在雨季行车作用下路面极易被破坏。

③基层施工中不注意碾压的科学性,未严格控制水泥延迟时间和压实遍数。长时间和过度的碾压均会对半刚性基层有破坏作用。这是因为随时间的延长,水泥的水化反应不断进行,材料强度逐步形成。此时若进行碾压或过度碾压,基层表面将形成薄层剪切面,承载能力差;在荷载作用下,该层被推动、粉碎、松散,当有水参与时会形成唧泥。

④基层施工时,追求进度,遇高温天气也施工且工作段安排较长,致使碾压时间过长。当控制在高于最佳含水率两个百分点施压时,前几遍整体性还较好,随后表面越来越干,经过振动压路机、钢轮压路机碾压完毕后,表层已经起皮,形成 10 mm 左右的薄层;邻近胶轮压路机终压时,虽洒水使之与底层相接,但经过行车荷载和水的反复作用,易产生唧泥病害。

⑤养生工作不到位。在 7 d 的养生期内应使基层表面保持湿润,严禁曝晒,否则易使表面失水而失去强度,抗冲刷能力下降。

2. 错台

1)错台病害分类

当路面板接缝两边发生 3 mm 以上高差,进而影响车辆安全行驶的病害称为错台病害。如图 4-20、图 4-21 所示。按照错台量的不同,错台病害分为 3 个等级。

①路面板轻度错台。错台高差为 3～5 mm,对车辆行驶影响不太大,一般可不予处理。

②路面板中等错台。错台高差为 5～10 mm,已影响车辆正常行驶。一般可采用机械磨平法,打磨宽度不小于 40 倍错台高差。

③路面板严重错台。当错台高差大于 10 mm,已对车辆行驶造成明显的影响,应当对其进行处理。对于严重错台病害,采用树脂砂浆进行结合式补平,或用沥青砂调平;或用沥青罩面或采取板底灌浆抬高法进行处置。

2)错台病害成因

路基不均匀沉降是影响路基路面强度和稳定性的一个重要因素,也是引起路面板错台的主要原因。进入 20 世纪 90 年代,路基不均匀沉降问题日益突出,一些地区开始摸索不均匀沉降的处治技术,重点是对于错台的处理。随着公路建设的发展,目前对于路基不均匀沉降

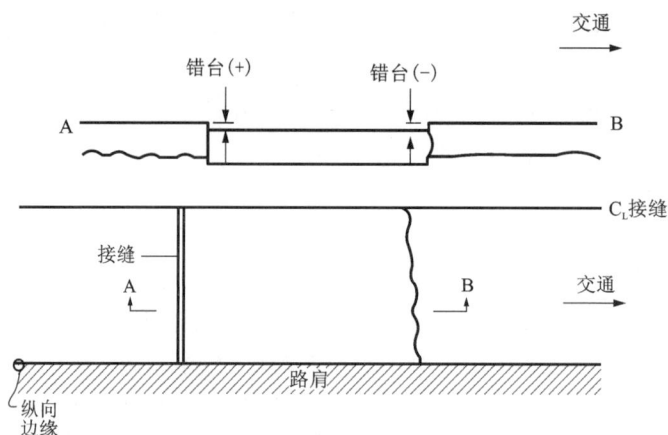

图 4-20　错台分析图

带来的路面板错台病害进行了不少研究，这些研究对于认识路基不均匀沉降的机理及如何防治提供了有益的经验。影响路基沉降的因素很多，如荷载大小、土的性质、土层分布等。路基不均匀沉降是多方面因素综合作用的结果，归纳起来，路基不均匀沉降原因主要如下。

（1）路基填土压实度不足

由于压实度不足，往往导致填方路基的不均匀沉降变形，如图 4-22 所示，路基两侧出现纵向裂缝。路基土体压实度不足的主要原因有以下几点。

①路基施工受实际条件的限制，天气太干燥，局部路堤填料黏土块粉碎不足，致使路基压实度不均匀；暗埋式构造物处因构造物长度限制使路基边缘不能超宽碾压，使得路基边缘压实度不够；某些加减速车道与行车道没有同步施工，当拼接处理不好时，其拼接处也会产生压实度不足的情况。

图 4-21　典型错台照片

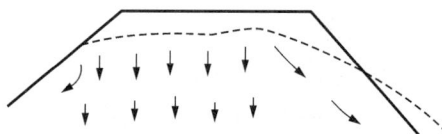

图 4-22　填土路基压实度不足导致不均匀沉降

②考虑到施工安全和进度，使得压力或压力作用时间不足。路基压实不充分，致使路基压实度达不到设计要求。

③由于填方土体的最佳含水率控制不佳，致使压实效果较差。

④在填方路堤施工中，当路堤施工到一定高度以后，路堤边缘土体往往存在压实度不足问题。因此，对于较高的填方路基，通常都要做相应的处治。

填方土体压实度不足，其结果是土体前期固结压力小于自重应力和各种附加应力之和，在自重作用下发生沉降变形。这些附加应力主要来自以下几个方面：车载，尤其是超载情况；含水率变化造成土体容重的改变；地下水位升降导致浮力作用改变；土体饱和度改变，引起负孔隙水压力改变。这些附加应力引起土体中有效应力改变，从而导致土体发生压缩变形。

土体压实度不足还会导致填土路基的侧向变形。目前采用的地基沉降计算方法是假定侧向完全受限，仅有竖向变形。实际路基土中存在有侧向变形引起的沉降。

（2）地基中存在软弱土层或岩溶

软弱土层本身力学性能差，在附加应力作用下，会发生固结沉降、次固结沉降和侧向塑性挤出，导致明显的沉降变形。有些河谷、水塘虽做了清淤处理，但是处理不彻底或回填材料控制不当，从而形成人为的相对软弱土层。在高填方填筑后，地基容易出现不均匀沉降，进而造成路基的不均匀沉降，甚至路面破坏，如图 4-23 所示。

在一些地表水和地下水自然排泄困难的地方，软弱土层固结过程中的较大沉降变形是产生过大沉降和沉降差的重要原因。有些路段所处地基不属于软土地基，但是处于丘陵、低洼、河谷处，长期受水冲蚀，天然含水率较高，在设计时未发现或未做特殊处理，在施工时也未作等载或超载预压，也会产生不均匀沉降。

在碳酸岩地区，路基下可能存在岩溶洼地，其中的沉积物松软，在行车动载的作用下，沉积物压实，侧向流动和下陷，造成路基沉陷。在交通荷载作用下，残积物压密和侧向流动，使路基近于垂直下沉，如图 4-24 所示。

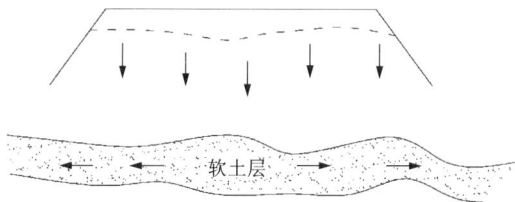

图 4-23　地基中软弱土层导致路基不均匀沉降　　图 4-24　碳酸盐地区岩溶导致的路基不均匀沉降

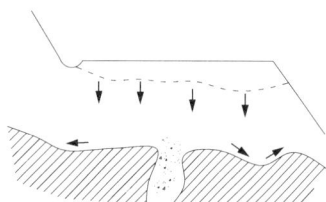

（3）路基刚度差异显著

路基综合刚度是指沉降变形有效深度范围内综合的抗变形能力。由于路基表面并非总是水平，公路构筑物与路基土体刚度差异明显，在相同外力（车载等）作用下，变形量不同。在荷载反复作用下，一般会出现两种情况：一是出现明显的差异沉降，导致水泥混凝土路面的错台；二是虽然没有明显的差异沉降，但在每次外力作用时路面结构和路基表层内由于差异变形而出现不利的附加拉力或剪力，路面结构和路基表层在这个力的多次反复循环作用下，导致路面或路基的疲劳破坏。

很多情况下，仅从施工控制角度来说，地基处理满足要求，路基压实度也能够满足设计要求；在路基及地基均匀时，路基沉降满足规范要求，不会导致水泥混凝土路面开裂或错台。但是，如果沿路基纵向或横向综合刚度相差过大，在车辆动载等作用下，也会引起明显的差异沉降，导致水泥混凝土路面错台，如桥头与路基交接处、挖填交接处、填土厚度明显变化处、路基中埋设构筑物（如涵洞）处、地基性质差别较大处。

（4）路堤填料不均匀

在公路工程施工过程中，对填料、级配很难得到有效的控制，填料常常是开挖路堑、隧道掘进产生的废方,这些填料性质差异大、级配也相差很远。一方面,在施工过程中,如果分层碾压厚度过大,小颗粒填料和软弱物质很难得到有效压实,在荷载的长期作用下,回填料会产生不协调沉降变形,这种路基的局部沉陷会导致水泥混凝土路面的断裂或错台。另一方面,由于回填料的性质不一样,特别是有的回填料具有膨胀性,在路基排水系统局部失效后,水的渗入会使路面板局部隆起,影响行车舒适度,严重的会使路面破坏。

(5)地下水的作用

在地下水的交替作用下,路基土体内含水率反复变化;土体重度在一定范围内波动;地下水的动态变化及潜蚀作用影响土体中的有效应力分布、土体的结构特征和土体强度;再加上水的软化、润滑效应,从而使土体产生沉降变形(如图4-25所示)。

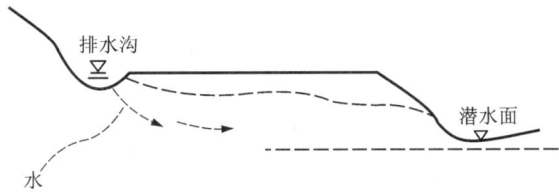

图4-25　路基浸水导致沉降

3.水泥混凝土路面板拱起和隆起

1)路面板拱起

路面板横缝两侧的板体,因热胀而突然发生明显抬高,导致路面板拱起现象的病害,被视为路面板拱起病害。拱起通常伴随出现路面板的横向断裂,接缝缝隙增大,坚硬碎屑落入缝隙内,阻碍膨胀变形,从而产生较大的热压应力。这是路面板出现纵向失稳的一个主要原因。拱起病害不分等级,处置方法一般是切割拱起部位使其复位,然后再进一步进行处理。

路面板拱起病害见图4-26所示。拱起原因分析如图4-27所示。

拱起发生原因主要是:

①非高温季节施工时,胀缝设置过长,缝隙过窄。

②缝内收缩时嵌入硬杂物,气温突变受热膨胀时,产生这种纵向屈曲失稳现象。

为防止路面板内产生过大的温度应力而导致路面板破坏变形,在设计和施工中设置了各种接缝,包括纵缝、横向胀缝、横向缩

图4-26　水泥混凝土路面拱起病害

缝、施工缝等。下面就引起拱起病害的温度应力以及引起路面板的伸缩量进行分析。

2)路面板隆起

在局部路段范围内的路面板,因路基冻胀或膨胀土膨胀,使路面板向上隆起,造成路面板0.5%以上的突变纵坡,视为路面板隆起病害。按对行车的不同影响,路面板隆起病害分为三个等级。

①轻度隆起。引起车辆轻微跳动,无不舒适感。

②中等隆起。车辆有较大跳动,有不舒适感。

③严重隆起。车辆产生过大跳动,严重不舒适。

路面板隆起病害成因。

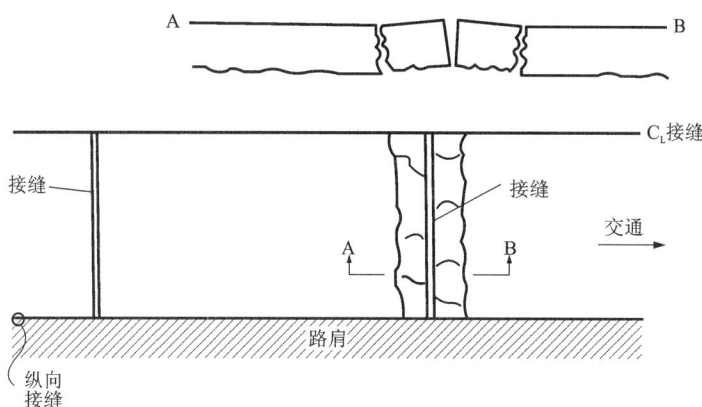

图 4-27　拱起分析图

路面板隆起病害是因路基冻胀或膨胀土膨胀，在局部范围内使路面板向上隆起造成的。

(1)土冻结时的水分迁移

水冻结后体积膨胀 9%，而实际某些土层在冻结后产生的冻胀量是此百分数的几倍。这说明由于水分迁移，冻结区的含水率已大大超过了冻结前含水率的数值。由于砂黏土颗粒小，有较强的吸水能力，能吸附大量的结合水，具有一定的透水性，所以发生冻害的路床基本上是黏砂土或砂黏土。由于水分迁移，路面附近含水率增大，融化后，土的液限增大，土的强度显著降低。这也是为什么严重冻害区春融时都会发生翻浆冒泥等基床病害的原因之一。

(2)温度变化

土的冻胀程度还取决于温度变化条件。当气温急剧下降，土中温度梯度较大时，表层冻结面迅速向下推移，土中水来不及从下卧层向冻结面转移便原地冻结成冰，这时不会产生明显的冻胀。若冷却缓慢，冻结面缓慢地向下推移，甚至因水结冰时散发热量而使冻结面较长时间停留在某一深度上，这时下卧层的迁移水分有充足的时间补给冻结面，冻层土含水率大量增加，引起明显的冻胀。

(3)胀缩性

膨胀岩的胀缩性是指它吸水体积增大，失水收缩的性质。其胀缩性取决于黏土矿物含量、结构特征及岩石的初始含水状态。膨胀力的大小与膨胀率密切相关，随着变形的增加，膨胀力急剧衰减，衰减速率先快后慢。早期变形对膨胀力的影响极大，如果垫层具有一定的变形能力，即允许一定的变形，就可降低结构所受膨胀力。因此，结构背后的砂垫层不仅起着排水作用，还具有释放一定膨胀力的作用，从而减小结构所受到的膨胀力。

4.水泥混凝土路面板沉陷

沉陷是指由于路基顶面垂直变形过大而导致的路面板产生严重下陷变形，如图 4-28 所示。通常，下陷路面板低于相邻路面板平面或板块正常高程，造成 0.5% 以上的纵坡突变，或与邻板高差大于 20 mm。沉陷包括路基塌陷或不均匀沉降导致路面板产生的大面积下陷变形。沉陷对行车的舒适性影响很大。

1)沉陷病害分级

按路面板沉陷对行车的不同影响,沉陷病害分为3个等级。

(1)轻微沉陷

沉陷引起纵坡突变量为 0.5%～1.0%,车辆驶过路面时,仅引起不舒适感觉,而不影响行车安全性,但需要进行观察检测。

(2)中等沉陷

车辆有较大跳动,有不舒适感。

图4-28　路面沉陷及抢修

(3)严重沉陷

沉陷引起路面纵坡突变量大于1.0%,当车辆按规定速度驶过沉陷路面时,已经影响到车辆行驶安全。对于严重沉陷病害,一般先提升路面板,再用灌浆办法进行处理;也可以先在路面板底灌浆,再进行浅层结合式修补调平,或采用沥青罩面的办法处理。沉陷并伴有板体开裂时,属严重破碎板病害,一般应作整板更换。

2)沉陷成因

路表面的局部不均匀沉陷,主要是由路基沉降引起的。路基的沉降一方面是地基的沉降。地基本身具有一定承载力。在填筑路基初期,沉降类似弹性变化形式,但在路基持续的重力作用下,其承载力进入强化阶段,路基的自重对地基土体结构造成破坏,其土颗粒在外力作用下重新排列组合,形成新的结构,发生压缩沉降。另一方面是路堤填土自身的压缩变形。填土颗粒间的结构体位变化也是形成沉降的内在原因。

(1)路基压实对沉降的影响

路基压实度达不到要求是造成路基局部沉陷的主要原因之一。路基压实质量直接影响路基的强度和抗变形能力。据调查,一般高路堤段路面普遍易产生纵向裂缝和沉陷,其原因之一就是路基压实不足。

由土力学理论可知,路基的沉降决定于土的压缩性,而土的压缩性决定于土中孔隙率与土体的受压情况。孔隙率决定于土颗粒粒径和含水率大小。路基土压力取决于土的重度、填土总高度等,即路基总沉降量决定于填土的土质、填土高度和施工的压实。一般来说,填料粒径大,土质含水率高,压实度差,路基总沉降量就大;路基总高度增加,路基的自然沉降量就大。

(2)荷载对沉降的影响

土基承受着车轮荷载(特别是重型车辆)的重复作用,且一次作用后,弹性变形及时消失,而塑性变形则残留于土基之中。随着作用次数的增加,路基会产生塑性变形积累,总变形逐渐增大,最终导致两种情况:一种是土体颗粒进一步靠拢,土体逐渐被压密,每次加载产生的塑性变形愈来愈小,直至稳定,这种情况不会导致土基整体性剪切破坏;另一种是每次加载作用在土体中产生了逐步发展的剪切变形,形成能引起土体整体破坏的剪裂面,最终达到破坏。

土基在重复荷载作用下产生的塑性变形积累,最终导致何种状况主要取决于土的性质

(类型)、状态(含水率、密实度、结构状态)、重复荷载的大小以及荷载作用性质(重复荷载施加的速度、每次作用的持续时间以及重复作用的频率)。

(3)路基高度对沉降的影响

经过对某些公路低路基路段(路基高度均为 5 m 左右)的观测显示,路基沉降历时 8 个月。在达到 20 mm 后基本趋于稳定。对几处高路基(路基高度为 14~20 m)路段的沉降观察显示,有的路段累积沉降量达 40 mm 以上,但仍然没有稳定的趋向。可见,路基土的填筑高度愈高,沉降稳定期愈长,且累积沉降量也愈大。

4.2.3　水泥混凝土路面板接缝

1.接缝剥落

1)接缝剥落病害分类

沿路面板接缝每侧约一个板厚的宽度范围,路面板边发生碎裂现象,且裂缝面与板面呈一定角度,但未全部贯通板厚,被视为接缝剥落病害。接缝剥落病害按碎裂程度不同,分为 3 个等级。

(1)接缝轻度剥落

路面板接缝处发生浅层剥落,在邻近接缝约 80 mm 范围内发生剥落现象,或者填缝料失效,如图 4-29 所示。对于此种病害可以采用浅层结合式边角修复方法进行修补。

(2)接缝中等剥落

碎裂范围大于 80 mm;碎块松动或散失,但不影响安全、不危害轮胎;有的已采取临时修补措施,如图 4-30 所示。

(3)接缝严重剥落

在路面板接缝附近的混凝土大多开裂或破碎,且深度超过接缝槽底部,如图 4-31 所示。对于严重接缝剥落病害,可以进行横向全厚式修复;当深层剥落局限于板角时,可采用角隅全厚式修复。

图 4-29　轻度接缝剥落　　　　图 4-30　中等接缝剥落　　　　图 4-31　严重接缝剥落

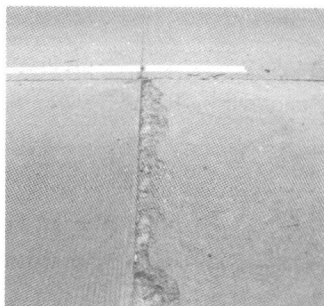

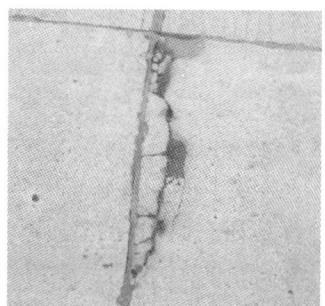

2)接缝剥落病害成因

(1)填缝料老化失效

气温上升时混凝土面板膨胀,缝隙内的填缝料被挤出造成填缝料流失;当气温下降时混凝土面板收缩,性能较差的填缝料不能恢复,使缝中形成空隙。当坚硬碎屑等不可压缩材料塞满缝隙时,成为板伸胀的障碍,导致板边缘胀裂、破碎或拱起;日光、高温和雨水加速填缝料老化,黏结力下降导致脱落而丧失防水功能。若地面水滞留时间长,它将沿接缝下渗入基层,使基层软化、强度降低。

延长水泥混凝土路面使用寿命简单有效的办法是选用合适的填缝料。性能良好的填缝料应能与板壁很好地黏结,回弹性好,能适应路面的胀缩,不溶于水,不渗水,高温时不溢出、低温时不脆裂,抗嵌入性和耐久性好,具有施工方便、性价比高等特点。

(2)施工不当

①偷工减料。如传力杆和拉杆数量、长度及规格未能满足设计要求,影响了接缝传荷能力,从而出现水泥混凝土路面的破损。

②缝内的滑动传力杆位置不正确。如传力杆彼此不平行、不与接缝面垂直等。

③将设有传力杆的接缝做成传力杆两端均与混凝土黏结,导致滑动传力杆滑动端滑动功能失效。

④胀缝局部有混凝土黏缝或有坚硬杂屑等,使缝旁两板在胀挤压过程中接缝处产生裂缝和碎裂。

⑤切缝深度过深(超过路面板厚的 1/4 ~ 1/3),降低了以集料嵌锁作为传荷装置的传荷能力。

灌缝前,接缝清洗不干净,降低了填缝料的防水作用。

(3)缺乏日常养护和管理工作

路面板接缝的日常养护是水泥混凝土路面养护工作的一个重要内容,是防止路面板出现病害的关键环节。对填缝料加强养护能够延长路面板的使用寿命。填缝料流失或失效应及时增补或更换,以保持良好的弹性和防水功能;应及时处理好排水系统中出现的问题,以免造成较大的破碎。

2.接缝张开

1)纵缝张开病害分级

路面板纵缝因未设拉杆,或拉杆数量不足,或拉杆损坏而造成纵向接缝两侧板块分离3 mm 以上,视为纵缝张开病害,如图 4-32 所示。纵缝张开病害分为两个等级。

①轻度张开:纵缝张开 3 ~ 10 mm,可采用填缝料做灌缝处理。

②严重张开:纵缝张开 10 mm 以上,可采用填缝料砂做填料处理。

2)纵缝病害成因

路面板接缝宽度之所以发生变化,是因为路面板之间发生了相对位移。确切地说,是相邻两块路面板板边之间的相对位移,而不是多块路面板的集体位移,因为后者并不影响板间的接缝宽度与荷载传递。板边之间的相对位移来自两个方面:一是路面板因外力或自身重力作用,引起单块路面板的整体移动,从而形成的一块板相对另一块板的位移;二是路面板因温度、湿度的变化而引起自身体积变化,导致板边相对板中的位移。两者都会引起接缝宽度的变化,进而可能影响荷载的传递。

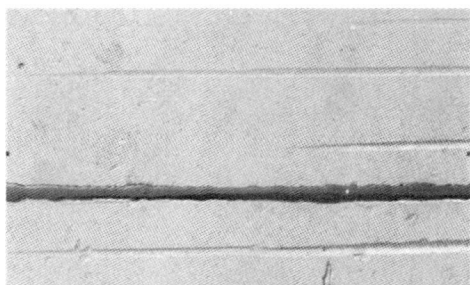

图 4-32　路面板纵缝张开

图 4-33　接缝料剥落

3. 接缝填缝料损坏

1）接缝填缝料损坏特征

路面接缝处，因填缝料老化，与接缝壁剥离，接缝填缝料损坏，被挤出，或被车轮带出，接缝整条脱黏、开裂、渗水或 1/3 以上缝长出现空缝（包括被砂石土填塞），如图 4-33 所示。

路面接缝填缝料损坏的处理：一般应先清缝，然后重新灌注接缝填缝料。当接缝呈空缝状态时，往往表明板底脱空唧泥或唧水。这时应先进行板底压浆，然后再实施灌缝工艺。

2）接缝填料缝损坏的成因分析

接缝填料的损坏主要由材料的老化引起。试验室与户外跟踪老化研究发现，填缝料在使用过程中的老化主要有四种情况，即氧化老化、挥发物的衰减、自然硬化和渗流硬化氧化作用。一般认为，在施工阶段，热老化占主导地位；在营运阶段，光氧老化占主导地位。

老化是高分子材料的通病，是一种不可逆的化学反应过程。填缝料在热、光（紫外线）、氧、臭氧等外界因素作用下的老化过程主要是其组分大分子由线型变体型，由支链形变交联的过程。体现在组分分析上为缩合反应生成分子越来越大的稠环芳香烃，进一步缩合成胶质、填缝料质。其转化过程简单表示如下：芳烃—胶质—填缝料质—碳青质—焦炭。

（1）光（主要为紫外线）对填缝料的影响

研究证明，光辐射对填缝料氧化存在促进作用。当填缝料暴露在空气中，在太阳光辐射作用下，其氧化速度比在暗处要快得多。当填缝料在厚油层状态存在时，一般光氧化作用只限于填缝料的表面 4～10 μm 的油层。光氧化是填缝料变硬的主要原因。表面以下的填缝料继续硬化是由于结构败坏后，无直接光照的情况下氧化引起的，但速度要慢得多。

（2）水对填缝料的影响

在接缝料失效的各种因素中，水损坏是最主要也是危害最大的一类。水对填缝料失效速度有很大影响，雨水首先从微小接缝处渗入，在荷载作用下导致填缝料与缝壁剥离，进而发生损坏。路面的裂缝使降水更容易透入，水分大量侵入导致填缝料与缝壁的剥离速度加快。水损坏与其他损坏相互影响、互为作用，填缝料失效速度相应增长。路拱横坡过小使路表水不能及时排出，经填缝渗入基层而使基层强度降低；路基或基层排水不畅，长期受水浸泡，从而填缝料更容易失效。

4.2.4　水泥混凝土路面板表面病害

1.路面板表面脱皮、露骨和磨光

水泥混凝土路面板表面脱皮、露骨、磨光，即路面板表面细集料散失、粗集料暴露、表面磨成光滑面，通常面积在 1.0 m² 以上。典型路面板表面脱皮和露骨如图 4-34、图 4-35 所示。

图 4-34　水泥混凝土路面板表面脱皮

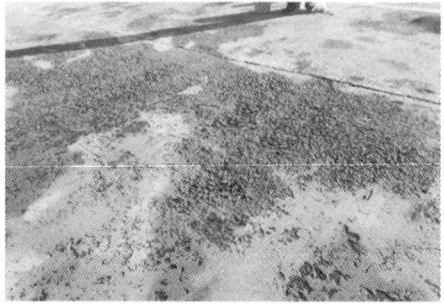

图 4-35　水泥混凝土路面板表面露骨

1）露骨病害分级

水泥混凝土路面板表面面积在 1.0 m² 以上的细集料散失和粗集料暴露，路面板表面出现麻面的，称为路面板表面露骨病害。露骨病害分为两个等级。

①轻度露骨。路面板表面露骨深度小于等于 3 mm，一般不予处理。

②严重露骨。路面露骨深度大于 3 mm，可采取罩面进行处理。

2）露骨病害成因

许多新完工的水泥混凝土路面板使用不到一年，在行车荷载作用下出现不同程度的脱皮露骨，这种破坏不仅影响美观，而且影响行车平整度的要求，缩短了路面的使用年限。

（1）水泥不合格

施工中使用低标号水泥、过期或受潮结块水泥。这些水泥活性差影响了混凝土强度，细度和安定性不符合要求，混凝土强度下降，经车辆磨损，路面板表面易脱皮露骨。

（2）砂不满足规范要求

砂粒度过细，拌和时需水量大，混凝土拌和物水灰比过大而降低混凝土强度；相反，砂中粗颗粒多时，混凝土粗糙，浮浆多，而且表面修整困难，也降低表面强度；砂中石灰、煤渣、贝壳、草根、土块、云母等杂质含量过高时，由于这些成分比较轻，在混凝土表面形成多孔的弱软层，削弱了水泥与集料的结合力，混凝土强度降低；加上车辆的磨损，路面板表面易脱皮、露骨。

（3）集料不良

针片状、土块、风化岩、有机质含量过大的碎（砾）石。碎（砾）石级配不良、针片状含量过大时，在施工中混凝土离析而降低表面强度；碎（砾）石中土块、风化岩软弱颗粒、有机物含量过大时，在混凝土中形成弱点，使混凝土强度降低。经车辆磨损，路面板表面易脱皮、

露骨。

（4）配合比不准确

混凝土拌和物水灰比过大，造成水泥混凝土路面板表面聚集的砂浆增多，降低了其强度；水灰比过小，影响提浆抹面，只能通过向路面板表面洒水补充，导致路面板表面强度降低；混凝土中水泥用量过多，不仅不经济，而且容易产生塑性裂缝、温度裂缝；加上车辆的磨损，路面板表面易脱皮、露骨。

（5）搅拌时间过短或过长

混凝土拌和物搅拌时间不够，水泥砂浆未完全裹覆到碎（砾）石粗集料上，黏聚力不够，造成混凝土强度降低，在通车后混凝土路面易脱皮、露骨；搅拌时间过长，致使集料破碎，混凝土中含气量发生变化，混凝土的和易性也发生显著变化，造成混凝土强度降低，经车辆磨损，路面板表面易脱皮、露骨。

（6）混凝土拌和物离析

混凝土拌和物在运输和摊铺时发生离析，大量的砂浆聚集在混凝土表面，因砂浆的干缩变形要比混凝土的大，强度比混凝土低得多，故经车辆磨损路面板表面易脱皮、露骨。

（7）欠振、漏振或过分振捣

振捣时间过短不易捣实，过长会使混凝土产生离析。这样会造成路面板表面集料分布不均，产生收缩裂纹，经车辆磨损，水泥混凝土路面易脱皮、露骨。

（8）表面整修不合理

在施工中当水泥混凝土路面高程低于设计高程时，为了施工方便采用砂浆多的混凝土去补，降低了表面混凝土强度；整修作业时，特别是在烈日下施工，混凝土表面水分蒸发快，影响提浆抹面时，洒水补充，降低表层混凝土强度；水灰比大时，洒水泥粉抹面，表层混凝土强度不均匀，产生裂纹；抹面过早，混凝土的水化作用刚刚开始，凝胶尚未全部形成，游离水分比较多，虽然抹面压光，表面还会游浮层水而影响强度；抹面过迟，混凝土已经初凝硬化，会扰动硬结的面层，降低强度；加上车辆的磨损，路面板表面易脱皮、露骨。

（9）养护不当

路面成型后，浇水养护时间过早易导致路面板表面大面积起皮；养护较迟，在干燥环境中路面板表面水分迅速蒸发，使水泥砂浆脱水而降低强度，经车辆磨损，路面板表面易脱皮露石。

2.水泥混凝土路面板表面裂纹

1）路面板表面裂纹病害表征

水泥混凝土路面的裂缝是指混凝土路面在施工、养生期间，由于非荷载原因而产生的各种裂缝。这些裂缝中小的如发丝，称之为裂纹。裂纹的纵向深度一般为 20～30 mm，不会贯穿路面板，长度各异，但很少超过路面板宽的一半。这些裂纹对路面板的整体性能影响很小，在开放交通后的短期内不会影响到行车的安全性和舒适性。但随着时间的推移，这些路面上的薄弱点极有可能在行车荷载和自然界温度应力的不断作用下，对路面的强度和疲劳寿命造成影响。由于早期裂缝往往发生在路面板的上部，其厚度与路面板表层厚度相比很小，以传统的观点来看，其对路面面层强度几乎没有影响；但这些裂纹在路面板受到荷载作用时会出现应力集中的现象，并促使裂纹进一步扩展不断延伸，使路面板断裂破坏的可能性增大。

2）路面板表面裂纹成因

水泥混凝土路面板出现裂缝的原因主要分为塑性收缩、自收缩和温度收缩，实际中往往是三者共同作用的结果。

（1）塑性收缩

塑性收缩是混凝土浇筑后尚未硬化前因表面水分蒸发而引起的收缩，一般宽度不大于1.0 mm。从外观看可分为无规则网络状、稍有规则的斜纹状或反映混凝土布筋情况和混凝土构件截面变化等的规则形状，深度一般不大于50 mm。塑性收缩裂缝通常延伸到混凝土板的边缘。其主要原因是新铺筑的水泥混凝土表面水分蒸发速率大于混凝土内部向表面泌水的速率，且水分得不到补充，混凝土表面失水干燥，产生很大的湿度梯度，导致混凝土表面开裂。塑性开裂程度与气温、空气相对湿度、混凝土浇筑温度、风速大小等有关。气温越高，相对湿度越小，风速越大，则产生塑性开裂的时间越早，出现塑性裂缝的数量越多且宽度越大。

（2）自收缩

自收缩是由于水泥水化时消耗水分，使混凝土的相对湿度降低，造成毛细孔、凝胶孔的液面弯曲，体积减小，产生收缩。对强度等级在 C40 以上的水泥混凝土，其水胶比相对较低，自收缩大且主要发生在早期。未掺缓凝剂的混凝土从初凝（浇筑后 5 ~ 6 h）开始就产生很大的自收缩，特别在浇筑后的 24 h 内自收缩速度很快。1 d 的自收缩值可以达到 28 d 自收缩值的 50% ~ 60%，导致混凝土在硬化期间产生大量微裂缝。水泥水化越快，水胶比越小，混凝土早期自收缩值越大；而早强剂、促凝剂、膨胀剂等也会加剧混凝土的早期自收缩。

（3）温度收缩

水泥比表面比较大，早期水化很快，因此施工中水泥混凝土路面温度峰值出现的时间较早。在夏季施工时，路面的温度峰值一般出现在摊铺后 6 ~ 8 h，冬季为 8 ~ 10 h。由于水化反应，路面达到温度峰值时内部的温度可上升 6 ~ 10℃。峰值过后，路面的温度又会下降，从而在路面内部形成较大的温度梯度，导致混凝土产生收缩裂缝。此外，受施工时路面外界的温度变化影响，路面热胀冷缩出现开裂，一般情况下，水泥用量越大、气温越高、昼夜温差越大，温度收缩就会越严重。

在路面的修筑过程中有许多环节可能导致早期裂纹、裂缝的出现，总的来说，可以分为混合料组成设计和现场施工两大环节，故从这些环节入手采取恰当的措施能有效地减少早期裂缝出现。

3.水泥混凝土路面板层状剥落

路面板表面因冰冻侵蚀、碱活性集料反应等造成浅层碎裂剥落病害。路面板层状剥落病害不分等级，一般采取浅层结合式修补法对其进行处治。造成水泥混凝土路面板层状剥落的主要原因如下。

1）碱集料反应

碱集料反应的影响因素较多。首先是集料含有能与水泥石中的碱（R_2O）起反应的活性成分；其次是混凝土所处的环境条件（干湿交替作用、冻融循环作用、混凝土潮湿）。前者是内部因素，即集料具有活性成分；后者是发生碱集料反应的条件，即碱集料反应的发生取决于混凝土获水可能性等环境条件。对于机场道面和公路路面来讲,混凝土一方面暴露在空气中,另一方面是长期与潮湿的土基或基层接触,对保持混凝土耐久性不利,如水分的迁移可以将土基或基层中的有害成分(R_2O)等带进混凝土内,R_2O 的侵蚀作用也能补充 Na^+、K^+ 离子,导致混凝土孔隙周围碱量富集,造成碱集料反应。

2)集料的作用

集料在混凝土中起骨架作用,混凝土凝结硬化时,水泥的水化产物在集料表面沉积,并与集料发生物理化学反应,两者之间形成接触区,将水泥石与集料牢固地结合成一个整体。在正常情况下,接触区是稳定的,因而混凝土具有好的耐久性;如果集料中含有活性成分,且混凝土又处于潮湿环境时,水泥石中的钾、钠和易溶的硫酸盐被水溶解,与集料发生反应,生成新生矿物并产生膨胀,使混凝土胀裂,从而改变了接触区的物质成分,并从根本上削弱了水泥石与集料之间的结合力。

3)环境条件的影响

环境条件的主要作用是蒸发作用、毛细作用、干湿交替作用和冻融循环作用。其影响因素包括地质条件(地质结构及土质、易溶盐含量、地下水位埋深、标准冻深)、气象条件(温度、相对湿度、蒸发量等)、与混凝土接触的土基或基层的透水性及潮湿程度。

4)冰冻作用

从微观方面来看,混凝土表面存在着孔洞、裂隙等损伤缺陷,当水分进入损伤缺陷内部,并在低温下冻结成冰,体积膨胀,孔洞、裂隙扩大,导致冻胀破坏进一步发展。当冻胀应力大于混凝土的抗拉强度时,或由冻胀产生的变形超过混凝土的容许变形时,就会产生破坏,表现为局部的混凝土脱落等。冰冻作用破坏的实质是正负温交替季节(如秋末冬初、冬末春初)混凝土的冻融循环破坏。

4.水泥混凝土路面板坑洞

1)坑洞表现

坑洞是水泥混凝土路面板局部破损中常出现的一种破坏形式,是由于面层集料局部脱落或基层和面层的集料局部脱落而出现的路面洞穴。混凝土路面板坑洞引起行车颠簸、振动所产生的冲击荷载是正常荷载的 1.5 ~ 2.0 倍。若对坑洞不进行修补和加强,在冲击荷载的作用下,坑洞破损会加快而连成一片,致使局部路段大面积损坏,严重影响路面的使用寿命和车辆行驶的安全性。混凝土路面板孔洞如图 4-36 所示。

2)坑洞病害成因

由于局部表面层砂石材料含泥量过大,混凝土内有泥土或杂质。石料间的黏附力不强,当路表水(雨水或雪水)进入并滞留在混凝土表面层中时,在大量高速车辆的作用下,产生较大的动水压力使路面板表面的混凝土剥落;路面板出现局部松散破损,散落的石料被车轮甩出,路面逐渐自上而下形成坑洞,通常深度为 10 ~ 40 mm。由于混凝土的不均匀性,坑洞总是首先在局部混凝土

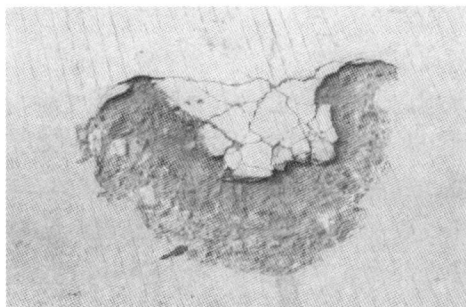

图 4-36　混凝土路面板坑洞

含杂质较大处产生，因此它常是随机分布的一个个孤立坑洞。

路面板形成坑洞的原因较多，根据成因不同，可将其分为内因和外因。砂石材料含泥量过大，混凝土内有泥土或杂质是引起坑洞破损最根本的内因。在水泥混凝土路面材料中，水泥作为结合料将各种粗细集料黏结在一起成为整体。在没有杂质的情况下，水泥的水化产物与集料的黏结较好，但杂质的存在将降低水化产物与集料之间的黏结。

外因。在混凝土路面上有水的情况下，车辆通过时会形成一种水力冲刷现象。在轮胎前面的水受轮胎挤压进入路面板表面的空隙中，造成水压力；轮胎通过后，在轮胎后方与路面之间形成暂时性的真空状态而产生真空吸力，又将空隙中的水吸出，这样挤入和吸出反复循环，形成水力冲刷，逐渐将松散的混凝土从集料表面脱离。对孔隙率较大的混凝土表面层，孔隙中充满了水；甚至是封闭时，在车辆荷载作用下会在孔隙中产生压力和负压，这种孔隙压力也会导致松散混凝土的脱离。在水和交通荷载的共同作用下，表面层材料受到不间断的水力冲刷，最终导致松散物从表面剥落，造成麻面、松散、掉粒等现象；散落的路面材料不断被行驶车轮带离破损处，在路表面逐渐形成坑洞。此类坑洞通常是从上向下扩展，首先出现在局部面层材料含杂质的地方，一般初期都较浅，破碎面积较小。

4.3　水泥混凝土路面预防性养护及维修技术

4.3.1　水泥混凝土路面预防性养护

美国国家公路与运输协会（AASHTO）对预防性养护的最新定义为：在不增加路面结构承载力的前提下，对结构完好的路面或附属设施有计划地采取某种具有费用效益的措施，以达到保养路面系统、延缓损坏、保持或改进路面功能状况的目的。其核心是采用最佳成本效益的养护措施，强调养护管理的主动性、计划性、合理性。预防性养护通常是在路面状况良好并还有较长剩余寿命的状况下进行。对于水泥混凝土路面，预防性养护通常包括接缝养护、路面板裂缝修补、板底注浆、排水设施养护、表面功能恢复等。这些养护方法属于日常养护或者小修、中修的范围。预防性养护的主要思想是通过早期维修费用较少的预防性养护，延长原有路面的使用寿命来推迟昂贵的大修和重建活动，从而节约道路生命周期内的养护成本。

20世纪80年代以来，美国公路管理部门通过对几十万公里不同等级道路进行跟踪调查，发现道路使用性能和寿命的一个共同的变化特征：一条质量合格的道路，在使用寿命75%的时间内性能下降40%，这一阶段属于预防性养护阶段。此阶段如不及时进行养护，在随后12%的使用寿命内，性能再次下降40%，养护成本增加3~10倍，这一阶段称为矫正性养护阶段。因此，预防性养护在许多国家得到广泛运用，并已取得成功经验和十分显著的成效。预防性养护在延缓路面恶化速率及延长其使用寿命方面也具有重要意义。

实践表明，在路面使用周期内进行3~4次的预防性养护，可延长路面使用寿命10~15年。其带来的收益（延长道路使用寿命），大大超过实施预防性养护的成本。上述数字从经济角度和使用性能等方面说明了预防性养护的重要性和必要性。

预防性养护的关键是在正确的时间采用最佳成本效益的养护措施。养护时间选择的关键是对现有路面使用性能的评估。世界上很多国家都将预防性养护和道路管理系统结合起来。

通过道路管理系统的路况指标来确定预防性养护的时间和方式。同时很多国家交通部门制定了预防性养护的指南和手册，规定了在什么时间对不同的病害采取什么样的养护方式，以及预防性养护的收益。例如规定了在不同的气候和交通荷载的状况下，各种不同养护方式的适应范围及其预期寿命。美国俄亥俄州交通部采用现时服务指数 PSI 和路面状况等级 PCR 作为判断路面预养护适用性的指标。明尼苏达州交通部的预养护路况指标采用现时服务能力等级 PSR、路表等级 SR 和路面质量指数 PQI 来衡量路面是否适合于预养护。

目前，预防性养护技术在国内正逐步完善，但是与之相配套的养护材料及养护工艺还有待发展。机械设备的技术水平、实用性能与国外相比也还有很大的差距。众多决策和主管机构还没有充分意识到它所发挥的巨大经济社会效益。从全国诸多省份水泥混凝土路面的养护情况来看，仍然没有摆脱传统的响应式养护模式，即等路面出现病害后再去采取处治措施。随着我国水泥混凝土路的发展，传统的被动性的路面响应式养护方式向主动的预养护转变是路面养护管理的必然要求和发展趋势。在养护维修资金有限的情况下，对道路进行预防性养护尤其重要。

4.3.2　水泥混凝土路面裂缝预防与维修

1. 裂缝预防措施

1）预防温度收缩裂缝措施

（1）降低集料温度

混凝土中粗细集料分别占 50% 和 25% 以上。试验表明，粗细集料分别降低 1℃，可使混凝土的温度分别降低 0.5℃ 和 0.25℃。高温季节施工，粗细集料要用搭棚遮阳，粗集料预冷可用浸水法、喷洒冷水法等。施工时要测准含水率，控制好施工配合比，使混凝土中的含水率符合设计要求，从而保证混凝土的强度，减少混凝土结构的裂缝。

（2）降低拌和水的温度

拌和水用量不大，但比热很大，降低拌和水温度对混凝土降温效果是显著的。一般水温降低 10℃，混凝土的温度可以降低 2.5℃。地下水和自来水的温度比地表水的温度低，应优先采用前者。

（3）恰当安排浇筑时间

浇筑时间安排在低温季节或夜间。在低温季节浇筑混凝土，不仅能降低入仓温度，也可以降低水化热温度。因此，防裂要求高且宜裂的结构物最好在低温季节施工。在高温季节施工，日光直射下的混凝土入仓温度和日平均气温大体相同。因此，安排在夜间施工会取得较理想的效果。

（4）降低水泥水化热

采用低热水泥及减少水泥用量也可以降低混凝土的温度。混凝土水化热对混凝土的温度影响很大，水泥品种不同，水化热相差很大，所以要使用低热或中热水泥来降低水化热温度。混凝土温度的热源主要是水化热。因此，降低水泥用量，就能有效地降低水泥的水化热。减小水泥用量的主要措施有选择级配良好且最大粒径尽可能大的粗细集料。在相同的水灰比时，用粒径为 5~40 mm 的集料比 5~25 mm 的集料省水泥 20 kg/m³ 左右；采用二级配比单一级配集料更省水泥。在满足混凝土和易性条件下，尽可能降低坍落度，这样可以减少用水量和水泥用量。掺减水剂可以大大改善和易性，如果保持相同的强度，水灰比不变，则水泥用量可减少 10% 左右。另外，加强混凝土构件的散热，加强表面养护也可以减少混凝土裂缝。

2）预防干燥收缩裂缝措施

减小干燥收缩的措施很多，如掺用膨胀剂使混凝土产生微量膨胀，以补偿其干燥收缩变形；尽量选用单位用水量低的混凝土；掺用质量好、颗粒细的粉煤灰；选用合适的水泥；选用含泥量小、结构致密、吸水率小的集料；合理配筋、合理养护并进行混凝土表面养护等。

（1）掺用膨胀剂

普通混凝土中掺入适量膨胀剂可配制成膨胀混凝土。它在养生时期能产生适度体积膨胀，在钢筋和混凝土相互约束的情况下，能对钢筋产生一定的拉应力或自应力。由于自应力的导入改变了混凝土的应力状态，能大致抵消因混凝土干缩产生的拉应力，从而达到补偿收缩、提高混凝土抗裂防渗的性能。

（2）尽量减小混凝土的单位用水量

混凝土干缩主要是混凝土中多余的水分不断蒸发所致。水泥水化所需的水量只有水泥质量的 25% 左右；而实际工程上应用的水灰比要大得多，有些大体积混凝土和水下钻孔桩混凝土水灰比高达 0.65~0.70。这种混凝土含有较多的多余水分，因而干缩较大。试验表明：当单位用水量增加 50%，干燥收缩变形将增加 100%。显然，采用满足施工条件的最小用水量的混凝土，对减小混凝土的干燥收缩是有利的。减小混凝土单位用水量的途径有掺入减水剂、粉煤灰，选用含泥量小的集料，选用形状与级配好、吸水率小、弹性模量大的集料等。

2. 裂缝维修材料

裂缝修补材料根据其功能可分为补强材料和密封材料。当水泥混凝土路面由于裂缝造成强度不足时，宜选用补强材料，使其恢复整板传荷能力。当水泥混凝土路面因干缩、温缩等原因出现贯穿裂缝，而强度仍能满足通车要求时为防止雨水和空气的侵蚀，裂缝扩大而削弱路基，可选用密封修补材料，将裂缝封闭。典型的补强材料有可用于灌缝的环氧树脂及各种改性环氧树脂、酚醛及各种改性酚醛树脂类胶黏剂。密封修补材料主要是指聚氨酯类、烯类、橡胶类、沥青类胶黏剂等。

1）环氧树脂类材料

常用的环氧树脂类修补材料大多属于缩水甘油基型，常用的有由多元酚和多元醇制备的双酚 A 环氧树脂。这类环氧树脂具有强度高、黏附力强的优点，但是其延伸率低，脆性大，与混凝土胶结时，界面很容易在外力作用下开裂，使胶接接头不耐疲劳。通过对环氧树脂进行改性，可以提高延伸率，降低其脆性，并保持其强度高、黏附力强的特点。目前，环氧树脂改性的方法主要是添加改性剂，如低分子液体改性剂、增柔剂、增韧剂等。聚硫改性环氧灌浆材料是最重要的一类用于水泥混凝土路面裂缝修补的改性环氧树脂类材料。

2）聚氨酯类灌缝材料

聚氨酯具有柔性的分子链，因此它的耐振动性及抗疲劳性能都很好。另外，聚氨酯还具有很好的耐低温性能，比其他任何有机类的胶黏材料耐寒性能都优异，在各个季节和地区都可使用。较早使用的一类聚氨酯是多异氰酸酯胶黏剂，其能与吸附在被胶结材料表面上的水分及含水氧化物等发生化学反应，或者在碱性的被黏结物表面上自行聚合，在界面上产生化学键，提高胶结性能。多异氰酸酯的分子体积小，容易渗入混凝土中，进一步提高黏结性能。

3）烯类裂缝修补材料

烯类裂缝修补材料主要由烯类聚合物配制而成，通常有两大类：一类是以烯类单体或预聚体作胶黏剂，在固化过程中发生聚合反应；另一类是以高分子聚合物本身作胶黏剂，如热熔胶、乳液胶黏剂和溶液型胶黏剂。常用的烯类裂缝修补材料有氰基丙烯酸酯胶黏剂、(甲基)丙烯酸酯树脂胶黏剂、聚酯酸乙烯乳液胶黏剂。氰基丙烯酸酯胶黏剂具有黏度低、固化时间短、胶结强度高、透明性好、气密性好的特点，但抗冲击能力较差。(甲基)丙烯酸酯树脂胶黏剂具有耐热性、耐水性、耐介质以及耐大气老化、收缩率小、强度高等特点，但是黏度较低，并且制备工艺复杂。聚酯酸乙烯乳液是借助乳化剂的作用把单体分散在介质中进行聚合。此种胶黏剂必须在一定的环境温度下才能聚合成强度高的连续胶膜。若环境温度很低，聚合物就成为不连续的颗粒，无法获得胶结强度。因此，选用聚酯酸乙烯胶黏剂进行水泥混凝土路面裂缝修补，尤其要注意修补施工的季节。

4）聚合物改性水泥砂浆类裂缝修补材料

普通水泥砂浆具有收缩大，黏结强度低的缺点，不适合裂缝的修补。通过聚合物乳液改性水泥砂浆，可以改善其工作性能，减少浆体收缩，提高黏结强度、抗渗及抗冻融能力。常用的改性聚合物有聚酯酸乙烯、聚丙烯酸酯、环氧树脂、不饱和聚酯树脂和丁苯胶乳。

3. 裂缝维修方法

1）注浆法

(1) 灌入黏结剂法

① 修补材料的选择。

黏结剂材料有聚氨酯、聚硫环氧树脂(聚硫橡胶+环氧树脂)、环氧树脂、高分子树脂工程材料，根据不同情况选择不同的黏结剂。

a. 宽度小于 1.5 mm 的裂缝，宜采用聚硫改性环氧树脂。其按聚硫橡胶：环氧树脂 = 16：(2~16) 的比例配制而成，其抗拉强度可达 32 MPa；特点是能改善环氧树脂的耐老化性能和脆性。

b. 宽度在 1.5~2.5 mm 的裂缝，采用聚氨酯多元醇和多异氰酸酯预聚体：固化剂 = 100：27 的比例配制而成；这种材料的特点是耐低温、气候适应性强，在潮湿及碱性界面处能与界面紧密结合，其抗弯拉强度可达 6.5 MPa。

c. 宽度在 3 mm 左右的裂缝宜采用高分子黏结剂，主剂：固化剂 = 2：1 的比例配制而成，其抗弯拉强度可达 6.5 MPa，具有收缩性小、黏度低、耐老化和延伸性好等优点，但要求界面干燥，不利于雨季施工。

(2) 修补方法

黏结剂灌入方法分为：直接灌入法、喷嘴灌入法、钻孔灌浆法、注射器注射法。

① 直接灌入法。

适用于施工中产生的混凝土收缩裂缝。在未通车前，一旦发现混凝土板出现裂缝，可用聚硫环氧树脂材料等直接灌注。对于宽度大于 3 mm 且没有碎裂的裂缝，可采取直接灌浆法，其施工步骤如下。

a. 将缝内泥土、杂质清除干净，确保缝内无水、干燥。b. 在缝两边约 3 mm 的路面上及缝内涂刷一层聚氨酯底胶层,厚度为 0.3 mm±0.1 mm,底胶用量为 0.15 kg/m²。c. 将环氧树脂与固化剂等灌浆材料按比例配制好,搅拌均匀后直接灌入缝内养护 2~4 h,即可开放交通。

②喷嘴灌入法。

适用于通车路段冬季修补裂缝,其施工步骤如下。

a. 清缝:用细铅丝小钩子掏除缝隙中的泥土等杂物,用压缩空气喷枪配特制喷嘴(如鸭形嘴)吹净灰尘。

b. 埋设灌浆嘴封闭裂缝:灌浆嘴一般隔 300 mm 设一个,用按 1:2 配比的松香和石蜡加热熔化黏住裂缝,再用胶布将缝口贴好,并涂上松香和石蜡。

c. 配灌缝材料:根据缝口宽窄及要求开放通车时间,选用适宜的灌浆材料及配比混合调匀倒于小铝锅中。

d. 灌浆:将配制好的灌浆材料倒入有机玻璃管注射器或其他特制的灌浆器中,一般宜在 30~40 min 以内用压力将灌缝料由各灌浆嘴中灌入缝中,灌至将要顶动上面的胶布为止。其上宜加一层水泥浆或砂浆抹面并喷养护剂,使表面颜色一致。

e. 加热增强:一般宜用红外线灯或装有 60~100 W 灯泡的长条形灯罩,在已灌浆裂缝上加温,温度控制在 50~60℃,加热 1~2 h,即可开放通车。

③钻孔灌浆法。

适用于非冬季修补裂缝,其施工步骤如下。

a. 沿裂缝用冲击电钻打一排直径为 15 mm 的孔槽,以形成一带状槽。b. 用压缩空气喷枪伸入槽孔内清除混凝土残屑。c. 向孔槽内填洁净的小碎石(直径 5~10 mm)。d. 沿孔槽灌浆。e. 用乳胶拌和水泥覆盖装饰槽口。f. 用红外线灯加热 1~2 h,使灌浆料强度增加,即可开放通车。

④注射器注射法。

适用于通车时间短,裂缝内杂物少,较清洁、干燥,裂缝宽度在 3 mm 左右的路面板断裂修补,其施工步骤如下。

a. 清缝:采用空气压缩机配特制喷嘴吹干净缝隙,并配细铅丝小钩子充分掏尽缝隙中的泥土等杂物。

b. 配灌缝材料:将小包装主剂与固化剂按 2:1 的比例掺配。操作时只需将固化剂直接倒入主剂中,搅拌至颜色均匀即可。

c. 注射器注射:使用 50 mL 医用注射器抽入混合剂,插入缝隙注射(可不使用针头),由中线向两边逐点注射至缝隙填满。若先注射段落渗入较多,应及时补注至饱满,若 15 min 内不再渗入则可认为已注满缝隙。整个缝隙注射完成后,撒少许干水泥拌砂混合料覆盖,3 h 后即可开放通车。该操作应在配料开始 90 min 内完成,否则材料将凝固而无法使用。

(2)扩缝灌浆法

①顺着裂缝用冲击电钻将缝口扩宽成 1.5~2.00 mm 沟槽,槽深根据裂缝深度确定,最大深度不得超过 2/3 板厚。

②清除混凝土碎屑,用压缩空气吹净灰尘,填入粒径不大于 6 mm 的清洁碎石屑。

③采用聚硫环氧灌缝材料,按配比混合均匀并倒入灌浆器中。

④将灌缝材料灌入扩缝内。

⑤灌缝材料需要加热增加强度时,宜用红外线灯或装 60 W 灯泡的长条形灯罩加热,温

度控制在 50~60℃, 加热 1~2 h 即可通车。

2) 条带钯钉补缝技术

(1) 条带补缝技术

对于贯穿全厚的大于 3 mm 小于 15 mm 的中等裂缝, 宜采取条带罩面进行补缝, 其施工步骤如下。

① 顺裂缝两侧各约 150 mm, 且平行于缩缝切 70 mm 深的两条横缝, 如图 4-37(a) 所示。

② 在两条横缝内侧用风镐或液压镐等工具凿除混凝土, 深度以 70 mm 为宜。

③ 沿裂缝两侧每隔 500 mm 钻一对钯钉孔, 其直径略大于钯钉的直径 2~4 mm。并在两钯钉孔之间打与钳钉孔直径一致的钳钉槽。

④ 钯钉宜采用向 6 mm 螺纹钢筋, 钮钉长度不小于 200 mm, 弯钩长 70 mm。

⑤ 将孔槽内填满快凝砂浆, 把除过锈的钯钉插入钳钉孔内安装。

⑥ 将切割的缝内壁凿毛, 清除松动的混凝土碎块及表面松动的裸石。

⑦ 将修补混凝土毛面上刷一层黏结砂浆。

⑧ 浇筑快凝混凝土, 并及时振捣密实、抹光和喷洒养护剂。其喷洒面应延伸到相邻老混凝土面板 200 mm 以上。

⑨ 在修补补块的面板两侧, 用切缝机加深缩缝, 并灌注填缝料, 如图 4-37(b) 所示。

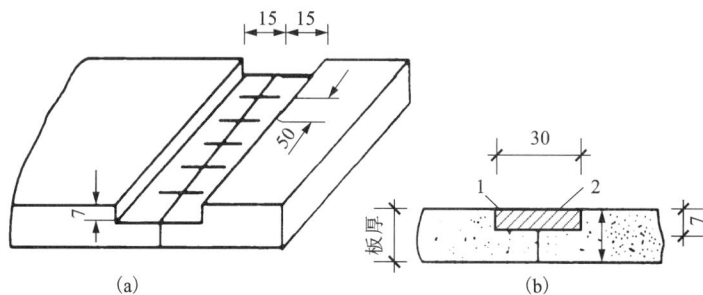

图 4-37 条带补缝(单位: cm)

1—钮钉; 2—新浇混凝土

(2) 局部修补法

对于裂缝轻微剥落、裂缝宽度在 3~5 mm 的断裂, 先沿缝按 30~50 mm 宽画线放样, 按画线范围开凿深 50~70 mm 的长方形凹槽, 将凹槽洗刷干净后用快凝聚合物水泥混凝土捣实填平。

(3) 植筋补强灌缝封水法

对面板上仅有一条且裂缝部位无明显沉降的裂缝(纵缝), 可采取植筋补强灌缝封水法。采用此方法前要确定板底是否有脱空, 若有脱空则先对其进行灌浆处理。

① 距板边不小于 600 mm, 钻与板面交角 30°的斜孔, 间隔交叉钻孔, 间距 600 mm。钻孔深度根据板厚确定, 但不能钻穿面板, 且确保钢筋水平投影长度不小于 150 mm, 如图 4-38 所示。开孔时用 30°的量角器导孔, 以保证孔角度误差控制在±2°以内。钻孔的方向要与裂缝基本垂直。每个孔的定位必须用钢尺量具。

② 灌入植筋胶锚固剂, 植入钢筋, 路表面不得裸露钢筋头。植筋时, 先向孔内倒入孔深

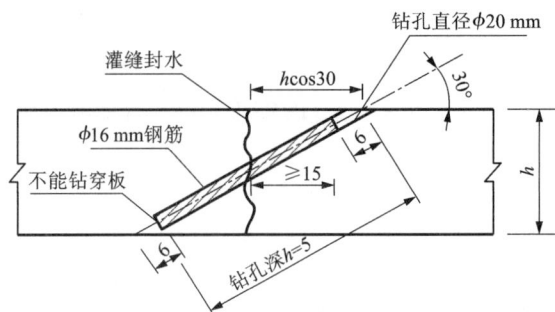

图 4-38 植筋法修补

1/2 的胶液，再将下半部浸胶的螺纹钢筋送入孔内，并慢慢转动和抽拔钢筋。

③根据裂缝的情况采用适当的灌浆法对裂缝进行处理封水。

3）全厚式开槽维修技术

严重裂缝病害是中等裂缝进一步发展的结果，通常采用集料嵌锁法、刨挖法、设置传力杆法、整板更换法以及条带罩面法这五种方法进行维修。严重断裂板病害，一般是中等断裂板病害板进一步发展形成的，也可能是严重裂缝病害板或补块板进一步开裂的结果，一般应立即做整板更换，同时对基层一并进行妥善处理。处理方法有整板更换法、破碎板法、下封法。对于严重角隅病害，应对路面板角隅处进行全厚式修补，或横向全厚式修补，以恢复正常交通。通常采用全厚式修补法进行维修。

（1）集料嵌锁法

这种方法适用于无筋混凝土路面断裂维修，其施工步骤如下。

①将修补的混凝土路面沿着面板平行于横向缩缝画线，用切割机沿画线进行全深度切割。在全深度补块的外侧 40 mm 位置锯 50 mm 深的缝，如图 4-39 所示。

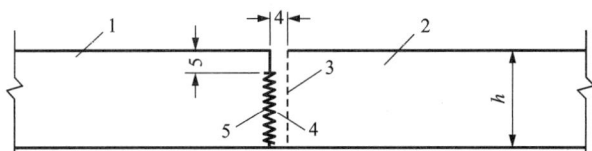

图 4-39 集料嵌锁法

1—保留板；2—全深度补块；3—全深度锯缝；4—凿除混凝土；5—缩缝交错界面

②用风镐破碎、清除旧混凝土。

③将全深锯口和半锯口之间的 40 mm 宽条混凝土垂直凿成毛面。

④处理基层。基层强度应符合规范要求，若基层全部损坏或松软，可用 C15 素混凝土填平，振捣密实。

⑤新的混凝土配合比应与原混凝土一致。若采用混凝土快速修补材料，坍落度不宜大于 20 mm。混凝土 24 h 弯拉强度不应低于 3.0 MPa。

⑥将搅拌好的混凝土摊铺在补块区内，并振捣密实。

⑦浇筑的混凝土面层应与相邻路面的横断面高程一致。补块的纹理应与原路面相同。

⑧补块养生宜采用养护剂养生。

⑨做接缝时，将板中间的各缩缝锯切到 1/4 板厚度处，将接缝材料填入缩缝内。

⑩浇筑的混凝土达到通车强度后，即可开放交通。

（2）设置传力杆法

施工要求与集料嵌锁法同。处理基层后，应修复、安设传力杆和拉杆，如图 4-40 所示。

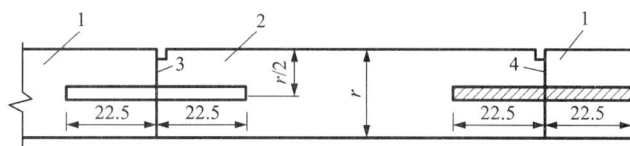

图 4-40　设置传力杆法

1—保留板；2—深度补块；3—缩缝；4—施工缝

①原混凝土面板没有传力杆和拉杆折断时，应用与原尺寸相同的钢筋焊接或重新安设。安设时应在板厚 1/2 处钻出比传力杆直径大 2~4 mm 的孔，孔中心间距 300 mm，其误差不应超过 3 mm。

②横向施工缝传力杆直径为 25 mm，长度为 450 mm，嵌入相邻保留板内深 22.50 mm。

③拉杆孔直径宜比拉杆直径大 2~4 mm，并应沿相邻板间的纵向缝在板厚 1/2 处钻孔，中心间距 800 mm。拉杆采用长 800 mm、直径 16 mm 的螺纹钢筋，每隔 400 mm 嵌入相邻车道的混凝土面板内。

④传力杆和拉杆宜用环氧砂浆牢牢地固定在规定位置，摊铺混凝土前，光圆传力杆的伸出端应涂少许润滑油。

⑤新补块与沥青混凝土路肩相接时，应和现有路肩齐平。

⑥传力杆若安装倾斜或松动失效，应予以更换。

（3）整块板更换

①整块板更换应符合下列规定。

a. 当路面板块被几条裂缝分割为三块以上的破碎板，且有沉降，影响行车安全的，必须将整块板凿除；处治好基层后，重新浇筑新的混凝土板块。重新浇筑的混凝土强度不应小于旧混凝土的强度。其材料要求、配合比、施工工艺、质量标准等应符合有关设计与施工规范的规定。

b. 当路面板发生脱空断裂、断角等损坏，影响行车安全时，应凿除损坏部分；处理好基层后，用同种或异种沥青混凝土、水泥混凝土进行修补。

c. 当由于行车需要而紧急抢修工程时，可采用高强度、强黏结的快速修补材料进行修补。其黏结剂的技术性能和混凝土的配合比，应经试验合格后方能应用。对中、重交通公路，混凝土强度必须达到设计强度的 80% 以上，才能开放交通；对轻交通的公路，混凝土强度应达到设计强度的 70% 以上，才能开放交通。

②整块板更换的施工步骤。先将整块板采用切割机和人工击碎清除，处治好基层以及路基后，重新浇筑快凝混凝土；或用预制块换补，其施工步骤如下。

a. 切去混凝土板裂缝左右各 100 mm，清至水泥稳定碎石基层深 150 mm。

b. 用水冲洗混凝土切面，并用湿麻袋湿润。

c. 浇混凝土前，先用水泥砂浆涂抹，然后用更高强度等级的混凝土填补，人工振捣，使混凝土密实、抹平，要求一次成型，杜绝修补，抹平高度应高于旧混凝土板面 2~3 mm，并及时养生。

d. 凹槽填充完毕，在周围设标志或障碍，禁止车辆在上面通行。待养生两周或强度达到通车要求后，方可拆除标志或障碍开放交通。

（4）破碎板法

这种方法适用于对成片的破碎板进行处理，使破碎板与基层接触，其施工工艺为：

①首先用皮尺辅助画成 550 mm×550 mm 的小块，并用红漆做上标志。

②用 500 kN 以上的压路机在较软的土基上或用冲击锤、打夯机对大面积的破碎板进行成片处理，将混凝土板破碎成 300 mm×300 mm 的混凝土碎块，然后进行振碾一遍。

③清扫破碎板上的混凝土碎屑。

④采用 M5 号砂浆均匀铺于混凝土板上进行灌浆。

⑤采用振动压路机振碾 6 遍，边碾压边补浆，直到灌满缝隙，并有少许溢出为止。

⑥根据施工气温进行洒水养生，要求采用塑料布或草袋进行覆盖养生，起到避免雨水冲刷的作用，养生至少 3 d 后，方可开放交通。

⑦灌浆采用两班制，24 h 流水施工，确保后继工序能连续作业。

⑧施工中应注意砂浆配合比准确，做到即拌即用，砂浆灌缝应饱满，并及时碾压，确保在初凝养生结束以后，应进行弯沉测试。

（5）下封法

采用下封法施工的主要目的为稳定水泥混凝土板，减小接缝或裂缝处板的搓动位移。施工步骤如下。

①对于破碎板，根据基层情况具体分析，如果基层能够满足承载力要求，可仅处理破碎板而不处理基层；如果基层不能够满足承载力要求，应采用水泥稳定碎石或二灰碎石分层进行回填；若基层回填作业面较小为保证密实可采用振动夯等小型压实机具进行碾压处理，碾压遍数根据具体情况进行控制。

②需要挖换基层的部位，新基层采用水泥稳定碎石或二灰碎石分层回填至原水泥混凝土路面顶，回填方式与处理破碎板面层相同。

③对于其他未破碎的混凝土板采取压浆工艺，填塞板下脱空的空隙，减小反射裂缝。

④破碎板处理及通过压浆稳定板全部结束以后，可以参照破碎板法采用的路面结构层厚度确定下封法处理所需沥青路面面层的厚度。

4.3.3 水泥混凝土路面板边和板角病害的预防与维修

1.预防措施

混凝土路面的板边剥落主要是由混凝土自身的温缩变形以及强度不足引起的；断角主要是板底脱空以及混凝土自身的抗折强度低的缘故。要预防混凝土面板板边和板角的病害，须做如下几个方面的工作。

①混凝土配合比设计是保证其强度、工作性、耐久性和经济性的关键。由于混凝土路面的断裂主要是抗弯拉强度不足所致,所以在进行混凝土配合比设计时应充分考虑水泥用量、水灰比、粗集料粒径及水泥品种、性能等主要因素。最佳方法是通过试验路段确定水泥用量。

②使用粒径较小的粗集料。用于路面混凝土的粗集料最大粒径不宜大于 30 mm。最大粒径大于 40 mm 混凝土的抗弯拉强度值偏小,而且均方差较大,易发生离析,耐疲劳、耐磨性和抗冻性也较差。宜采用连续级配的石子,以及 5～10 mm、10～20 mm、20～30 mm 的碎石级配,同时要求集料的级配良好、质地坚硬。

③选用强度高、干缩小、耐磨性强与抗冻性好的水泥。混凝土路面板边剥落是否严重与水泥的路面品质有一定关系。因此宜采用旋转窑法生产的水泥,它的强度高、波动小而且安定性良好。

④由于目前新建公路大多数利用原有旧路基,因此设计中应尽量使混凝土面板处于旧路面宽度范围内。对于填高大于 4.0 m 的旧路基,除了挖大台阶进行更好压实外,应加设双层土工格栅网以防止路基因不均匀沉降而使面板断裂或断角。

⑤选择合理的路肩加固措施,避免边缘水渗入基层,造成唧泥或板底脱空,从而导致面板断角。

2. 修补材料

水泥混凝土路面板块的修补问题,长期以来未能得到很好解决,其根本原因之一是修补材料的性能不理想。用于水泥混凝土路面板块修补的材料必须符合下列技术要求。

1)快硬早强

路面板修补时,需要进行修补的路面板都是正在使用的道路,不允许长时间封闭交通。因此,修补材料必须具有迅速硬化的性能,使修补路面板短时间内达到通车的强度要求。

2)收缩小

路面板修补时,新老混凝土的接合部位是薄弱环节。造成新老混凝土接合不好的重要原因之一是新拌混凝土的收缩。收缩产生收缩应力,使新老混凝土拉开。因此,要控制修补材料的收缩率,尽可能选用无收缩或收缩率很低的修补材料。

3)具有一定的黏性

从提高新老混凝土接合力的角度出发,要求修补材料本身具备一定的黏性。

4)后期性能稳定,强度与老混凝土基本持平

修补材料的后期强度应与老混凝土基本一致,不允许强度减少也不要强度过高,致使新老混凝土力学性能差异太大,影响路面的整体性能。

5)耐磨性高,耐久性好

修补材料的耐磨性不应低于老混凝土的耐磨性能。新修补混凝土应具有较好的抗冻、耐腐蚀、抗渗等耐久性能。

6)施工和易性好

修补混凝土的凝结时间应满足施工要求。对于需水量大、硬化过快的修补材料,应通过试验,掺入一定量的缓凝型减水剂,以保证新修补混凝土的施工和易性。

7）其他

修补材料的颜色与老混凝土基本一致，无明显差异。比如普通硅酸盐水泥、快硬硅酸盐水泥、高铝水泥、磷酸镁水泥、硅灰水泥、聚合物混凝土等。

3.修补技术

1）板边修补

①路面板边轻度剥落时，先将混凝土剥落的碎块清理干净，然后用灌缝材料填充密实，修补平整。

②路面板边严重剥落时，在剥落混凝土外侧，平行于板边画线；用切缝机切割混凝土，切割深度略大于混凝土剥落深度；用风镐凿除损坏混凝土，压缩空气清除混凝土碎屑；立模、浇筑混凝土修补材料，用养护剂养生；达设计强度后，即可开放交通。

③路面板边全深度破碎，可按全深度补块的方法进行修复。

2）板角修补

①板角断裂应按照破裂面的大小确定切割范围并放样，板角修补如图 4-41 所示。

②用切割机切边缝，用风镐凿除破损部分，造成规则的垂直面，对原有钢筋不应切断，如果钢筋难以保留，至少也要保留长 200～300 mm 的钢筋头。

③检查原有的滑动传力杆，如果有缺陷应进行更换，并在新老混凝土之间架设传力杆。在路面板 1/2 板厚中央，用电锤打出直径为 22 mm，深 200 mm，水平间距 300～400 mm 的水平孔。每个孔应首先清除孔内混凝土碎屑，然后将周围润湿，用快凝砂浆填塞捣实插

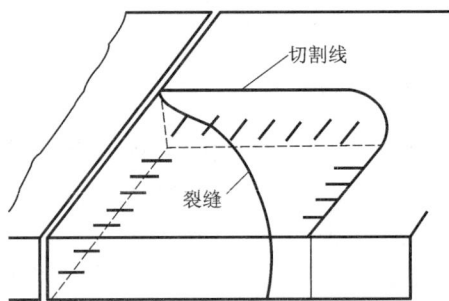

图 4-41　混凝土路面板角隅部分修补方法

入直径为 20 mm、长 40 mm 的光圆钢筋，待砂浆硬化后浇筑快凝混凝土。

④如基层不良时，可用 C15 混凝土浇筑基层。

⑤与原有路面板的接缝处，如有缩缝，应用塑料薄膜隔离或者涂刷沥青，防止新旧混凝土黏结在一起；如有胀缝，应设置接缝板。

⑥浇筑后的混凝土硬化后，用切缝机切出宽 3 mm、深 40 mm 的接缝槽，并用清缝，灌入填缝料。

⑦待混凝土达到通车强度要求后，方可开放交通。

在裂缝早期可用乳剂和嵌缝料补充；晚期（角隅部分折裂）应凿成方形槽（钢筋混凝土板，要注意保留钢筋），清除后涂环氧黏结剂，重新浇筑同等强度的混凝土或嵌入同尺寸的预制混凝土块，接缝处用填缝料嵌缝。若角隅部分的基础薄弱，应先处理基础后补修面层。

掉边掉角及大块脱落破损是最普遍的道面破损类型，处理也相对简单，把破损处切割、破除并浇注新的修补材料即可。严重破碎板则进行换板处理。图 4-42 为水泥混凝土路面板角隅破碎维修过程示意图。

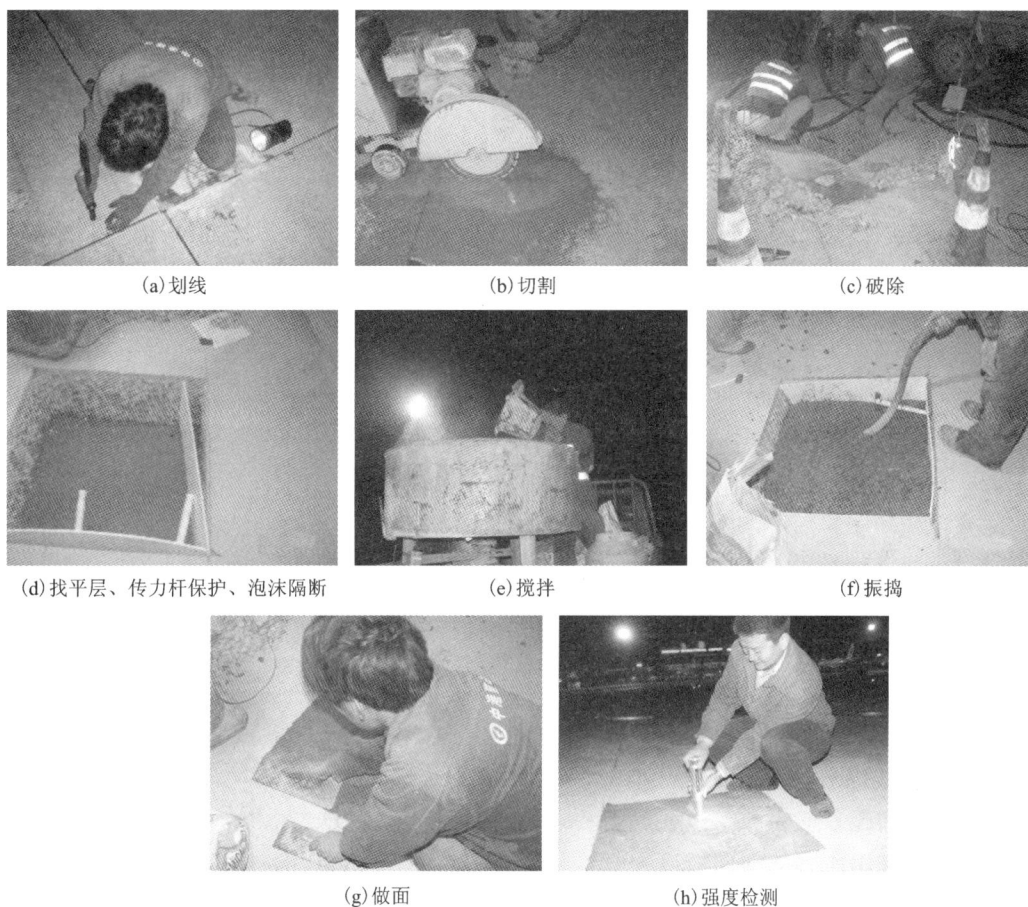

(a)划线　　　　　　　　　(b)切割　　　　　　　　　(c)破除

(d)找平层、传力杆保护、泡沫隔断　　　　(e)搅拌　　　　　　　　　(f)振捣

(g)做面　　　　　　　　(h)强度检测

图 4-42　水泥混凝土路面板角隅破碎维修

4.3.4　水泥混凝土路面板底脱空的预防与维修

1.预防措施

1)缩缝设置传力杆

室内试验和实践证明,无传力杆的缩缝依靠集料嵌锁传递荷载的能力及耐久性均有限。由于路面板边缘挠度大于板中挠度以及板顶和板底较大的温差和湿差,导致路面板边缘发生沉陷和翘曲变形,为雨水进入路面板内创造了条件。传力杆是迄今最为可靠和有效的一种接缝传递装置。无传力杆的缩缝,在锯切缝(或压缝)槽口下的混凝土收缩后产生无规则断裂面,可以依靠断裂面上的集料嵌挤作用,在相邻板块之间传递部分荷载。其传递荷载的能力主要取决于缝隙的宽度;其次是断裂面的形状(不平整度)。由于相邻板之间有较好的传递能力,板边缘和角隅处的挠度量减少,这就使进入接缝的水和细粒的不利影响大大降低。

2)路面板结构内部设置排水设施

路面板内部排水系统可改善路面的使用性能,延长使用寿命,但也相应地增加了路面的造价。为此，应从需要和经济的角度考虑在什么条件下设置路面板内部排水设施。所考虑的因素主要是道路等级（设计使用年限要求）、交通量及组成（产生唧泥和错台的可能性）和气候条件（路面渗入水的来源）。

我国《公路排水设计规范》建议在下述条件设置路面板内部排水系统。

①年降雨量在 600 mm 以上的湿润和多雨地区，路基由透水性差的细粒土（透水系数 $<10^5$）组成的高速、一级或重要的二级公路。

②现有路面改建或改善工程，须排除积滞在路面结构内的水分。路面结构内排水措施主要有两种方案：路面板边缘排水系统和排水式基层结构。

a.路面板边缘排水系统。

沿路面板边缘设置纵向排水沟和管；渗入路面板结构内的水分先沿路面板结构层的层间空隙或某一透水层次横向流入透水性材料组成的纵向集水沟，并汇流入沟内底部的带孔集水管中，再沿纵向间隔一定距离布设的横向排水管排除到路肩。这种方案常用于基层透水性小的路面。目前，高等级公路建设中通常采用的半刚性基层均为透水性小的基层。因此，设置边缘排水系统便于将面层、基层和路肩界面处积滞的自由水排离路面结构。

b.排水式基层结构。

对于新建的水泥混凝土路面，路面板结构可采用排水基层，如图 4-43 所示。采用透水性基层加边缘排水的形式。排水管采用 PVC 或 PE 塑料管。纵向坡度宜与路线纵坡相同，但不得小于 0.25%，横向间距一般在 50～100 m 范围内选用，横向出水管的横向坡度不宜小于 5%。根据基层强度的要求和渗透性的要求合理选择级配，通过对混合料

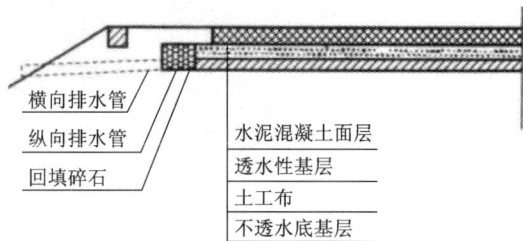

图 4-43 排水基层路面结构图

空隙率的控制来满足渗透性的要求，并尽量在使用过程中根据混合料渗透性的变化情况来更好地评价排水基层的耐久性能。

2.注浆材料

1）注浆材料的种类

水泥注浆材料强度高、造价低廉、材料来源丰富、浆液配置方便、操作简单，是使用量最大的浆材。随着时间发展，人们在实践中发现普通水泥的粒径较大，当向较小裂隙的土体注入时显得无能为力，于是开始研究化学浆液和超细水泥。化学浆材可注性较好，浆液黏度低，但一般都具有毒性且价格较高。因化学浆液的应用范围受到限制，各种低毒、无毒、高效能的改进浆材逐渐出现。至今，国内外各种注浆浆材品种达百余种以上，主要有化学类浆液，如水玻璃类和有机高分子类，还有非化学浆液类，如水泥类和黏土类。

2）注浆材料要求

浆液黏度低，流动性好，可注性好，能够进入细小孔隙或粉细砂层中；浆液凝固时间在一定范围内可调，并能够准确控制；浆液稳定性好，在常温、常压下能较长时间存放，且不改变其基本性质，不发生强烈的化学反应；浆液无毒、无臭、不污染环境，对人体无害；浆液对

注浆设备、管路、混凝土建筑物无腐蚀性，并且容易清洗；浆液固化时无缩率现象，固化后与岩土体、混凝土等有一定的黏结性；浆液结石体具有一定抗压强度，耐老化性能好；浆液配置方便，操作易于掌握，原材料来源丰富，价格合理。

一般注浆材料较难同时满足上述所有要求。因此，根据工程具体情况选用某种或某些符合上述几项要求的注浆材料即可。

3）注浆材料选择

（1）选定的依据

在压浆技术中，选定注浆材料的关键依据是土质条件，其次是环境条件、注浆目的和要达到的预期效果等因素。

（2）按土质条件选定浆液

浆液的确定与土质有关，一般在砂质土层中为渗透注入，在黏土层中为脉状注入，与上述机理吻合是选定浆液的重要依据。对砂质土而言，其注入机理是浆液在压力作用下，取代位于土颗粒间隙中的水，故要求浆液的黏性必须近于水，同时不含颗粒。对黏性土而言，由于注入浆液的走向为脉状，因此构成压缩周围土体的劈裂注入，地层中须出现纯浆液的固化脉，通常采用固结强度高的悬浊型浆液。

（3）其他条件

压浆技术对浆液固结体的耐久性有很高要求，应选择凝结时间长、渗透性好、凝结收缩率小和凝固强度高的浆液，如一般选用水泥类浆液。

3.压浆施工工艺

水泥混凝土路面板底脱空主要维修措施是压浆。压浆技术是采用岩土工程压浆填充原理，对路面早期病害进行板底加固和基础充实。主要作用机理为：采用小型施工机具钻孔穿透水泥面板，向板下填充水泥灰浆液，通过施加高压使板底基层松散处得以填充密实、基层与面板脱空处能够联结密实以达到面板均匀传荷的目的。

1）压浆工艺参数确定

压浆处理路面板底脱空病害取决于压浆施工工艺参数的设计，其中水泥浆的选用、压浆时间、压浆量、容许注浆压力的设计尤为关键。压浆浆液在混凝土板下的实际扩散形态相当复杂，浆液材料能否被送进板下空隙并扩散到足够远的距离，既取决于混凝土板中空隙的大小和形状，又取决于浆材本身的性质。因此，浆液本身的性质对于注浆设计的实现将起到重要的作用。压浆浆液一般采用水泥浆做注浆液。

（1）水泥品种

由于压浆与混凝土对水泥的要求不完全一样，在某些方面不像混凝土那样限制严格。一般说来，除偶尔需要有更高的细度具有抗硫酸盐水侵蚀性的水泥以外，在大多数情况下，能用于混凝土的水泥都可用于压浆。在综合考虑水泥性能、市场生产条件以及经济性价比等各种因素的前提下，在压浆施工过程中的水泥通常选用普通硅酸盐水泥。

然而，根据以往的压浆经验，矿渣水泥、火山灰水泥及其他外加材料很多的水泥，在压浆中不太适用，尤其不宜在需要压稀浆的地方使用。采用此类水泥压浆后长时间不凝结。这种水泥的早期强度较低、凝结较慢，其中的多量外加材料的比重小、活性低，在压浆过程中被"分选"出来而单独地沉积在一起了，失去了凝结的条件。

（2）细度

水泥细度是水泥质量的一项重要指标。水泥磨得越细，单位质量表面积越大，水化速率越快，起反应的水泥量就越多，因而水泥的强度也就越高。细磨水泥的成本也会随细度的提高而增加，此外也受到粉磨机类型的限制。

从压浆的角度考虑，水泥磨得越细越好。这样它能进入更小的空隙，提高可灌性，增强压浆效果。同时，水泥磨得越细，对注浆设备（如泵、控制阀等）的磨损越小。相关资料表明，水泥细度增加后，保水能力提高、结石松散、强度下降，用此制得的水泥石试件干缩性比原水泥的大；另外，水泥越细浆液黏度越大。因此，在压浆施工中对水泥的细度没有更高的要求，但必须满足相应规范要求。

（3）强度

灌浆水泥的选用，应根据灌浆口来决定通常用于加固的强度等级应适当高些，用于防渗的强度等级不必要太高。由于灌混凝土面板在竖向荷载作用下板体向下位移，并通过混凝土板之间的侧阻力带动相邻板位移，相应地在板周环形中产生剪应变、剪应力，在板底将产生压应力。因此，注浆用水泥浆在注浆完成后需要有较高的强度。在施工中，综合考虑水泥的强度等级、细度及价格等因素，注浆用水泥强度等级一般不应低于 42.5。

（4）凝结时间

用水量、温度、大气湿度等诸因素对水泥的凝结时间有较大影响。在国家规定标准中，水泥的初凝时间不得少于 45 min，终凝时间不得多于 10 h。用于注浆时的用水量通常要高出标准稠度许多倍，水泥的凝结时间与上述规定不会相同，因为浆液在板内流动时间长短与流速大小对浆液温度有不同的影响，这些都会影响到凝结时间。一般说来，温度升高，水泥的凝结时间将缩短，当温度高到某一数值时，水泥浆可能会发生"瞬凝"。所以，在灌浆规范中规定：拌浆用水温度和成浆后的温度均不得高于 40℃。

（5）外加剂

水泥浆中宜掺入膨润土，这样可使水泥颗粒沉降速度大为降低，泌水也大为减少，从而不至于在管内产生有影响的浆液沉淀。另外，浆液中也宜掺入气体发生剂及抗缩剂。前者可使水泥浆保持稳定，防止水泥颗粒分离；后者引起浆液体积膨胀，从而抵消浆液在凝固时产生的伸缩性。建议采用铝粉作为发气剂，也可用作抗缩剂。它的作用能保持 1.5～4.0 h，掺量的参考值为水泥重量的 0.5‰～2‰。

（6）水灰比

水灰比大小直接表现为浆液的稀稠，而水泥浆的稀稠又影响了浆液的流动性和稳定性。水灰比太大（大于1）水泥含量太小，不利于混凝土板的加固；水灰比太小（小于0.4）水泥浆太稠，不利于浆液的均匀分布，容易堵塞泵管。浆液的稳定性可用浆液的析水率来评定。把浆液在 1000 mL 的量筒中静置 2 h 的析水量小于 5% 定为稳定浆液的特征值。

表 4-2 为水泥浆稳定性与水灰比的关系。由表 4-2 可见，在水灰比为 0.5 时，水泥浆比较稳定，适合用于注浆。大量的水泥混凝土路面板底脱空压浆工程实践表明，采用 0.5～0.6 的水灰比，可获得最佳的效果。

表4-2 水泥浆稳定性与水灰比关系

水灰比	0.5	1	3	6
沉降后稳定体积/%	97.5 ~ 99.1	63.02 ~ 82.5	28 ~ 34	14 ~ 17
稳定体的水灰比	0.38 ~ 0.43	0.41 ~ 0.52	0.53 ~ 0.56	0.43 ~ 0.68

2)容许注浆压力

注浆压力是指不会使混凝土面板降起和相邻面板间产生过大剪应力(一般为不大于混凝土板设计沉降量)的前提下,实现正常注浆的压力,它与土质类别、密度、强度、注浆点深度有关。由于浆液的扩散速度和扩散能力与注浆压力的大小密切相关,所以不少人倾向采用较高的注浆压力。注浆压力超过地层的压力和强度时,可能导致地基土甚至混凝土板的破坏。因此,一般都以不使地层结构破坏或仅发生局部的和少量的破坏作为容许注浆压力的原则,限制注浆压力。

施工过程中,施工人员应随时注意注浆压力的变化,正确判断注浆的情况。

①压力逐渐上升,但达不到要求的压力,这可能是浆液在黏土中形成脉劈裂渗透,或浆液浓度低,凝胶时间长,或部分浆液溢出。

②注浆开始后压力不上升,甚至离开初始压力值呈下降趋势,这可能是浆液外溢。

③压力上升后突然下降,这可能是浆液从注管周围溢出;或注浆速度过大,扰动土层;或遇到空隙薄弱部位。

④压力上升很快,而速度上不去,表明土层密实或凝胶时间过短。

⑤压力有规律上升,即使达到容许压力,注浆速度也很正常(变化不大),这表明注浆是成功的。

⑥压力上升后又下降,而后再度上升,并达到设定的要求值,可以认为是第③种情况的孔隙部位已经被浆液填满,属于注入成功的情况。

2)压浆施工工艺

压浆处治主要施工工序为:编号、定板、布孔、钻孔、制浆、压浆、堵孔、清洗、封孔、养护。

(1)编号

对要检测路段的每块板进行编号,为压浆定板做好准备。

(2)定板

通过脱空检测手段,确定并标明哪些板为深层注浆,哪些板为浅层注浆。

(3)布孔

注浆布孔通常按图4-44所示进行,也有去掉中间孔采用四孔的布孔方式。

(4)钻孔

①钻机。

钻孔机通常分为两种。一种是岩石破碎钻,通常是岩石打炮眼所用。此钻机的特点是钻

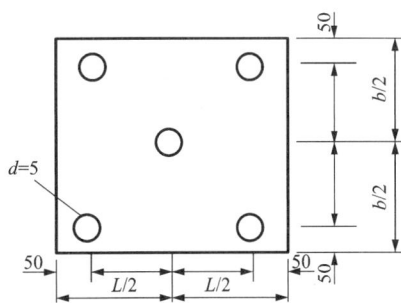

图4-44 灌浆孔布置
d—灌浆孔直径;L—板长;b—板宽

孔速度快，缺点是扬尘较大，距离板边近时混凝土面板容易崩裂。另一种是取岩石芯样钻，优点是可以取去完整的水泥混凝土芯样，观察基层的情况；缺点是钻孔速度慢、用水量大。图 4-45 为混凝土路面现场注浆钻孔。

图 4-45　灌浆施工法

　　为保证施工的连续性，钻孔应按确定的孔位提前进行，孔深以穿透板厚为宜。选择钻头直径为 50 mm，孔要保持垂直并要圆。用吹气的方法形成空腔，便于灰浆的初始分布。用直径为 50 mm 的橡胶管安插在孔口作为衬垫。橡胶管外径与孔径一致，便于使灌浆栓塞与孔口紧密结合，防止漏浆。

　　②孔深。

　　孔深以穿透板厚为宜，浅层注浆通常以穿透面板 10~20 mm 为宜，深层注浆以穿透结构层 50~60 mm 为宜，钻入上基部分不要超过 70 mm。钻孔过深注浆后容易形成支撑，不利于结构的整体受力，应避免过钻的现象发生。可以通过在钻杆上做标记的方法来避免过钻现象的发生。

　　（5）制浆

　　施工时严格按照配合比进行。由于外加剂种类的不同，投料的顺序对浆体的强度、流动性都有很大的影响。通过室内试验确定试验路投料顺序为水、胶材水泥、粉煤灰、膨胀剂及 80% 的减水剂搅拌 60 s 再加入 20% 的减水剂搅拌至规定时间。必须采用机械拌和，搅拌时间为 150 s，各种材料称量、拌和时间要准确，不应出现欠拌或过拌现象。

　　（6）压浆

　　压浆必须按照一定顺序进行，一般应先压低处的孔，再压高处的孔，依次向前推移。压浆时对每个孔位的压力和时间应严格把握，压力达不到不行，达到了不稳定也不行；稳压时间对压浆结果有很大影响。

　　将灌浆栓塞花管打入孔中，锚固于水泥板块，栓塞底部适当离开基层，软管出料口套在栓塞上并固定好，如果连接不牢固或密封不够，就会发生漏浆、爆孔、压力打不上等现象。压浆时，应缓慢均匀加压，一般当压力达 0.3~1.5 MPa 的某一值时，保持稳压状态 2 min 以上，让浆液在板底充分流动渗透，以达到挤密和充实的效果；然后打开卸荷开关缓慢降压，压力回零。根据施工经验，压浆时压力一般控制在 0.3~1.5 MPa。在施工过程中应随时观察控制。压浆过程中，相邻板压浆间隙均应不停制浆搅拌，以保持浆液均匀、不离析。

（7）堵孔

压浆时若发现灰浆已从压孔或者压过的孔溢出，应立即用木塞压紧 10 min；拔出木塞后，无须再进行压浆。

（8）清洗

每次压浆收工后，必须用清水冲洗搅拌桶。此时液压泵照常工作，使水经管道、压浆泵从高压管中排出，将各部件残留浆液彻底排除冲洗干净，防止水泥浆堵塞压浆泵。灌浆后残留在路面的灰浆要及时清扫并用水冲刷，避免灰浆流入路面缝隙，防止污染路面。

（9）封孔

压浆结束应立即拔出灌浆栓塞，并插上木塞，以便有足够的时间使灰浆充分凝固。在复压力下，确保灰浆不会从孔中挤出时，方可将木塞拔出，并用快凝水泥砂浆永久性密封孔口；先用钎子捣实，然后抹平。封孔水泥应比原路面高出 1 ~ 2 mm，或者加一定量的膨胀剂，防止水泥砂浆收缩后低于原路面形成坑洞。

（10）养护

灌浆后的 2 h 内禁止车辆通过灌浆区，一般养生期为 3 d。

3）质量控制与效果评价

板底注浆属于隐蔽工程，一旦施工完成，很难对其质量作直接检测。因此，施工过程中的质量控制显得尤为重要，应对灌浆的每一个环节实施监控，确保灌浆的质量。作为线形工程的道路，不仅沿线的地质条件差异大，材料供应等条件也在变化，施工机械工作状态以及操作者的熟练程度与素质更直接影响到工程质量的变化。因此，为真正保证施工质量，需要有配套的灌浆工程质量过程控制机制。质量过程控制的重要性表现为在施工过程中及时发现问题、解决问题，而不是留到交工检查、竣工验收阶段，这样可以避免代价昂贵的返工。板底注浆质量过程控制不仅要看到高新技术发展的一面，还必须考虑施工队伍素质这个特殊性因素。

（1）注浆材料控制

①浆体流动性控制。

虽然《公路水泥混凝土路面养护技术规范》（JTJ 073.1—2001）（以下简称《规范》）对灌浆材料主要技术指标做了简单规定，但对于某些指标没有给出具体的标准、检测方法。如《规范》中要求灌浆材料应具有自流淌密实性，但是没有给出标准和检测方法。有学者通过室内外试验提出了通过 Marsh 流出时间来控制浆体的流动性。试验方法主要步骤为：称量灌浆材料 500 g 记录灌浆材料流出 250 mL 的时间。为保持浆体良好的流动性，Marsh 流出时间建议控制在 30 s±10 s，流出时间的确定要兼顾强度要求，即做流动性试验的同时要做强度试验。

②强度检测。

注浆液不仅要有很好的流动性，而且应具有较好的强度。流动性是建立在满足强度的基础上的。因此，抽检浆体流动性的同时要进行浆体强度的抽检。每工作日须制作灰浆试块两组，采用三联带底砂浆试模，养护试块 7 d（正常养护 6 d，饱水 1 d）内抗压强度不得低于 35 MPa，否则为不合格。

（2）注浆后效果评价

从以往的研究来看，荷载型反射裂缝与注浆效果关系比较直接，如果注浆效果不好，脱空没有得到彻底治理，会产生竖向位移。竖向位移的存在会在罩面层中造成较大的剪切应力。研究表明，如果水泥混凝土板接缝处的竖向位移超过 0.050 mm，交通荷载将会对加铺层产生破坏。由于不同的路面结构面板的刚度不同，弯沉可能会不同。同时在压浆完成后 3 d，用 FWD 对压浆板检测弯沉或弯沉差，当板角弯沉值大于 0.105 mm，或板横缝弯沉差大于 0.05 mm 时应重新压浆；验收时质检部门应进行抽检，随机抽查 20%，检测不合格的混凝土板应补压浆。对不合格的应责成原施工组重新钻孔压浆，直至合格为止。

4.3.5 水泥混凝土路面板底错台的预防与维修

1.预防错台的措施

总结以往的设计方法与施工经验，从设计与施工两个方面着手。借鉴国内外对填方路基非均匀沉降的处治措施，以避免及减小路基不均匀沉降的发生。

1）设计方法方面

处治路基不均匀沉降的方法较多，但各有利弊，国外对路基沉降及不均匀沉降的处治措施主要有：

①采用低级路面过渡。

②采用桥头搭板处治桥头沉降。

③应用土工合成材料(土工格栅、塑料网格等)进行加筋或制成柔性褥垫层，使之调节和控制不均匀沉降。

④应用超轻质 EPS 泡沫综合处治沉降。

采用低级路面过渡和桥头搭板避免不均匀沉降是目前用得最多的处治措施。前者是一种比较被动的手段。采有后者进行处治的桥头均出现大量的搭板与路基分离，搭板在汽车荷载作用下出现后期的断裂、跳车等病害。

土工合成材料处治不均匀沉降，国外在 20 世纪 80 年代就已采用。瑞典将其作为柔性褥垫处治半挖半填路基不均匀沉降获得满意效果；国内也曾利用土工合成材料处治不均匀沉降，如在 20 世纪 90 年代初期，采用土工合成材料处理公路沉降，90 年代末期采用土工合成材料处理重庆渝长高速公路不均匀沉降获得较好效果，采用土工格栅处理桥头跳车取得较好效果。值得注意的是，国际上普遍认为土工合成材料是处理不均匀沉降的有效措施，而且土工合成材料除了对地基有加筋作用外，还有滤层、排水、隔离、防护、防渗等作用。因此，采用土工合成材料处治是一种值得推广的处理路基不均匀沉降的有效措施。

目前发展起来的压力灌浆法与强夯法也是处治路基不均匀沉降的有效措施。压力灌浆法，是利用机械施加高压，把能固化的浆液压入土体空隙；浆液凝固后，把压力区范围内的土体固结，使松散的土颗粒形成整体，达到控制沉降、减少不均匀沉降的目的；特别是针对公路路基下局部软弱土基的处治，可以直接改善土体结构，固结土体，控制沉降。重庆交通科研设计院采用灌浆技术成功地解决了国道 108 线某段路基沉降及开裂问题。从加固机理方面进行分析，这种方法是可行的。但是这种方法在实践中的可行性如何，其压浆工艺、材料、适用范围等都还需要进行进一步研究。

强夯法处治是利用大能量直接作用在被处治范围上，通过整体提高被处治体的密实度来减少不均匀沉降变形。其作用效果明显，施工速度快。20 世纪 90 年代末，曾采用强夯技术成功地处治了重庆渝长高速公路路基沉降问题。但是这种方法对结构物的动力冲击较大，限制了其在桥头、涵洞等部位的应用，而且强夯的设计计算方法、质量检测评价方法等还有待进一步研究。

上述所提及的这些方法仍有许多未完善的地方，如云南省某高速公路在进行填方路基不均匀沉降综合处治技术研究的试验工程，项目主要采用土工合成材料处治、强夯法处治、桥头搭板和压力灌浆法处治第 4 种处治不均匀沉降。

针对目前不均匀沉降处治的发展趋势，借鉴已有的研究成果，重点研究这些方法的合理结构形式、质量检测评价方法，进一步完善这些方法，总结出一套解决填方路基不均匀沉降的综合处治措施。

2) 施工要求方面

总结以往的施工经验，主要从以下一些方面进行控制与预防。

① 路基施工采用水平分层填筑施工，即按照横断面全宽分成水平层次逐层向上填筑。

② 分层施工摊铺厚度按 90% 控制。采用机械压实时，分层的最大松铺厚度，不应超过经试验确定各类土的松铺厚度的 70% ~ 90%，从而有效控制压实度。

③ 严格控制填土含水率。施工中填土含水率要高于最佳含水率 1% ~ 2% 压实，土方含水率才能尽量接近最佳含水率。避免出现压实时含水率小于最佳含水率；否则，土粒间的润滑作用不足，即压力不足以克服土粒间的摩擦力，土中的空气不能排除，土粒间无法靠拢，因而难以达到最大密实度。如果大于最佳含水率，又会由于水分过多，土粒被水膜包围而分散得过远，不能达到最大密实度。

④ 加强路基边部压实。在土方路堤的填筑过程中，往往由于路基边部压实困难，而忽略了边部压实工作。为保证边部压实强度，须采用 J 形手扶式振动夯，从而保证路基的整体稳定性。

⑤ 提高小桥涵的施工进度，桥涵两侧填土要精心施工。在各项工程实施时，都要把小桥涵的施工安排提前，从而保证两侧填土能均匀进行，保证路基填土的整体稳定性。桥涵两侧填料必须采用透水性良好的砂性土，适时分层回填压实。台背填土顺路线方向长度 20 m 范围内，并且台背填土应与背坡同时填筑；回填土时，应均匀分层回填夯实；边部可用小型压实机械压实，分层松铺厚度应小于 200 mm，严格控制含水率，从而有效避免桥头跳车。

⑥ 避免不利季节施工。填土的含水率过大，或冻块过多，都是造成路基不均匀沉降的直接原因，直接危害路面的使用寿命。

⑦ 注意不良地质段的施工。对于地段一定要清理软弱层，设计给定不足部分也要清理，然后换填透水性材料，低填方路段不良地质注意满足路基工作区的要求，必要时要设置砂砾隔离层，路基深度、宽度长度都必须到位，不留隐患。

⑧ 注意挖方段、填挖交界处施工。在填挖交界处要加长换填长度，逐步过渡，不要形成突变，使荷载应力分布均匀，并且两侧边沟排水要引至沟底，避免路堤的浸湿。

3) 完善道路排水措施

为了保持路基能经常处于干燥、坚固和稳定状态，必须将影响路基稳定的路面水拦截，并排除到路基范围之外，防止漫流、聚积和下渗。对于影响路基稳定的地下水，应予以截断、疏干、降低水位，并引导到路基范围以外，使全线的沟渠、管道、桥涵成完整的排水体系。对于黄土地区的排水设施应注意防冲、防渗以及水土保持问题。

（1）一般路段排水

路基排水沟渠（包括边沟、截水沟、排水沟）要注意防渗防冲，当沟渠纵坡达到或超过表4-3所列数值时须采取加固及防止渗漏措施。

表4-3　边沟需加固的纵坡值

土类	新黄土	老黄土	红色黄土
总坡度/%	≥3	24	≥6

注：1.边沟长度≥200 m时，须进行铺砌加固；

2.边沟过长时，应考虑减小纵坡的容许值或做好出口设计，将水引离路基；

3.边沟纵坡过于平缓，将会边沟淤塞，一般纵坡不小于0.5%，受限制时不小于0.3%

4.道路等级低时表列数值可适当调整。

（2）特殊路段的排水

在坏口、深路堑、高路堤、滑坡、陷穴等地段，应注意结合水土保持进行综合治理，如用挖鱼鳞坑、水平沟、种草、植树等方法对坡面径流进行调治与防护；在冲沟头植树，防止冲沟溯源侵蚀、危害路基；布设在沟谷的路线，在沟谷中筑坝地，并保持路基坡脚不受水的冲刷破坏；可做护坡、涝池、水窖等。

2.错台病害的处治

1）轻微错台处治技术

轻微错台，其高差小于3 mm时，可不作处理。高差为3~10 mm的错台可用机械磨平法。

使用磨平机从错台最高点开始向四周扩展，边磨边用三米直尺找平，直至相邻两块板齐平为止，如图4-46所示。磨平后，将接缝内杂物清除干净，并吹净灰尘，及时将填缝料填入。

2）路面严重错台处治

高差大于10 mm的严重错台，可采取沥青砂或细石混凝土进行处治。

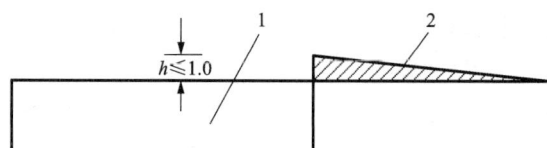

图4-46　水泥混凝土路面磨平法示意图（尺寸单位：cm）

1—下沉板；2—磨平

（1）沥青砂浆填补法

乳化沥青砂浆封层是采用级配良好的细集料、矿质填料、沥青乳液的混合料作路表层，它可根据不同的矿料级配分别适用于一般公路、高等级公路及高速公路等。也可用于旧路的大中修工程，使路面具有良好耐久性的同时，还能提高路面的抗滑能力。采用沥青砂浆封层后的路面表面平整、美观舒适，与交通漆的颜色对照鲜明。

（2）细石混凝土修补法

细石混凝土的组成与一般混凝土一样。由水泥（或加掺和料、外加剂）、砂、集料加水后经水化而成，其性能随所用材料性质、配合比、配置工艺与养护条件的不同而变化。如图4-47所示。

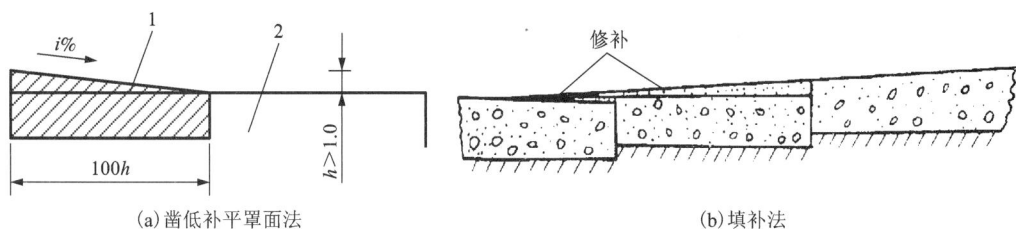

(a)凿低补平罩面法　　　　　　　　　　　　(b)填补法

图 4-47　细石泥混凝土修补法

4.3.6　水泥混凝土路面板沉陷的预防与维修

1.预防沉陷措施

针对路面沉陷所存在的薄弱环节,可采取多种措施进行预防及综合治理。

1)路基施工质量

(1)地基质量

对于高填方的路堤段必须采取措施,彻底清除杂草、树木和淤泥等杂物,必要时应对地基采取预加荷载,打石灰桩或沙桩等方法进行加固处理。

对湿陷性黄土地区、地质不良地段修建公路时要进行地基处理。在许多情况下,由于工期短,没有足够的沉降期,采用加强、加固及复合方法,可有效减少工后沉降。在软土层埋置较浅或层厚较小时,消除地基的部分湿陷性主要是处理基础底面以下适当深度的土层,因为这部分土层的湿陷量一般占总湿陷量的大部分。这样处理后,即使发生少部分湿陷也不致影响结构物的安全和使用,并且可同时采用加入粉煤灰来加固湿黏性地质。处理厚度视结构物类别、土的湿陷等级、厚度,基底压力大小而定,一般对非自重湿陷性黄土地基为 1~3 m,自重湿陷性黄土地基为 2~5 m。常用的处理湿陷性黄土地基的方法有灰土(素土)垫层、重锤夯实、强夯、石灰桩、素土桩挤密法、浸水处理等。

(2)压实质量

必须坚持分层填筑,分层压实,切忌一次填方较高,由一边往前倾倒填筑材料向前推进的低劣、简陋的原始施工方法。土在最佳含水率时进行压实能达到最大密实度。因此,在路基填土压实过程中,必须随时控制与检查土的含水率。当含水率过大时,应风干到最佳含水率时再碾压;当含水率过小时,须均匀加水后再碾压。

根据所选用的材料来决定相应的有效压实工具,并以此决定行之有效的压实厚度。高填方路堤段认为有必要的还应采用重压实,适当提高压实等级,提高密实度保证率,以确保压实质量。也可适当减薄每层的压实厚度。采用砂砾等透水性好的材料填筑时还可多洒水,以较少的压实功达到高密实的要求。

(3)加强沉降观测

对软土路段路基、高填方路堤、桥头涵洞两端、填挖结合部等处的不均匀沉降,除进行软基处理、换填材料等处理外,还应进行沉降观测。采用埋置沉降桩方法,在路基施工前选一试验地段埋设沉降桩(桩体外侧有刻度),桩顶到地面距离以使路基填土距设计高程 1.5 m

为佳。在继续填土至设计高程期间，尽量减少对桩周围土体的扰动，在距沉降桩 100 m 远处设水准仪，每 10 d 观测一次沉降结果，待路基填土达设计高程时继续观测。如果连续观测三次沉降值均在 0.5 mm 以下，表明路基沉降已处于稳定状态。如果填土速度过快，虽已达到设计高程，但连续 3 d 观测值均超过 0.5 mm，应给予路基一定的沉降期，待达到稳定后再进行路面施工，这样可以避免由于路基的不均匀沉降引起路面沉陷的问题。

(4)在建设高等级公路时，采用重型击实方法

①可以大幅度提高路基和路面材料的强度。根据有关研究资料，按重型击实标准后的路基土强度至少可以提高 30% 以上。

②可以大幅度减少路面材料在行车荷载反复作用下的永久变形和路面结构及土基的渗透性，从而提高路面稳定性和耐久性。

通常对于工作量较大，施工期较短，压实标准要求高，应优先选用机械压实工具，即碾压式(羊足碾、光面碾、气胎碾)和振动式压实机具。而对局部小面积地点如桥头、城市巷道处可用夯击式机具进行碾压。

2)完善排水设施

排水设施对路基的稳定极为重要。因此，在设计及施工时，应保证施工中的排水坡度，设置必要的地下排水设施。在路面下设置垫层，防止路面下渗水进入填方体；对中间为砂砾石填料，两侧为土类填料的填方体与加固地基的连接处做 30 ~ 50 m 纵向集水管和每 5 ~ 10 m 的横向排水管，以排泄填方体与加固地基间的下渗水。设置排水设施的基本要求：

①应经常保持路面和路肩的设计横坡，以便地表水迅速从路面上排出。

②应将土路肩改造为硬路肩，硬路肩宜采用水泥混凝土或沥青。

③路面裂缝、接缝以及路面与路肩接缝应经常保持密封状态。

3)保证基层平整度

针对由于基层不平整而引起面层出现沉陷、波浪、变形等情况，在低等级公路施工中也应对半刚性结构基层推广采用厂拌摊铺的施工方法；严禁采用局部薄层贴补找平的方法，应在低凹处添撒细料进行找平。这种方法存在以下几点不足。

①造成松散的薄层，这在半刚性基层上反映的尤为明显。

②易造成基层顶面高程抬高，使路面面层厚度不足或面层出现沉陷、波浪、变形。

③易造成露补的区域和新的表面高差。

4)缓解超限运输

缓解超限车辆对公路的破坏作用，除了以立法的形式严格限制车辆的超限运输外，还应采用刚性路面、半刚性路面基层，即提高路面整体强度来减缓超限带来的对道路的破坏。

2.沉陷处治施工技术

1)板块顶升法

①在顶升水泥混凝土路面板前，应测量下沉板的下沉量，测站与下沉处距离应大于 50 m，并绘出纵断面，求出升起值。

②在每块混凝土板上，钻出两行垂直且直径为 30 mm 的透孔，孔的距离约 1.0 m，每个孔所占面积为 3.0 ~ 3.5 m²。当板需要从一侧升起时，只需升起部分钻孔。采用取芯机钻孔，钻孔深度应透过板块 20 ~ 30 mm；为使压浆作业连续进行，应提前钻孔，钻好之后，须用泡沫

等封堵, 以防散落物跌入孔中, 影响压浆作业顺利进行。

③根据公路交通的特点和压浆工作的特殊性, 浆液应具备如下特点: 初凝时间长, 施工和易性好, 早期强度高, 不发生收缩, 避免再次造成沉陷。可采用强度等级为 42.5 的早强水泥掺加超早强外加剂, 配制成 24 h 达到抗压强度 15 MPa 以上、抗弯拉强度 3 MPa 以上的水泥砂浆。

④在路面板升起前, 将所有孔用木塞堵好, 一孔一孔地灌砂浆。将带螺母的镀锌管短接头插入混凝土面板内, 将带螺纹的充气管与混凝土板接牢。灌浆泵从搅浆机吸取浆液, 经过泵压后进入高压胶管注入水泥混凝土板底。压力一般控制在 0.3 ~ 0.5 MPa, 当浆液不断从裂缝或接缝处冒出即停止压浆, 迅速移至另一压浆孔继续作业。有时为顶升水泥混凝土板块可适当增加压力, 待水泥混凝土板块抬至预定高程时减小压力至 0.3 MPa 左右, 维持约 5 min 停止灌浆。

⑤路面板升起后, 接着往另一个孔中灌砂浆, 直至下沉板全部顶升就位。

⑥随时清理、回收观察孔或接缝等处冒出的浆液。初期时浆液可经 3 mm 筛网过滤掺入搅拌机回收利用; 已接近或超过初凝时间的浆液或滤出的筛网上残留物, 宜就近利用、废物利用; 收工时应将施工现场清理干净, 对压浆机械、管道内、外必须用水连续泵洗, 直至冲洗洁净。

⑦当压浆材料的抗压强度达到 6 MPa 时, 方可开放交通。

⑧工程实践应注意的问题:

a. 确保压浆深度和压浆量, 保证板下所有空隙都能填充, 以尽快恢复板的承载力, 必要时进行复压处理。

b. 每个孔灌完浆后应及时用封堵卡堵住, 待泥浆充分凝固, 回流压力不再将泥浆从孔中挤出时, 可将封堵卡拔掉, 用余浆封孔抹平; 否则多余的浆流出来, 造成板不均匀沉降。

c. 在选定的压浆地段, 必须使周边的邻板, 即行车道板、超车道板都压浆, 以保证压浆段整体效果; 否则, 邻板抽吸、唧泥、错台、沉陷现象仍可影响压浆块的错台、沉陷。

d. 施工工序必须连续作业, 钻孔—压浆工序必须及时衔接, 以防雨水下渗或灌水, 造成板下垫层或基层积水, 影响自身的强度和稳定性。

2) 路面板沉陷破碎处理

当水泥混凝土整板沉陷并产生破碎时, 应整板翻修, 其工艺如下。

(1) 宜用液压镐将旧板凿除, 尽可能保留原有拉杆, 并清运混凝土碎块。

(2) 将基层损坏部分清除, 并整平压实。

①对基层损坏部分, 用 C15 混凝土补强, 补强混凝土顶面高程与旧路面基层顶面高程相同。

②在混凝土路面板接缝处的基层上涂刷一道宽 200 mm 的薄层沥青。

3) 整块翻修的水泥混凝土面板在路面排水不良地带, 其板边缘及路肩应设置路基纵横向排水系统。

①单一水泥混凝土路面板块翻修时, 在路面板接缝处设置横向盲沟。

②路面有纵坡时, 宜设纵向盲沟, 在纵坡坡底部设置横向盲沟。

(4) 板块修复, 混凝土施工时, 宜采用快速修补材料。

①用混凝土拌和机拌和混凝土材料。

②将拌和好的混合料,用翻斗车运送到施工现场进行人工摊铺。

③宜采用插入式振捣器振捣边角混凝土,并用振动梁刮平提浆,人工抹平与原混凝土板面高低一致。

④按原路面纹理对混凝土表面进行处理。

⑤宜采用养护剂进行养护。

⑥相邻板边的接缝宜用切缝机切至1/4板块深度。

⑦清除缝内杂物,灌入接缝材料。

⑧待混凝土达到通车强度后,开放交通。

4.3.7　水泥混凝土路面板拱起的维修

路面板起拱的处理方法如下。

①对于拱起病害,应用切缝机或其他机具将拱起板间横缝中的硬物切碎,用压缩空气将缝中石屑等杂物和灰尘吹净,将板块复位,再进一步灌填接缝材料。

②板端拱起但路面完好时,应根据板块拱起高低程度,计算要切除部分板块的长度。先将拱起两块板侧附近的1~2条横缝切宽,待应力充分释放后切除拱起端,逐渐将板块恢复原位,在缝隙和其他接缝内应清除并灌接缝材料。

③拱起端发生断裂或破损时,应按严重裂缝处理的集料嵌锁法、刨挖法和设置传力杆法进行处治。

④拱起板两端间因硬物夹入发生拱起旱,应将硬物清除干净使板块恢复原位,清理接缝内杂物和灰尘,灌填缝料。

⑤胀缝间因传力杆部分或全部在施工时设置不当,使板能自由伸长而发生拱起,应重新设置胀缝。按水泥混凝土路面有关施工规范执行,使面板恢复原状。混凝土面板胀起处理与拱起处理的方法一致,如图4-48所示。

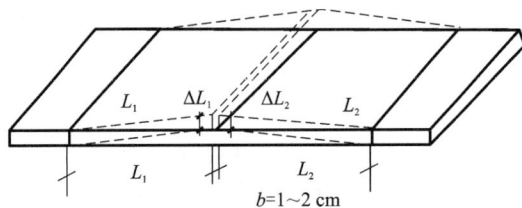

图4-48　混凝土路面板板体拱起修复示意图

4.3.8　水泥混凝土路面板坑洞预防与维修

水泥混凝土路面坑洞的产生主要是粗集料脱落或局部振捣不密实等原因造成的。坑洞尽管对行车影响不大,但对路面的外观和表面功能都有较大影响。因此,对坑洞应根据实际情况采取相应措施进行修补。

1. 对个别坑洞的修补

①用手工或机械将坑洞凿成矩形的直壁槽。

②用压缩空气把槽内的混凝土碎块及尘土吹净。

③用海绵块沾水后湿润坑洞，不得使坑洞内积水。

④用高强度水泥砂浆等材料填补，并达到平整密实。

2. 对较多坑洞的修补

对较多坑洞且连成一片，面积在 20 m² 以内的坑洞，应采取罩面方法修补。

①画出与路中心线平行或垂直的修补区域图形。

②用切割机沿修补图形边线切割 50 ~ 70 mm 深的槽；槽内用风镐清除混凝土，使槽底平面达到基本平整；将切割的光面凿毛。

③用压缩空气吹净槽内混凝土碎屑和灰尘。

④按混凝土配合比设计配制修补混凝土。

⑤将拌和好的混凝土填入槽内，人工摊铺、振捣密实，并保持与原路面齐平。

⑥喷洒养护剂养生。

⑦待混凝土达到通车强度后，开放交通。

3. 对大面积坑洞的修补

对面积大于 20 m²，深度在 40 mm 左右成片的坑洞，可用浅层结合式表面修复或沥青混凝土罩面进行修补。

1）浅层结合式表面修复

①将连成片的坑洞周围标画出与路中心线平行或垂直的区域，并用风镐凿除，深度 20 ~ 30 mm，如图 4-49 所示。

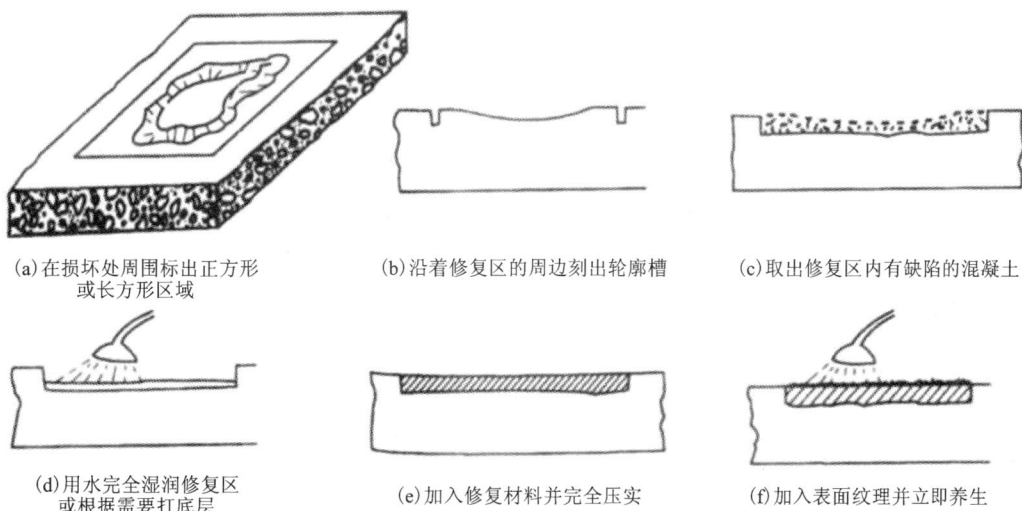

(a) 在损坏处周围标出正方形或长方形区域　　(b) 沿着修复区的周边刻出轮廓槽　　(c) 取出修复区内有缺陷的混凝土

(d) 用水完全湿润修复区或根据需要打底层　　(e) 加入修复材料并完全压实　　(f) 加入表面纹理并立即养生

图 4-49　浅层结合式表面维修的程序

②将修复区内凿掉的混凝土碎块运出，并清除其碎屑和灰尘。

③在修复区表面用水喷洒湿润，并适时涂刷黏结剂。

④将拌和好的混凝土摊铺于修复区内振捣、整平。

⑤用压纹器压纹，压纹深度宜控制在 3 mm 左右。

⑥养生，使修复板块经常处于潮湿状态。

⑦待混凝土达到通车强度后，开放交通。

2）用冷补材料对坑洞的修补方法

冷补材料是近年来应用的一种先进材料。它是由普通热拌沥青混合料加入特制的添加剂拌和后形成的，在常温下也不凝结的混合料。它的最大特点是：适用于任何气候环境，在 −35 ~ +35℃ 的条件下仍能正常施工。维修时简单易行，备料可随用随取，仅需简单的施工机具，无须重型机械。修补时无须封闭交通，可立即通车，克服了用水泥混凝土修补时存在的问题。使用冷补材料维修的方法如下。

（1）清理坑洞

将坑洞内和四周的碎石清理干净。与一般沥青混合料一样，冷补材料在沥青表面发挥最大的黏合性；与热补施工一样，在充足的准备下便能收到最佳效果。

（2）同热补方法一样进行填满和压实

把足够的冷补材料填进坑洞内直到填料比地面高出 20 ~ 30 mm。填料不够，在重载车的作用下，容易再次出现坑洞；填料太多，路面不平也会影响行车。这一方法可保证 50 ~ 80 mm 深的坑洞被填平。如坑较深，填补工作便如热补工作一样应以 50 mm 为一层，逐层填补压实。可根据实地环境采用最合适的施工方法。常用压实方法主要有以下几种。

①手工压实。手工用铲背压实填补材料。这是最快捷、简单的方法，基本上不需要其他沉重或耗能的机具。

②人力夯或振动平板夯。人力夯适用于小的坑洞，振动平板夯适用于面积较大的坑洞。

③平底铝压板。此方法花费时间较长，但压实效果较为理想。

④货车轮胎压实。来回以货车轮胎碾压。此方法适用于小坑洞或修补公路两旁的路面。

（3）冷补材料的储存

冷补材料在室内或室外无覆盖的情况下储存。为了在使用存货时能更容易铲松或移动存货，建议最少储存 2 ~ 3 t 的填料。存放地点应有坚硬的表面，最好铺有水泥混凝土或沥青混凝土。

4.3.9 水泥混凝土路面板接缝病害的预防与维修

1.预防接缝破坏措施

1）选用合适的填缝料

延长水泥混凝土路面使用寿命简单有效的办法是选用合适的填缝料。性能良好的填缝料应能与板壁很好地黏结，回弹性好，能适应水泥混凝土路面的胀缩，不溶于水，不渗水，高温时不溢出，低温时不脆裂，抗嵌入性和耐久性好，应具有施工便捷、性能价格比高等特点。

2）减少路面结构内水分的影响

（1）减少渗入路面结构内的水量

①合理设计路拱横坡，以便能迅速排除路表水。

②定期对接缝进行养护，使接缝密封，具有良好的防水功能。

（2）排出渗入路面结构内的水量

在路肩结构内设置路面边缘排水系统，将路面结构内的自由水横向排出路基。为迅速汇集和排除路面结构内的自由水，沿路缘石下设置纵向排水管，横向排离至下水道的渗井内。

3）严格控制施工质量

①施工前仔细核对传力杆和拉杆的数量、长度、规格是否满足设计要求。

②在两侧模板安装好后，严格按设计要求安装传力杆，防止上下翘动，并按设计要求安放塑料套管和涂沥青隔层，以保证传力杆的滑动功能。

③及时锯缝并保证缝槽断面和尺寸正确。

④填缝前应清缝吹尘，保持接缝表面清洁干燥，填缝时应饱满密封。

4）合理设计接缝，提高接缝传荷能力

路面接缝是水泥混凝土路面的薄弱环节，为了减少伸缩变形和翘曲变形产生的内应力，并满足施工的需要，水泥混凝土路面必须设置接缝。设计时应尽量从接缝构造上保持两侧面板的整体性，以提高其传荷能力，保证面板、路基与基层的正常工作条件。在缩缝、纵缝、胀缝中，胀缝的传递荷载能力最差，且胀缝的存在会引起缩缝的松弛，降低缩缝的传递荷载能力，应视具体情况尽量不设或少设胀缝。此外，道路扩建工程中常因纵缝没有设置拉杆而出现纵缝张开和纵向错台。针对这一问题，采用沿相邻板的纵缝按要求设置拉杆，在板厚中央钻孔，把拉杆的一半嵌入相邻车道，然后用快凝水泥砂浆填塞捣实，等砂浆干硬后浇筑混凝土的办法进行处理，取得了良好的效果。

5）严格控制基层质量

水泥混凝土路面要求基层有足够的刚度和稳定性，以保证路面板具有均匀而稳定的支承，减少或防止唧泥和错台，延长路面的使用寿命。为了控制路面基层质量，必须从设计和施工两方面着手。设计上须合理选择基层类型。对交通繁重的道路，应尽可能采用水泥稳定基层，同时严格控制细料含量，以增加基层的耐冲刷能力，提高其水稳定性，防止唧泥和错台。为了限制板的挠度和减少板底脱空现象，还应满足按交通等级要求的基层顶面当量回弹模量的最低要求。施工中应确保基层的厚度、平整度、压实度和强度均满足规范要求。

6）加强日常养护和管理工作

路面接缝的日常养护是水泥混凝土路面养护工作的一个重要内容，是防止路面板出现病害的关键环节。对填缝料加强养护能够延长混凝土板的使用寿命，填缝料流失或失效应及时增补或更换，以保持良好的弹性和防水功能，并及时处理好排水系统中出现的问题，以免造成较大的病害。

2.接缝修补材料

用于水泥混凝土路面修补的填缝料应与水泥混凝土板缝壁具有较好的黏结力，即当混凝土板伸缩时，填缝料能与混凝土板缝壁黏结牢固，不会从混凝土缝壁上拉脱；同时具有较高的拉伸率，填缝料必须能随混凝土板伸缩，而不致被拉断；耐热及耐嵌入性好，在夏季高温时，填缝料不发生流淌；具有较好的低温塑性，在冬季低温时，填缝料不发生脆裂，仍具有一定的延伸性；另外，耐久性好，在恶劣的气候条件下，填缝料应能在较长时间保持良好的使用性能，即耐磨、耐晒及耐雨水等，不过早产生老化；最后还要施工方便，价格适中。填缝料灌注高度为夏平或夏凸、冬低，填缝料更换季节宜为春、秋季。

水泥混凝土路面接缝修补材料分为加热施工式填缝料和常温施工式填缝料。

1)加热施工式填缝料

由于加热施工式填缝料需要加热，现场不好控制，并且易老化，效果不太理想，因此需慎用。图 4-50 为接缝保养、填缝料灌注。水泥混凝土路面常用的加热式填缝料主要有以下几种。

图 4-50　接缝保养、填缝料灌注

(1)聚氯乙烯胶泥

聚氯乙烯胶泥是以煤焦油为基料，加入聚氯乙烯树脂、增塑剂(邻苯二甲酸二丁酯、乙二酸等)、填充料(滑石粉或粉煤灰等)和稳定剂(二盐基亚硫酸等)等配制而成。聚氯乙烯胶泥系由工厂配制好的单组分材料，外观呈黑色固溶体状，施工时须加热至灌入温度(130 ~ 140℃)。为防止焦化变质，应采用间接加热法。即预热工作应在双层锅中进行，两层锅之间用石蜡或高温机油等作传导温度介质，达到灌入温度后滤出杂物。修补时采用填缝机进行灌缝，冷却后即可成型。

(2)橡胶沥青

橡胶沥青填缝料系石油沥青掺加废橡胶粉等配制而成。施工前将废橡胶粉预先溶于有机溶剂中或先与少量沥青溶解，然后加入热沥青与之搅拌。配制工艺繁杂且不易搅拌溶解均匀。

丁苯橡胶沥青系由工厂采用预混式方法生产的单组分材料，外观呈黑色固体状。施工时加热温度应控制在 170 ~ 180℃。加热温度偏低时，丁苯橡胶沥青黏度较大，造成施工困难，而加热温度过高，黏度虽下降，但易引起沥青老化。

（3）ZJ 型填缝料

ZJ 型填缝料以煤焦油为基料，与橡胶组成橡胶沥青，最后加入聚氯乙烯树脂、增塑剂、稳定剂、表面活性剂、沉降抑制剂、硫黄及填充料等混配而成。ZJ 型填缝料系单组分材料，外观呈黑色糊状，相对密度 1.3～1.35 g/cm³，成品可储存较长时间。施工时将其加热至 130℃，并保持 15 min 并不断搅拌。此时流动性较好，借助漏斗类工具即可填料，冷却后便可成型。加热温度不得超过 160℃，否则材料呈蜂窝状（树脂碳化）而失效。

2）常温施工式填缝料

（1）聚氨酯焦油类

此类填缝料为双组分材料。甲组分是以多异氰酸酯和多羟基化合物反应制得的聚氨基甲酸酯，乙组分主要由煤焦油及填充料等组成。两个组分均为具有较好流动状态的黏稠液体，易于搅拌均匀混合，固化后形成橡胶状弹性体，具有耐磨、耐油、耐腐蚀及耐热等优点。聚氨酯焦油类主要建筑密封膏、聚氨酯焦油填料、聚氨酯焦油发泡填料等。

（2）聚氨酯类

该类材料主要由甲组分（多异氰酸酯）、乙组分（多羟基化合物）组成，不含煤焦油成分。聚氨酯类主要有 LPC-89 接缝密封胶、聚氨酯整皮微孔泡沫填料、聚氨酯密封胶等。

（3）M950 灌缝胶

M950 灌缝胶具有优良的延伸性、弹性及低温柔性，冷施工、自流平、耐老化，与混凝土黏结力好。该产品为双组分材料。甲组分为琥珀色黏稠液体，乙组分为黑色黏稠液体。

（4）硅酮嵌缝胶

硅酮嵌缝胶具有寿命长、防水效果好、耐紫外线、耐-40℃～+150℃高低温、养护和维修简单等优点，且具有足够的柔性适应混凝土接缝伸缩，仅产生低应力，有较好的延展性。

3.接缝破坏维修措施

水泥混凝土路面的接缝，包括纵向施工缝、纵向缩缝、横向施工缝、横向缩缝、横向胀缝等。接缝是水泥混凝土路面的薄弱环节，易引起破坏。水、砂子等物也最容易从接缝进入，导致面板唧泥、脱空、断板、沉陷等病害产生。因此必须对接缝加强养护维修，以减少路面病害的产生。

1）接缝填缝料损坏维修

①用小扁凿或清缝机具清除旧填缝料和杂物，并将缝内灰尘吹净。

②接缝作胀缝修理时，先用热沥青涂刷缝壁，再将接缝板压入缝内。对接缝板接头及接缝与传力杆之间的间隙，必须用沥青或其他填缝料填实抹平，上部用嵌缝条及时嵌入。

③用加热式填缝料修补时，必须将填缝料加热至灌入温度，滤去杂物，倒入灌缝机内即可填灌。在填缝的同时，宜用铁钩来回钩动，以增加与缝壁的黏结使填缝饱满。在气温较低季节施工时，应先用喷灯将接缝预热。

④用常温式填缝料修补时，除无须加热外，其施工方法与加热式填缝料相同。

⑤填缝料的技术要求与施工质量验收标准，应符合现行相关规范要求。

2）纵向接缝张开维修

①当相邻车道面板横向位移、纵向接缝张开宽度在 10 mm 以下时，宜采取聚氯乙烯胶泥、焦油类填缝料和橡胶沥青等加热施工填缝料。当相邻车道面板横向位移，纵向接缝张口

宽度在 10 ~ 15 mm 时，宜采取聚氨酯类常温施工式填缝料进行维修。维修前应清除缝内杂物和灰尘；然后按材料配比配制填缝料，再用挤压枪注入填缝料；填缝料固化后，方可开放交通。

②当纵向接缝张口宽度在 15 ~ 30 mm 时，采用沥青砂填缝。

③当纵缝宽度达 30 mm 以上时，可在纵缝两侧横向锯槽并凿开，槽间距 600 mm，宽 50 mm，深 70 mm。沿纵缝两侧 100 mm，钻直径为 14 mm 的钳钉孔。设置 ϕ12 mm 螺纹钢筋钳钉，钳钉在老混凝土路面内的弯钩长度为 70 mm，纵缝内部的凿开部位用同强度等级水泥混凝土填补，纵缝一侧涂刷沥青。

3）接缝板边出现碎裂时的维修

①在破碎部位边缘，用切割机切割成规则图形，其周围切割面应垂直板面，底面宜为平面。

②清除混凝土碎块，吹净灰尘杂物，并保持干燥状态。

③用高模量补强材料进行填充，其材料技术性能应符合《公路水泥混凝土路面养护技术规范》(JTJ 073.1—2001)的规定。

④修补混凝土达到通车强度后，方可开放交通。

图 4-51 为路面板接缝处浅层剥落或破损的修复示意图。

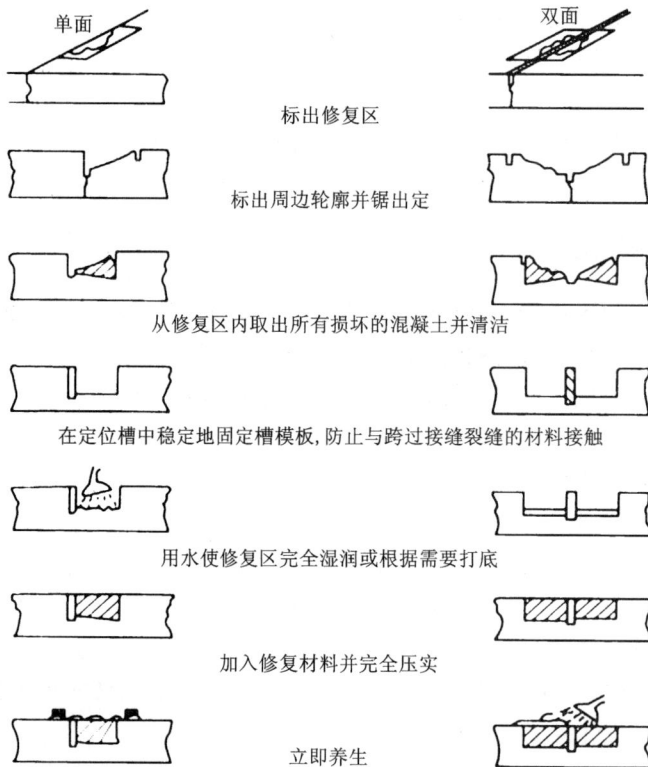

图 4-51　路面板接缝处浅层剥落或破损的修复示意图

4.3.10　水泥混凝土路面板破碎板快速更换

水泥混凝土路面由于施工、养护和自然因素等原因使路面板产生严重沉陷或严重破碎等病害,而且集中于一块板内,通过整块路面板的翻修,恢复其使用功能。

1.旧水泥混凝土路面板处理

首先用风镐或液压镐凿除要翻修的旧路面板,尽可能保留原有拉杆;若有损坏应予恢复,并将破碎的混凝土块清运至合适地方。

处治基层时,视基层损坏程度采取不同的处置方法。

①基层损坏厚度小于 80 mm,整平基层压实后,可直接浇筑与原路面强度相同的水泥混凝土。

②基层损坏厚度大于 80 mm,且坑洼不平,应首先整平、压实基层后,采用 C15 混凝土进行补强。混凝土集料公称最大粒径不大于31.5 mm,水泥用量不得少于170 kg/m³,28 d 弯拉强度标准值宜控制在 1.0 ~ 1.8 MPa 范围内。其补强层顶面高程应与旧路面基层顶面高程相同。

2.设置排水系统

翻修的路面板处在路面排水不良地带,路面板的边缘及路肩应设置路基纵、横向排水系统。

①单一边板翻修时,应在路面板接缝处设置横向盲沟。

②较多板块翻修时,宜设纵、横向盲沟,并应在纵坡底部设置横向盲沟。

3.钢筋安放

1)边缘钢筋

设置在离板边缘不小于 50 mm 处,一般用 1 根或 2 根直径 10 ~ 16 mm 的钢筋,用预制混凝土垫块垫托。垫块厚度一般以 40 mm 为宜,垫块间距不大于 800 mm。两根钢筋间距不应小于 100 mm。纵向边缘钢筋一般放在同一块板内,即不得超过缩缝,以免妨碍板的翘曲,有时也可穿过缩缝,但不得穿过胀缝。为加强锚固能力,钢筋两端应向上弯起,如图 4-52(a)所示。在浇筑混凝土过程中,钢筋中间应保持平直,不得变形挠曲,防止位移。在混凝土路面的起终点处,为加强路面板的横向边缘,通常设置了横向边缘钢筋。配制钢筋长度不够时可用电焊焊接,如果采用铁丝绑扎要有 30d 的搭接长度(d 为钢筋的直径),点焊焊接也要保持 10d 的焊接长度。

2)角隅钢筋

设置在胀缝两旁路面板的角隅处,一般可用 M 2 ~ 14 mm 的钢筋弯成如图 4-52(b)所示的形状。角隅钢筋应在混凝土浇筑振实至与设计厚度差 50 mm 左右时安放。距胀缝和板边缘各为 100 mm,平铺就位后,继续浇筑混凝土。

由于在交叉口处板角常形成锐角,则应在板的锐角处设置角隅钢筋,以避免板角断裂。路面板的接缝、传力杆、纵横向边缘钢筋和角隅钢筋布置见图 4-53。

3)板底钢筋网设置

路面板翻修时,可以采用与原路面相同的混凝土材料。如果混凝土承载力不够,就需在混凝土底部或者上部与底部同时设置钢筋网。路面板设置钢筋网,不仅可以提高承载力,而且可以防止基层网裂对路面板的反射影响。钢筋网的配置量应根据路基与基层状况以及车辆荷载状况确定。钢筋网的纵、横筋之间可采用点焊方式连接。钢筋网应设置在板表面之下或板底面之上 5~60 mm 处。

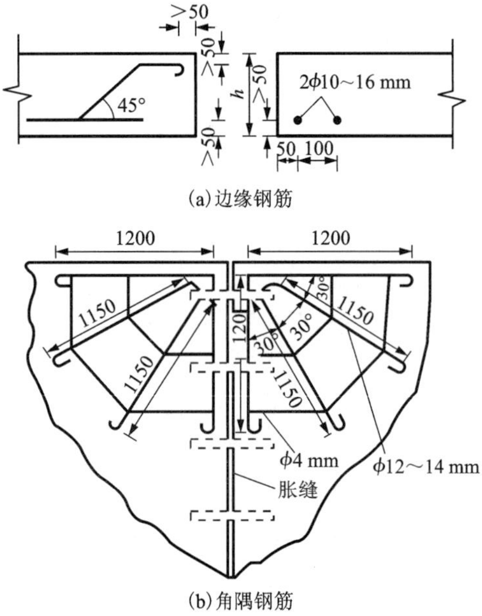

(a)边缘钢筋

(b)角隅钢筋

图 4-52　钢筋安放

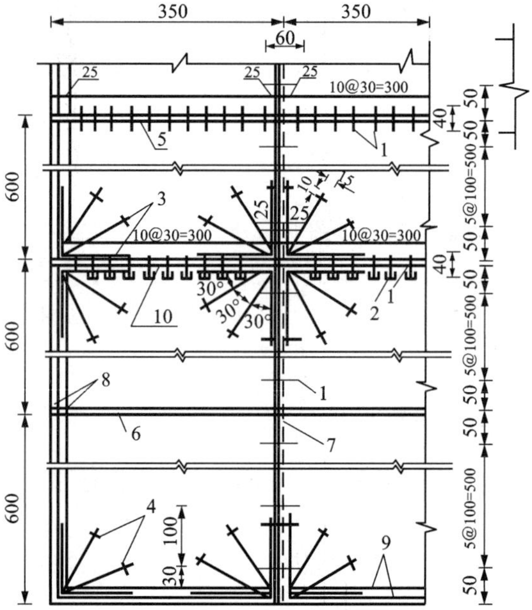

图 4-53　板的接缝、传力杆和钢筋布置图

1—传力杆；2—金属套筒；3—角隅钢筋；4—钢筋支架；5—工作缝；
6—假缝式缩缝；7—企口式纵缝；8—纵向边缘钢筋，两端向上弯起；
9—横向边缘钢筋两端向上弯起；10—胀缝

4)胶材选择

水泥宜选用早强快硬性的水泥，也可通过掺入早强剂提高修补用混凝土早期强度。

5)混凝土浇筑施工及养护

具体做法：将断裂或破碎部分凿除，并在凹槽边缘板厚中央钻孔，孔深 100 mm，直径 30~40 mm，水平间距 300~400 mm，每个洞应先将其周围湿润，插入一根直径为 18~20 mm、长约 200 mm 的钢筋，然后用快凝砂浆或细石混凝土填塞捣实，待其硬结后槽中浇筑与原来相同的混凝土夯捣密实，如图 4-54 所示。

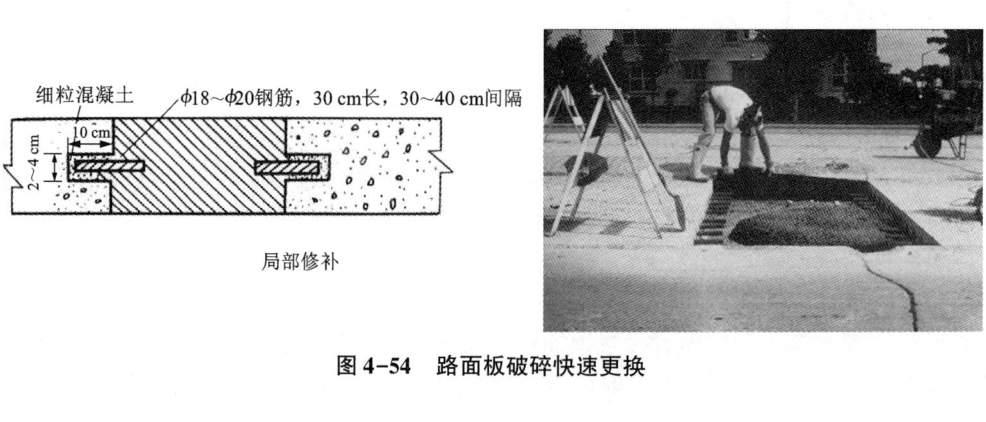

局部修补

图 4-54　路面板破碎快速更换

　　换板具体步骤为：①切割机将要换的板与周边板块切割开，以保护邻板不受破坏；②液压开凿机破碎要换的板块；③清除破碎水泥板块等废旧料；④平板振动夯压实基层；⑤平板振动夯压实水泥稳定碎石层；⑥汽车运输水泥混凝土倒入洞内；⑦混凝土振捣；⑧整平抹光；⑨新水泥混凝土板成型；⑩养护（养生）。典型水泥混凝土路面板更换如图 4-55 所示。其他的换板方法，如工厂预制，现场更换等方法，如图 4-56 所示。

(a)切割　　　　　　　　　　(b)破碎　　　　　　　　　　(c)清理

(d)压实基层　　　　(e)夯实水泥稳定碎石层　　　(f)夯实后的水泥稳定碎石层

(g)水泥混凝土倒入洞内　　　　(h)振捣　　　　　　(i)平板振捣、整平

(j)抹光　　　　　　　　　　(k)成型　　　　　　　　　　(l)养护

图 4-55　典型水泥路的换板施工步骤

图 4-56 其他的换板方法(工厂预制)

4.4 混凝土路面再生利用

随着我国公路建设里程逐年的增加,旧水泥混凝土路面须进行改造的也越来越多。随着交通量与轴载的逐步增大,路面破损越来越多,路况越来越差,亟须改建或改造;随着各地国民经济的发展,原有公路等级已不适应交通量的要求,需要提高公路等级,旧水泥混凝土路面需要调坡、改线、截弯取直,而且这种加铺工程随着水泥混凝土路面里程的增加,会越来越多,工程上对加铺的技术需求也越来越迫切。

因此,在已有道路养护、维修、翻新和改扩建过程中,大量废弃的旧混凝土路面板亟须得到有效合理的利用,从而实现固废资源的有效利用循环经济。

4.4.1 旧混凝土路面现场处治

1.碎石化技术

采用旧水泥混凝土路面破碎处治技术,该技术是将水泥混凝土路面的面板,通过专用设备一次性破碎为碎块柔性结构。因破碎后其颗粒粒径小,力学模式更趋向于级配碎石,称为碎石化。碾压后直接作为新路面结构基层或底基层,然后再加铺新的路面结构。

2.应用范围

碎石化技术是指针对旧水泥混凝土路面大面积破坏已丧失了整体承载能力,并且通过局部的挖除、压浆等处治方式已不能恢复其使用功能,或已不能达到结构强度要求的情况下,为了解决通常情况下的加铺方式存在反射裂缝等问题采用。

3.旧路面进行碎石化的优点

①碎石化能使原水泥混凝土板块在平面上强度分布均匀。
②碎石化后仍能保留原水泥混凝土路面的一定强度。
③碎石化可以消除原水泥混凝土路面与基层脱空的病害。
④碎石化后的粒径合理,不会产生应力集中现象。

4. 碎石化技术分类

根据破碎原理和施工机械的不同可分为：门板式打裂压稳破碎技术、冲击压稳破碎技术、多锤头破碎技术以及共振破碎技术。其中共振破碎技术的原理为：锤头与路面撞击产生共振使混凝土加速破碎。破碎机械将水压能量通过一根方形钢梁传递给锤头，在偏心轴力的驱动下产生 42～46 Hz 频率的振动谐波。其振动能量传递到水泥混凝土板，引起板的共振并迅速破碎开裂，常见破碎设备如图 4-57 所示，破碎后路面如图 4-58 所示。

（a）门板式打裂压稳破碎

（b）冲击压稳破碎

（c）多锤头破碎

（d）共振破碎

图 4-57　常见水泥混凝土路面板破碎设备

图 4-58　碎石化水泥混凝土路面板

4.4.2　旧混凝土路面再生利用

对水泥混凝土路面板的大面积破碎，可对旧混凝土进行再生利用。混凝土路面的再生利用主要用作水泥混凝土面层粗集料、基层集料和碎块底基层。

破碎后旧水泥混凝土路面板碎块的强度和性能满足相关性能标准时，可作为再生混凝土的集料使用。

旧水泥混凝土路面板再生利用时，应符合下列要求：

①在旧水泥混凝土路面板破碎前，标明涵洞、地下管道和排水管的位置。在有沥青罩面层处应先采用刨铣机清除沥青。在地下构造物、涵洞、地下管道位置，以及破碎板与保留板的第一块旧混凝土板，应用液压镐破碎。全幅路面板破碎可采用落锤石破碎机等大型设备进行施工。

②将旧水泥混凝土碎块装运到料场进行再加工。在旧混凝土板破碎、装运、运输的过程中，应将钢筋剔除。旧混凝土在料场加工成为不同粒径的再生粗集料和再生细集料。

③在使用再生粗细集料的时候，应结合再生粗细集料的物理力学性能，分别使用于基层、底基层和路面。进行再生混凝土配合比设计时，根据再生粗细集料的物理力学性能，可采用附加用水量的方法进行。

图 4-59 为旧混凝土路面板破碎，图 4-60 为破碎后的再生集料加工分类。

图 4-59　旧混凝土路面板破碎

图 4-60　再生集料加工分类

4.5　水泥混凝土路面改造

水泥混凝土路面通车 3 ~ 5 年，路面表面会出现磨光、起皮、剥落和露骨现象，尤其是在使用了耐磨性较差的粗集料、强度不高的水泥和混凝土情况下，路面表面磨损较为突出，影响路面的使用功能。为此，通常用刻槽、铺水泥砂浆薄层、沥青磨耗层的方法来改善和恢复水泥混凝土路面表面功能。

4.5.1　路面表面功能修复

混凝土路面整条路段出现较大面积的磨损、露骨，可采取铺设厚度为 10 ~ 15 mm 的沥青砂或稀浆封层，即沥磨耗层。局部路段出现路面磨光时，可采取机械刻槽的方法，以恢复混凝土路面的表面平整度和摩擦系数。图 4-61 为路面表面功能修复图。

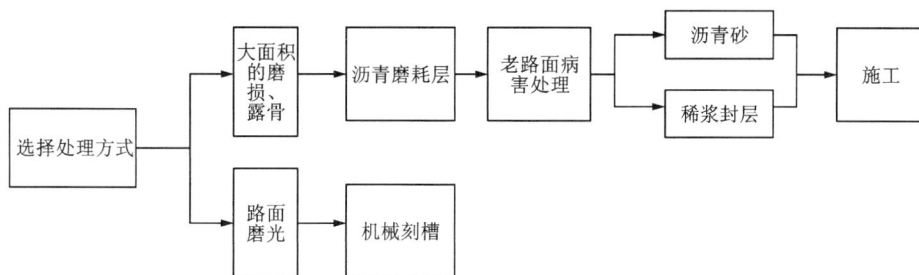

图 4-61　路面表面功能修复图

4.5.2　混凝土加铺层

对于混凝土路面病害还可以采用水泥混凝土加铺层的方法，如素混凝土、钢筋混凝土、钢纤维混凝土等。其施工方法可分为分离式、结合式和部分结合式。

1. 分离式加铺层

分离式加铺层通常铺设在破损严重的路面上。

对旧路面进行充分破裂或压裂，碾压稳定无脱空，必要时可采用乳化沥青或水泥浆灌压，同时应做好涵洞、管道、排水设施的保护。在加铺前，应清除原路面表面杂质。在新旧路面之间可加铺一层 50 mm 厚的过渡层，如沥青混凝土或沥青砂；也可采用较厚的水泥稳定层，以防止反射裂缝；也可作为整平层，使加铺层路面厚度均匀。分离式加铺层厚度应通过计算确定。

2. 结合式加铺层

结合式加铺又称直接式加铺，适用于路面状况较好的情况。或对路面损坏已做过修补且板块稳定的情况。为了得到完全结合的加铺，在加铺之前应对原路面的表面认真凿毛处理，路面上杂质应予以清除。施工前在混凝土摊铺机前方洁净的表面铺设薄层水泥浆，也可用低黏度液态环氧树脂作为黏结剂。结合式加铺最小厚度为 100 mm。

3. 部分结合式加铺

新铺混凝土可直接铺设在较为完整和洁净的旧路面上。除非已经采取了防止黏结的措施，否则可假设其有一定程度的黏结力。部分结合式加铺层最小厚度为 140 mm，其纵横缝的位置和类型应和原路面相同。

4.5.3　沥青路面加铺层

沥青路面加铺层要求旧混凝土路面稳定、清洁，并维修好面板损坏部分；反射裂缝的防治可采用土工格栅、油毡、土工布、切缝填封橡胶沥青或铺筑二灰碎石、水泥稳定粒料层。

沥青路面面层结构厚度应满足沥青路面最小结构厚度的要求。

沥青路面厚度一般不小于 70 mm。沥青路面施工，应符合《公路沥青路面施工技术规范》（JTG F40—2017）的有关规定。比如目前常见的"白"改"黑"工程。

1."白改黑"常见问题

1）反射裂缝

反射裂缝是"白改黑"需要面对和解决的问题。水泥混凝土路面板的切缝，以及断板、断角导致的板缝（如处理不好）均容易导致应力集中使铺装层产生开裂。

2）层间黏结

水泥混凝土与沥青混凝土层间黏结不良，导致沥青层出现推移、拥包等病害，尤其对于薄层铺装，弯道、陡坡路段，层间黏结更为重要。

2.处理方法

1）常用反射裂缝防治技术

在"白改黑"之前，应首先对旧混凝土路面的病害进行处理，然后对放射裂缝进行防治处理。

（1）旧水泥混凝土路面病害处理

在加铺沥青层之前，首先必须对旧的水泥混凝土路面病害进行调查处理。根据水泥混凝土路面调查结果，确定水泥混凝土路面的维修方法。

①对破碎的混凝土板块进行翻修。

②对局部损坏的混凝土板块进行挖补。

③对板下脱空的板块，采取板下封堵的方法进行压浆。

④对水泥混凝土路面接缝进行清缝灌缝。

⑤用压缩空气清洗混凝土面板，必须清除水及杂物。

⑥在错台位置，对下沉混凝土板块按 0.6 kg/m² 喷洒黏层沥青，摊铺细粒式沥青混凝土调平层。

旧水泥混凝土路面加铺沥青路面结构的关键是减少或延缓反射裂缝的发生，处治反射裂缝通常采取土工布、土工格栅、防水卷材、切缝填封橡胶沥青、铺筑柔性基层、半刚性基层等方法。图 4-62 为土工布、土工格栅及防水卷材铺设层位。图 4-63 为采用防水卷材防治反射裂缝。

图 4-62　土工布、土工格栅及防水卷材铺设层位

图 4-63　采用防水卷材防治反射裂缝

4.6　思考与练习

1. 水泥混凝土路面养护的内容和要求分别是什么？
2. 水泥混凝土路面病害主要有哪些？产生的原因分别是什么？
3. 错台处置有什么方法？沥青砂处置的要求是什么？
4. 为什么说接缝是混凝土路面养护的重点？
5. 水泥混凝土路面板破碎后，快速更换的步骤是什么？
6. 如何进行水泥混凝土路面再生利用？
7. 旧水泥混凝土路面现场处置技术有哪些？

第 5 章　道路管理技术

5.1　路面管理系统概念

路面管理系统(pavement management system，PMS)，也称路面养护管理系统，指采用现代技术手段，根据路面现状和未来的使用需求，以一系列评价与分析模型为基础的投资决策过程，包括数据采集、数据管理、统计评价、对策设定、优化决策和报表输出等。系统的核心在于如何在有限的资源(资金、劳动力、材料和能源等)下以最低的消耗，在预定的使用期内提供并维持路面具有足够的服务水平。

为了适应不同管理层次的需要，路面管理系统又分为网级路面管理系统和项目级路面管理系统，二者既有区别又有联系。区别在于，网级路面管理系统主要完成路网的路况分析、路网规划、计划安排、预算编制和资源分配等任务，侧重于财政规划；项目级路面管理系统重点在于提供满足对策目标、费用目标和使用性能目标的养护方案，侧重于技术方案的比选与优化。联系在于，项目级路面管理系统所确定的最优养护对策是网级路面管理系统进行决策分析的前提条件。

5.1.1　网级路面管理系统

网级路面管理系统的范围，包括一个地区(省或市)的公路网或者一大批工程项目。其主要任务是为管理部门在进行关键性的行政决策时提供对策。其主要内容包括路况分析、路网规划、计划安排、预算编制以及资源分配。

1.基本输入要素

网级路面管理系统在管理方面和工程方面均须输入一定的基本要素，才能具有以上各项功能。

管理方面输入的要素包括如下几个方面：

①使用性能标准和目标。它是路网内各项目规定使用性能(行驶质量、损坏程度、结构强度和抗滑能力)的最低要求，预定路面使用性能应达到的总体水平，等等。

②政策约束条件。它是项目优先排序的特定原则，事先规定地区投资分配比例或养护、改建和新建项目投资分配比例，等等。

③预算约束条件。它是各年度可用于路面工程的资金等。

工程方面输入的要素包括如下几个方面：

①路面现有状况。通过路况监测系统定期采集到的路面使用性能数据(平整度、路况、弯沉、抗滑指数等)以及依据这些数据所做出的路况现有水平评价。

②养护和改建对策。按当地的经验、条件和政策等,对不同类型和不同路况的路面制订出若干典型的养护和改建对策,以供参考。

③路面使用性能预估模型。建立各类路面(包括采取各种养护和改建措施后)的使用性能随时间或交通荷载作用费用变化的关系,据此分析比较各种对策方案的效果,以期得到最佳对策。

④费用模型。费用通常包括建设费用、养护费用和用户费用。建设费用是指新建或改建时的一次性投资费用。养护费用指路面在使用期间的日常维护费用。用户费用则是使用道路者所担负的运行费用、行程时间费用和延误费用等,用户费用反映了公路部门提供的投资和服务水平所产生的直接社会效益。

2.分析结果输出

建立管理系统的主要目的之一是提供最佳的路网养护和改建对策。这些对策能使整个路网在预算受约束的条件下维持最高的路况(服务)水平,或者使整个路网在满足最低使用性能标准的条件下所需的投资最少。为了实现这一目标,可以采用不同的优先规划或优化方法,包括从最简单的排序方法到利用数学规划模型考虑时序影响的全面优化方法。

优化分析的结果可为路网提供养护和改建项目的优先排序表,据此可以编制年度计划、中长期规划和财务计划,即年度改建、养护或改建和养护综合计划,中长期改建、养护或改建和养护综合规划,财务计划或规划。

3.数据库

路面管理系统必须建立在大量信息的基础上,以数据作为支撑,这样才能使系统提出的对策具有客观性和针对性。因此,路面管理系统须包含一个数据管理系统,它由监测(数据采集)系统和数据库两部分组成。监测系统的主要工作是定期采集路面使用性能参数和交通参数,数据库则为数据的检索和储存提供方便。它通常包含下述 4 类信息:

①设计和施工数据。道路等级、几何参数、路面结构和厚度、所用材料及其性质试验结果、路基土的性质及试验结果等。

②养护和改建数据。曾采取过的养护和改建措施的类型、日期和费用等。

③路面使用性能数据。主要包括行驶质量、路面损坏状况、结构强度和抗滑能力参数等的定期测定结果。

④其他数据。环境(降水、温度等)、交通(日交通量,标准轴载作用次数)和单价等。

5.1.2　项目级路面管理系统

项目级路面管理系统仅针对一个具体的工程项目,其主要任务是为管理部门对该工程进行技术决策时提供对策,以选择费用-效果的最佳方案。

1.项目级系统和网级系统之间的关系

由网级路面管理系统的输出得到的某一计划项目的目标,包括措施目标(采取哪一类养护、改建或新建措施)、费用目标(可得到的最高投资额)和使用性能目标(在预定期限内应具有的使用性能指标)三个方面。这三个方面的目标便是项目级方案的约束条件。

项目级路面管理系统根据网级系统所给定的约束条件,将该计划项目有关的设计、施工、养护和改建活动组织协调在一起进行分析和考虑。通常新建或改建路面的设计都是按预定的服务年限(设计年限)提出结构方案,并不分析其寿命周期内的经济性,也不考虑初期修建同养护和改建的相互影响。项目级路面管理系统可以考虑设计、施工、养护和改建各个方案的费用和效益并进行比较,以最低的总费用提供要求的服务水平或效益的最佳方案。

项目级路面管理系统的工作程序包括:利用所采集的路面使用性能参数及交通、材料和环境等数据,按预定的分析期初拟路面养护方案,应用路面结构分析模型进行结构损坏的计算分析和路面使用性能预估分析,证明其在寿命周期(分析期)内可行,即可进行寿命周期费用分析,并对各方案的分析结果进行经济评价,按达到预定的可靠度水平时费用最小的目标进行优化,并按预算约束条件选择最佳方案。

2. 基本输入要素

项目级路面管理系统的基本输入要素主要指从网级系统输出的约束条件和路面状况数据,从而得到某一计划项目的目标(措施、费用及使用性能),即项目级方案的约束条件。通过对路面状况数据的采集和分析,可以建立路面结构分析模型、使用性能预估模型和经济分析及评价模型。

由上述分析可知,无论是网级还是项目级路面管理系统,均包含以下基本的输入要素。

1)道路使用性能状况日常检查和数据库管理系统

采集、储存、处理、检索路面管理系统所需的各种数据,包括各项结构设计数据、施工数据、养护改建历史数据、使用性能状况数据、费用数据、交通环境数据等。数据的准确程度直接影响路面管理系统的运行质量,因此该系统是路面管理系统的核心。

2)使用性能评价模型

依据采集到的数据,选择能反映道路设计结构特点、功能特点、服务特点、管理特点的指标,按照一定的标准进行评定,是道路设施养护对策分析、需求分析以及项目优化排序的重要依据。

3)养护对策模型

依据技术状况,综合考虑技术、材料和环境、经济等因素,选择技术先进、经济合理的对策方案。

4)工程设施使用性能预估模型

从资源合理分配的角度出发,结合上述模型考虑各项道路工程设施在寿命周期内的费用与效益情况,利用多目标决策和数学规划原理,将有限的道路养护维修资金进行合理分配,尽可能地提供具有最好服务水平的道路设施。它是进行项目规划和排序的重要依据之一。

5.1.3　我国路面管理系统的发展

路面管理系统的概念起源于20世纪70年代加拿大的路面养护管理工作。20世纪70年代以来,美国、西欧、日本以及一些发展中国家和地区也根据各自的实际情况相继开发和实施了路面管理系统。

我国对路面管理系统的研究始于 20 世纪 80 年代中期，主要是在引进国外技术的基础上加以研究分析，使之符合我国的实际情况，并应用于我国的道路系统。1986 年首先在辽宁营口地区移植了英国的 BSM 沥青路面养护管理系统，随后又引进了芬兰的 FPMS 路面管理系统及世界银行的 HDM-Ⅲ 公路投资效益分析模型。之后，北京、广东、河北、山东、河南和江西等省市的公路部门相继建立了省市级或地区级的沥青路面管理系统。在"七五"期间，许多科研院所和公路管理部门联合(或单独)开发了一系列的路面管理系统。交通运输部公路科学研究院提出了我国公路路面管理系统的基本框架，确定了路面管理系统大致包括数据库管理、路面性能评价、路面性能预测和路面养护决策四部分，并在参考国外模型方法的基础上，建立了符合我国实际的一些模型。同济大学在其研究的水泥混凝土路面管理系统中提出了水泥路面使用性能的评价体系、养护对策模型和相应费用模型等，并采用马尔可夫法预测了路面使用性能。

"七五"期间，原交通部在引进消化的基础上，通过对国家重点攻关项目"干线公路路面评价养护系统成套技术"的研究，建立了我国的干线公路(沥青)路面评价养护系统，即路面管理系统 CPMS(China pavement management system)。此后，CPMS 被列为"八五"国家新技术重点推广项目，并在全国省(市)级全面推广 PMS。另外，北京、天津、上海等地也相继进行了地区级路面管理系统的研制并投入试运行，均取得了较大成果。如同济大学与原北京市公路局共同完成的"路面养护决策支持系统"等，都是我国对路面维护管理系统的实际应用或深入研究的成果。

近几年，由于地理信息系统(geographic informnation system，简称 GIS)的广泛引用，研究者逐渐发现 GIS 应用到 PMS 中的潜力与广阔前景。广东省高速公路数据库管理系统开发时加入了 GIS 子模块，实现了简单数据的图形及文字之间的相互查询。但由于没有动态分段功能，故不能实现路段数据的动态显示功能。同济大学研发的基于 GIS 的城市道路管理系统，在实现基本的道路管理及分析功能的基础上，数据管理部分通过 GIS 功能实现了数据的可视化管理，使得系统软件交互性、直观可读性增强。总的来说，我国路面管理系统在近 20 年里取得了长足的进步，同时在 GIS 应用方面也做了有益的探索，其进一步应用还有待深入研究。此外，我国目前所拥有的路面管理系统大多应用程度不高，应用范围狭窄，许多时候只是数据的查询系统，路面管理系统的主要功能并没有得到发挥和利用。因此，在路面管理系统的建立和实施方面还需要进一步努力。

路面管理系统发展至今已有几十年的历史，虽取得了很大进展，但还是存在一些问题。综合来看，问题主要集中在以下几个方面：①数据的采集和处理；②相关模型的建立与分析；③评价指标及其标准化；④路面管理系统本身的优化；⑤专家系统。

由于我国公路有不同于发达国家的特点，与其他发展中国家也不尽相同，在路面管理系统的建立和实施过程中主要存在如下问题。

①各级管理部门和管理人员对路面管理系统的认识和接受，需要一个较长的熟悉和适应过程。

②理论的引入必须与我国实际相结合，这就使得某些模型或公式的引用必须转化成与我国道路特点相适应的新的模型或公式。有的问题已经得到了很好的解决，有些仍没有得到很好的解决。

③路况数据采集手段落后，数据采集的时间很短，数据的数量和精度难以满足建立可靠

而有效的路面管理系统的要求。

④在我国的路面管理系统中，大部分的研究局限在沥青路面这一类型上，包括交通运输部开发并在全国范围内推广的 CPMS Vn97。国内对水泥混凝土路面维护管理系统的专门理论研究还不多，涉及这方面的应用研究则更少。

目前，数据采集及处理是我国路面管理系统建立和实施面临的一个最大问题。没有可靠的基础数据作为依据，再好的模型、再好的分析方法也是无用的。相对于国外，我国一直没有重视这个问题，导致在建立路面管理系统时，数据库的建立存在很大困难。此外，我国数据采集的手段及方法也存在很大的问题。人工采集数据不仅效率低，而且存在很大的主观性，数据离散性大。因此，开发快速、先进的路面数据采集设备极其重要。它能使路面数据的采集快速、准确，保证路面管理系统数据库的科学性。

路面管理系统中涉及很多预测模型，这些模型的建立主要采用的是力学法、经验力学法和经验(回归)法。对于模型中许多参数的取值是否合理，以及模型本身的改进及优化等仍是需要研究的问题。对于评价指标的问题，需要结合各地区的实际情况加以确定，不能搞一刀切，毕竟各个地区路面所处的环境条件、交通量、路面结构和类型不一样，破坏的主要类型也不相同。对于同一个地区，一旦路面的评价指标确定了，就应该对各个指标进行标准化处理，否则就无法对采集的数据进行分析和处理。

对于路面管理系统本身而言，也有许多需要改进的地方。首先，目前各个地区已建立的路面管理系统彼此之间是孤立的，没有任何的联系。这不利于相互之间的交流，也会导致资源的浪费。因此，路面管理系统应该具有开放性，不同地区的路面管理系统彼此之间可以进行数据的传输和交换。其次，路面管理系统还应该扩大覆盖的范围，不仅限于路面的养护、管理和改建，对于桥梁、隧道等其他交通设施也可以考虑扩充到路面管理系统中，使路面管理系统的功能更加强大，服务面更广。最后，随着土木工程新技术的产生和发展，新的设计理论与方法及新的施工技术不断涌现，应该将这些新理念、新方法及时补充到专家系统中，不断充实和完善现有的专家系统。

总之，路面管理系统是为适应大规模、高效率和高质量的公路养护管理要求而发展起来的现代综合管理技术，它改变了传统落后的公路管理模式，使公路管理决策更加客观化、信息化和科学化。各国路面管理系统应用的实践表明，建立和实施路面管理系统是未来发展的必然趋势。尽管目前路面管理系统在实际应用中还存在一些不足，但随着人们研究的不断深入，各种新技术、新方法的不断出现，路面管理系统必将进一步发展和完善。

5.2　路面技术状况数据调查方法

《公路技术状况评定标准》(JTG 5210—2018)规定，为保持与公路技术状况指数(MQI)英文名称的一致性，将《公路技术状况评定标准》(JTG H20—2007)中的路面使用性能指数(PQI)变更为路面技术状况指数(PQI)。

路面技术状况调查应包括路面损坏、路面平整度、路面车辙、路面跳车、路面磨耗、路面抗滑性能和路面结构强度等七项内容。调查应以 1000 m 路段长度为基本检测或(或调查)单元。在路面类型、交通量、路面宽度和管养单位等变化处，检测(或调查)单元长度可不受上述规定限制。调查时应按上行(桩号递增方向)和下行(桩号递减方向)两个方向分别实施，

二、三、四级公路可不分上、下行检测与调查。

路面技术状况检测与调查的频率应按表 5-1 规定执行。

表 5-1　路面技术状况检测与调查频率

检测与调查内容		沥青路面		水泥混凝土路面	
		高速、一级公路	二、三、四级公路	高速、一级公路	二、三、四级公路
MQI	路面损坏	1 年 1 次	1 年 1 次	1 年 1 次	1 年 1 次
	路面平整度	1 年 1 次	1 年 1 次	1 年 1 次	1 年 1 次
	路面车辙	1 年 1 次			
	路面跳车			1 年 1 次	
	路面磨耗	1 年 1 次		1 年 1 次	
	路面抗滑性能	2 年 1 次		2 年 1 次	
	路面结构强度	抽样检测	抽样检测		

注：1. 路面结构强度为抽样检测指标，抽样检测的路线或路段应按路面养护管理需要确定，最低抽样比例不得低于公路网列养里程的 20%。

2. 路面磨耗和路面抗滑性能为二选一指标。

按照《公路技术状况评定标准》(JTG 5210—2018) 的规定，路面技术状况宜采用自动化的快速检测方法。条件不具备时，可采用人工调查方式，人工调查宜采用便携设备。

5.2.1　路面损坏状况调查方法

新规范《公路技术状况评定标准》(JTG 5210—2018) 只给出了沥青路面和水泥路面的损坏类型。与原规范相比，新规范删除了砂石路面的损坏类型。

路面在使用过程不可避免地会出现各种损坏，路面损坏状况检测与评定是路面养护与管理中最重要、最根本的一项内容。但是，由于损坏的形式多样，产生原因又多种多样，定量描述路面损坏状况变得异常困难。因此，采用怎样的检测与评价方法以客观地、科学地定量描述路面的损坏状况，是路面养护管理工作中的一个难题。

路面损坏状况调查分为人工调查和自动化快速检测两大类型。

1) 人工调查法

人工调查法是指在封闭或不封闭交通的情况下，采用目测和简单工具丈量的方式，人工记录各种路面损坏的类型、严重程度和数量。在人力资源丰富的地区和低交通量及低等级公路上，人工调查方法具有相当的优势；但是在交通量大的高速公路和干线公路上，人工调查方法实施困难、检测速度慢，不适应大规模公路检测的要求。

由于路面损坏人工检测的主观性较大，所以质量控制是实施这种调查方法的关键因素。为了避免人工调查标准的不统一，在进行调查之前，必须对所有调查人员进行方法和标准的培训。通过"培训—实习—培训"的方式使调查人员掌握路面损坏分类标准和测量方法，通过现场实习加深认识，使调查人员取得统一的标准。

2）自动化快速检测法

从数据采集的效率和评价结果的准确性及重现性要求来看，路面损坏状况检测自动化一直是一个主要研究和发展方向。在路面损坏自动化检测领域，目前以基于摄影/摄像和模式识别技术的图像检测方法应用最为广泛。该方法通过自动化检测设备获取路面数字图像，通过计算机软件自动识别（或部分人工干预识别）实现不同路面损坏类型的识别和统计计算。路面损坏状况的自动化检测设备一般称为多功能路面快速检测设备，它可以同时采集多类公路路况信息，形成较为完整的数据库，大大节省了检测时间和检测费用。近年来，计算机、摄影/摄像、图像处理以及 GPS 全球定位系统等技术快速发展，为开发新型高效的多功能路面快速检测设备提供了条件。

根据图像采集和识别技术的发展，大致可以将路面损坏快速检测设备分为四代。

1）基于摄影技术的第一代路面损坏快速检测设备

法国开发的路面损坏快速检测设备（Gerpho）采用高速摄影技术，在实验室通过人工判读的方式进行路面损坏数据处理与分析。20 世纪 80 年代末期，出于干线公路路面管理系统（CPMS）数据采集工作的需要，原交通部公路科学研究院从法国引进了一套这样的系统。该系统的关键技术是同步摄影数据采集技术。系统采用 35 mm 电影胶片、同步高速摄影机和车辆定位系统，在车辆行驶的同时，摄影机不断采集路面损坏影像，每个影像代表一定的路面宽度和长度。路面损坏图像胶卷经过洗印，通过室内判读设备再现路面损坏状况，技术人员在实验室判读各种路面病害，并将判读结果用键盘输入到数据库。法国多功能路面快速检测设备的特点是，能够明显减少野外作业时间，减轻检测工作对交通流的影响；但是系统仅能在夜间工作，而且实验室后期处理的工作量大、耗时长。该系统曾被天津市公路管理局等部门用于公路网路面损坏快速检测，在公路管理和养护生产中发挥了积极的作用，取得了良好的效果。

2）基于模拟摄像（电视）技术的第二代多功能路面快速检测设备

英国运输研究所（TRL）通过路面损坏识别技术研究和技术集成，开发了 HARRIS（highway agency routine road investigation system）路况综合检测系统。该系统的主要功能包括路面损坏、道路平整度、路面车辙和前方图像的自动检测。其中路面损坏检测和识别系统采用了 3 套高性能 CCD 摄像机，检测结果存储在磁带上。数据处理采用灰度理论，通过对图像的筛选、模式识别和灰度处理，确定裂缝等路面损坏的类型、长度、宽度、面积和破损率。缺点是分辨率仅为 2~3 mm，识别率也较低，需要辅以人工判读。HARRIS 系统已经被英国公路署应用，用于英国干线公路网路面快速检测，检测结果通过标准格式的数据文件，可直接传入英国路面管理系统（UKPMS），据此实施英国干线公路网的路况评价养护需求分析、预算预测和养护资金优化分配。

3）基于数字摄像（照相）技术的第三代多功能路面快速检测设备

加拿大 RoadWare 公司研制开发的路况综合检测系统 ARAN（automatic road analyzer）是一种采用一体式、模块化、多测量平台的路况基础数据采集装备，可以同时采集路面损坏（裂缝）、道路平整度、路面车辙、路面纹理、道路几何形状、前方图像等多项数据。其中，路面损坏检测系统采用了 2 套高清晰度、计算机信号控制的 CCD 数字摄像机，检测速度达到 50 km/h。利用图像处理软件（WiseCrax）能够自动识别 3 mm 以上的路面裂缝，并能分辨出横裂、纵裂、龟裂和网裂损坏，裂缝识别率达到 85%。

4）基于线扫相机技术的第四代多功能路面快速检测设备

美国依靠众多高科技企业、研究院所和大学机构的技术优势，在路面损坏图像检测和图像处理方面做了大量的研究和开发工作。例如，美国 WayLink 设备采用线扫相机采集路面损坏图像，采集速度达到了 12 帧/s，前方图像检测采用了 1/3 3CCD 数字摄像机，检测速度为20～80 km/h。路面损坏图像处理软件能够识别 2 mm 以上的路面裂缝。随着人工智能技术的发展，开发先进的路面病害图像识别技术成为路面快速检测领域新的研究方向。3D 激光扫描技术的进步为路面损坏检测提供了新技术途径，路面损坏识别由二维图像转向三维图像重建。

目前，国内多家单位已经具有生产自动化检测设备。最有代表性的是交通运输部公路科学研究院下属企业北京中公高科养护科技股份有限公司研发并生产的基于线扫相机技术的CICS 多功能道路综合检测车。CICS 是依托西部交通建设科技项目"沥青路面快速检测与养护技术"及国家 863 项目"公路全断面路况快速检测技术"形成的重大科技成果。该成果在2011 年获国家科技进步二等奖，并被交通运输部列入《交通运输建设科技成果推广目录》。

CICS 多功能路况快速检测系统以车辆为载体，利用先进的数字图像采集技术、高精度激光距离测量技术、图像自动识别技术等，可在公路和城市道路上以正常车流速度同步快速检测路面损坏、道路平整度、路面车辙、构造深度、前方图像、地理位置、几何线形等路况指标，是我国首个具有完全自主知识产权，并具备国际先进技术水平的路况快速自动检测装备。CICS 具有检测精度高、可扩展性好、稳定性强等特点。

从 2010 开始，CICS 成为国检唯一选用的路况自动化检测设备（图 5-1）。至 2016 年底，CICS 已累计检测国省普通干线公路及高速公路 200 万 km，为我国公路养护科学规划、科学决策提供了有力支撑。

早在 2002 年由江苏省宁沪高速公路股份有限公司、南京理工大学和南京路达基础工程新技术研究所共同研制出了 N-1 型路面状况智能检测车。该系统对 3～5 mm 的裂缝的正确识别率达到 90% 以上，甚至可以检测出1 mm 的裂缝；检测路面平整精度达到0.1 mm，车辙检测精度达到 1 mm，是国内第一个多功能路面质量自动检测系统。

按照《公路技术状况评定标准》（JTG 5210—2018）的规定，路面损坏自动化检测应

图 5-1　CICS 多功能道路综合检测车

满足下列要求：①检测指标应为路面破损率（DR），每 10 m 应计算 1 个统计值。②检测路面损坏应纵向连续检测，横向检测宽度不应小于车道宽度的 70%。检测设备应能分辨约 1 mm 的路面裂缝，检测数据宜采用机器自动识别，识别准确率应达到 90% 以上，高速公路宜用95% 以上的识别准确率。

5.2.2　路面平整度调查方法

路面平整度描述的是道路路面纵向的高程变化情况，它从行车舒适性、安全性和车辆运营经济性等方面影响路面行驶质量和服务水平。实际上，路面平整度应包括纵断面和横断面

两个方面，但一般指纵向平整度。路面不平整引起的车辆振动，将加速车辆的磨损、增加燃油的消耗，并对行车舒适性、行驶速度、路面损坏情况、服务水平和交通安全性等多方面产生直接影响。因此，路面平整度是反映路面使用性能的一项重要指标，其特征与量测方法是道路工程中最受关注的问题之一。

1.路面平整度检测指标

《公路技术状况评定标准》（JTG 5210—2018）规定，道路平整度的检测指标是采用世界银行制定的国际平整度指数（IRI），通过国际平整度指数计算路面行驶质量指数（RQI）。国际平整度指数被定义为：模拟 1/4 车（单轮）在 80 km/h 速度下，车身悬挂系统总位移与行驶距离之比（m/km）。世界银行同时还发布了通过路面纵断面高程数据计算国际平整度指数的标准计算程序。

2.路面平整度检测方法

路面平整度的检测设备可分为断面类和反应类两种技术类型。其中，断面类测定方法分为静态纵断面测定和动态纵断面测定；反应类测定方法表征的是路面凹凸不平引起的车辆振动的颠簸情况，是驾驶员和乘客直接感受到的平整度指标，是一种间接式的测量方法。

3.断面类测定方法

《公路技术状况评定标准》（JTG 5210—2018）规定，路面平整度自动化检测应采用断面类检测设备，检测指标应为国际平整度指数（IRI），每 10 m 应计算 1 个统计值，超出设备有效速度或有效加速度范围的检测数据应为无效数据。《公路技术状况评定标准》（JTG 5210—2018）规定，各种道路平整度检测设备必须定期标定，每年至少标定一次，标定的相关系数应大于 0.95。

断面类平整度测定方法主要包括：水准测量、3 m 直尺测量、直梁基准测量仪、连续式平整度仪和激光平整度仪。国内最常用的测试方法是 3 m 直尺法和连续式平整度仪测定法。

1）水准仪

水准测量是使用水准仪和水准尺沿路基测量路表高程，由此得到精确的路表纵断面。水准测量结果稳定，不会因人、因时、因地而异；但是水准仪测量速度太慢，只适用于小范围检测或设备标定。

2）3 m 直尺

3 m 直尺的原理是定区间内路表最高点与最低点的高差，直接测量路面的凹凸量，可用于测量路面的纵向和横向不平整度。该方法主要用于施工质量控制与检查验收，测定时要计算出测定段的合格率。

3）直梁基准测量仪

英国运输研究所 TRL 研制的 3 m 直梁基准测量仪是一种半自动化梁式断面测量仪。测量时，将 3 m 长的铝制梁挂于两条支架上。直径为 250 mm 的跟随轮可以沿梁行走，装在支架内的仪器测出跟随轮相对于梁的竖向位移，分辨率为 1 mm，测量间距为 100 mm。在纵断面上每隔 3 m 进行一次测试，通过连续测量可以用于评价路段的平整度。该方法可以得到精确的断面数据，测量速度较水准测量仪快，同时节省劳动力。

4）连续式平整度仪

连续式平整度仪有八轮仪和十六轮仪两种，主要由平衡轮、平衡梁、基准梁、测量仪器和测量轮组成。该方法具有连续测量、自动运算、显示并打印路面平整度标准差的功能。连续式平整度八轮仪如图5-2所示。

图 5-2　连续式平整度八轮仪

5）激光平整度仪

激光平整度仪是一种非接触式的路面平整度评价方法。该设备一般由测试车、激光或超声波传感器、加速度计、距离传感器以及数据采集和处理系统组成。通过测量路面反射信号和加速度计采集的车辆运动状况信号得出路面纵断面各点的相对高程，并根据检测结果绘制图形，进行频谱分析。激光平整度仪可同时获得国际平整度指数、平整度标准差(σ)、观测打分值(RN)、路面行驶质量指数、路面构造深度(TD)等数据，可直接输入路面管理系统中。这种断面类非接触式平整度检测设备具有自动化程度高、测试速度快($80 \sim 120$ km/h)、采样密度大和数据精确的特点，是目前最为先进的道路平整度检测设备；配备足够数量的传感器后，还可以同时采集路面车辙、路面构造深度和道路几何线形等数据信息。交通部公路科学研究院生产的 MLS-13PTR 多功能激光路面测试仪如图5-3所示。

英国 Pavetest 生产的激光平整度仪（TP-LP）的纵断面剖面波长可检测范围为$0.1 \sim 200$ m，可检测国际平整度指数范围为$0 \sim 15$ m/km，测试速度可达 120 km/h。此外，激光平整度仪还可以和落锤式弯沉仪安装到同一台承载车上。

4. 反应类测定方法

反应类路面平整度检测设备通过安装在车体上的传感装置和显示器，测量车辆以一定速度驶经不平整路面时悬挂系统的动态反应（竖向位移、竖向加速度等），以此来间接度量路面的平

图 5-3　交通部公路科学研究院的
MLS-13PTR 多功能激光路面测试仪

整程度。设备输出的测定值通常是一个计数数值，每计一个数对应于一定的悬挂系统位移量。反应类指标表征的是路面凹凸不平引起车辆振动的颠簸情况，是驾驶员和乘客直接感受到的平整度指标，实际上是舒适性指标。

在反应类道路平整度检测设备中，国内应用较为广泛的是颠簸累积仪。20世纪80年代，我国推广路面管理系统(CPMS)时考虑到快速、方便及经济性能等因素，从英国引进了这种设备，并在国家"七五"重点科技攻关项目的基础上自行研制开发了车载式颠簸累积仪ZCD-95/2000。该设备由装载车、光电编码位移传感器、距离传感器和数据采集处理系统等部分组成，其工作原理是采集车辆按一定速度行驶时，车身与车后轴之间由于颠簸产生的单向位移累积数据。由于受到车辆动力系统、减振系统、轮胎气压和磨损以及车身配重等多方面因素的影响，车载式颠簸累积仪的使用和维护限制条件较为严格，而且在使用前必须与世界银行规定的一类设备进行IRI对比标定试验，建立相关关系后才能投入使用。

反应类路面平整度检测设备的主要优点是操作简便、测量速度快，可用于大规模路面平整度的快速检测。然而，由于这类检测方法是对路面平整度的间接度量，其检测结果同车辆的动态反应状况密切相关，即随车辆机械系统的振动特性和车辆行驶的速度而变化，因而存在3项主要缺点：①再现性差，同台设备安装在不同车辆或不同时间测定的结果不一致；②转换性差，不同部门的测定结果难以进行直接对比；③不能反映路面的真实纵断面。

5.2.3　路面车辙调查方法

车辙是在沥青路面表面沿车轮轮迹方向形成的纵向带状辙槽，一般在横断面上呈W形。车辙是沥青路面最为主要的病害之一，对行车安全性具有严重危害，主要表现在：①正常行驶的车辆车道基本固定，车轮一直在辙槽内行驶，驾驶员感受不到车辙的颠簸和危害，警惕性放松，即便在弯道上也不采取减速措施。②车辙的辙槽最高点与最低点的平均横坡度可达10%，内外边缘处的横坡度超过20%。车辆在超高的高速公路弯道上行驶时，若车轮恰好碾压在车辙的陡坡上，则会在车轮底部出现6%~16%的反向横坡，导致车辆向弯道外侧滑移，影响行车安全。③车辙内有积水时，车辆容易发生水滑现象。

此外，车辙的发生往往容易产生路面的结构性破坏。辙槽处的路面厚度减小，车辆荷载作用下容易产生疲劳破坏。辙槽处的积水长期浸泡沥青路面，降低混合料的性能，并且积水下渗到路面基层会引起不同程度的路面水损坏。

正是由于车辙对车辆行驶安全性和路面结构的严重危害，针对车辙的检测与评定显得非常重要。

1.路面车辙检测指标

现行《公路技术状况评定标准》(JTG 5210—2018)规定了高速公路和一级公路的路面车辙检测方法，将路面车辙深度(RD)作为独立的检测指标，据此计算路面车辙深度指数(RDI)。对于二、三、四级公路，由于路面车辙问题并不突出，故《公路技术状况评定标准》继续沿用传统做法，在调查路面损坏状况时量取车辙长度，通过影响宽度(0.4 m)换算成路面车辙的损坏面积。

2.路面车辙检测方法

根据检测方式的不同，可以划分为人工检测和自动化检测两种类型。

1）人工检测

（1）直尺测量

美国经常使用 1.2 m（4 ft）和 1.8 m（6 ft）两种直尺，英国 TRL 指定的标准尺长度是 2.0 m（6.6 ft），我国一般采用 3 m 直尺。直尺测量的操作方法是，把直尺横放在轮迹带的车辙位置处，用量尺或量规测量最大车辙深度。当车辙宽度较小时，直尺长度对测盘结果的影响较小；但是当车辙较宽时，一般长尺比短尺测出的车辙深度要大。

（2）水准测量

水准测量是应用水准仪和水准尺沿道路横断面按一定间隔测量路面表面的高程，由此获得精确的道路横断面信息，计算路面车辙深度或其他车辙指标。水准测量易于实施，而且结果稳定，不会因时因地有大的差异，适于作为标定方法使用。

（3）表面高程计

表面高程计上安装了倾角计，可以测量两个支撑脚之间的高程差；两个支撑脚之间的距离是 305 mm，推动其横穿过车道即可收集到横断面信息。该仪器在车道内需要闭合测量，其累积误差要求不超过 2.5 mm。表面高程计经常用于对其他车道检测设备进行标定。

（4）手推式断面仪

手推式断面仪与表面高程计原理相似，可用于检测纵横断面的变形状况。代表性设备有澳大利亚 ARRB 开发的 Walking Profiler 和美国 ICC 生产的 Sunpro 等。检测时操作者推动仪器沿横断面匀速行走，仪器能够按照一定的横向间隔（Walking Profiler 为 243 mm，Surpro 为 300 mm）测量路面点的高程变化情况。手推式断面仪经常被世界道路联盟 PIARC 和美国联邦公路局 FHWA 等机构作为标定设备使用。

（5）横向轮廓仪

横向轮廓仪的钢制横梁宽度为 3.6 m（12 ft），上面设有水准气泡和水平调节螺钉。该仪器通过一个直径为 7.6 cm 的测试轮检测路面高程变化，沿横断面推动把手可以自动绘制横断面图。

2）自动化检测技术

《公路技术状况评定标准》（JTG 5210—2018）规定，路面车辙自动化检测应满足下列要求：①应采用断面类检测设备；②检测指标应为路面车辙深度（RD），每 10 m 应计算 1 个统计值；③当横断面数据出现异常或横断面数据不完整时，该检测断面为无效数据。

（1）图像摄影检测

常见的图像摄影检测是指，在检测车后部支架上安装有垂直于路面的摄影装置，同时在后保险杠上安装脉冲探照灯，并与路面保持一定角度。探照灯工作时会在路面上制造出一条阴影线，摄影装置同步拍照；对照片进行数字化处理可以获得横断面信息。该系统只能在夜间工作。

（2）车辙快速检测

车辙快速检测装置是通过在车体上安装位移传感器来快速、连续地检测道路横断面的设备，它主要由检测横梁、传感器和计算机系统三部分组成。位移传感器的类型主要有三种，即激光传感器、超声波传感器和红外线传感器。绝大多数传感器都是利用光时差原理测量车体与路面之间的相对距离，当传感器数量足够多时，便可以检测出路面车辙形状。

相对于超声波传感器和红外线传感器而言，激光传感器具有很高的测量精度和速度，但价格比较昂贵，数量配置过多显然是不经济的。因此，可以考虑采用密布超声波或红外线传感器代替激光传感器，这些传感器的价格只有激光传感器的几十分之一。虽然单个传感器的测试精度会有所降低，但是用于绘制横断面形状和计算车辙深度则具有足够的精确性和经济性。例如新西兰的 ROMDAS TPL 配备了 30 个超声波传感器，等间距布置(间距 10 cm)，检测宽度为 2.9 m；加拿大的 ARAN Rutbar 采用 37 个超声波传感器，其中在主横梁上安装 19 个传感器，两侧伸缩式扩展翼上还可各安装 9 个传感器，传感器间距为 10 cm，全部测量宽度可以达到 3.6 m。

5.2.4　路面抗滑性能调查方法

1.路面抗滑性能检测指标

路面抗滑性能是指轮胎沿路面表面滑动时，所承受的摩擦阻力的大小。对行驶在路面的车辆而言，是指在一定条件下(速度、路面湿度等)车辆的紧急制动距离。通常抗滑性能被看作是路面的表面特性，并用轮胎与路面间的摩阻系数来表示，是路面安全性能中最重要的一个指标。

路面摩擦系数是表征路面抗滑性能的安全指标，即路面能否提供防止车辆轮胎滑动和减小制动距离的能力。《公路技术状况评定标准》(JTG 5210—2018)推荐采用横向力摩擦系数(SFC)作为路面抗滑性能的检测指标。

2.路面抗滑性能检测方法

经过多年的发展，目前世界各国已经形成了多种路面抗滑性能的测试方法。根据测试方式可以分为测定摩擦系数的直接法、测定路面微观构造与宏观构造深度的间接法，相应的测试指标也依此分为直接指标和间接指标两类。

1)直接法测试摩擦系数

直接法主要包括人工法和车辆法两种，人工法比较常见的是摆式摩擦系数仪，而车辆法采用较多的是动态摩擦系数测试仪。

(1)摆式摩擦系数仪

摆式摩擦系数测试仪是英国 TRL 研制的一种小型路面抗滑性能测试装备，在世界上已被广泛使用。其工作原理是根据能量守恒规律，将摆臂的势能损失转化为路面摩擦力所做的功，进而反算出摩擦系数，并通过摆式仪的摆值 BPN 读出。摆式仪价格低廉、便于携带、操作简便，但只能在单点采样条件下进行测定，所测摆值只相当于较低车速下的路面摩擦系数，且在宏观构造粗糙的路面上进行测试时易产生较大偏差，测试对交通造成的影响也较大，已明显不能适应高等级公路对于路面抗滑性能在检测精度和检测频率方面的需要。

(2)动态摩擦系数测试仪

动态摩擦系数测试仪由日本制造，与摆式仪相似，也是通过摩擦力做功使旋转动能损失来反算动态摩擦系数值。该仪器已被多个国家的研究者所关注，有逐渐被采用的趋势。动态摩擦系数测试仪的特点是便于携带，可测试单采样点处 0～80 km/h 范围内的摩擦系数值，但不适用于宏观构造较粗的路面。

上述两种设备简单便捷，均为单点固定操作，采样频率低，不适用于粗构造路面，因此在高速公路检测中应用较少。

（3）摩擦系数测试车

目前国际上通用的路面摩擦系数自动化测试系统主要有两类：一类是测定横向力摩擦系数，以英国的 SCRIM 为代表，广泛应用于欧洲国家；另一类是测定纵向摩擦系数，北美、欧洲和日本等国经常采用。上述设备有车载式和拖挂式两种，均须在湿态路面上进行测试。

①横向力摩擦系数测试系统。

横向力摩擦系数测试设备的工作原理是：设定测试轮与行车方向成一定偏角，当车辆前进时就会产生一个同测试轮平面垂直的横向摩阻力，横向力由压力传感器量测，其大小与路面和轮胎之间的摩擦系数成正比，该横向力与测试轮承受垂直荷载的比值即为横向力系数 SFC。为使测试状态与实际最不利状态相吻合，利用水箱喷头在测试轮前喷洒一定量的水，使路面保持一定厚度的水膜。在实际应用中，有的装备采用的是单轮偏角的形式（例如 SCRIM），还有一些装备采用的是双轮合角的形式（例如 Mu-Meter）。横向力系数 SFC 是路面纵横向摩擦系数的综合反映，能够很好地表征车辆制动时路面阻止其发生侧滑的抗力。英国、比利时和丹麦等国均规定将横向力系数 SFC 作为路面抗滑性能控制指标。

目前国内使用的横向力系数检测系统主要有英式装备和国产装备两种。横向力系数测试车由承载车辆、横向力测试装置供水装置和主控制系统组成，见图 5-4。主控制系统实施对测试装置和供水装置的操作控制，同时由微机控制数据的传输、转换、存储与计算过程。

交通部公路科学研究所开发的横向力系数检测车（RiCS）为高效自动化检测装备，能够对路面进行长距离连续测试，测速最高可达 80 km/h；系统对横向力系数数据进行高密度（5 m、10 m 和

图 5-4　横向力系数检测系统

20 m 间距）采集，检测结果可以直接导入路面管理系统 CPMS 数据库。上述特点使 RiCS 适应于干线公路，特别是高速公路不封闭交通快速检测的要求。作为路面行驶安全性评价的一种重要检测设备，其已被许多公路管理部门纳入检测标准体系。

②纵向摩擦系数测试系统。

纵向摩擦系数测试系统的工作方式是使测试轮与车辆的前进方向保持一致，测定完全制动或不完全制动（规定滑移率）的测试轮上产生的纵向摩阻力和测试轮承受的竖向荷载。二者的比值即为纵向制动力摩擦系数（BFC）或滑移指数（SN），反映出路面对车辆制动距离长短的影响。摩擦系数测试部件可以安装在车体上或者采用拖挂方式。这种测试方法的特点是，能在较宽速度范围内测试路段的平均摩擦系数，测试结果比较符合车辆实际制动时的情况，并且不影响其他车辆的正常行驶。此类代表性设备主要有瑞典的 SAAB ASFT、英国的 GriplTester 以及美国的 ITX Fiction Tester 等。

2）间接法测试构造深度

路面抗滑性能通常被视为路面的表面特性，包括微观构造和宏观构造两方面。微观构造即集料表面的粗糙度，它主要提供车辆低速行驶（30 ~ 50 km/h）时的抗滑性能；宏观构造即路面纹理深度，是路表外露骨料间形成的构造，主要功能是使车轮下的路表水迅速排除，避

免形成水膜，它在高速行车时起主要作用。在路面常规检测中，采用路面宏观的构造深度对路面的抗滑性能进行评价。

（1）铺砂法

在道路工程中，广泛采用操作简单的铺砂法来检测路面的构造深度，用以评定沥青路面的宏观纹理。该法是一种抽样检测方法，存在速度慢、效率低、获取数据难等缺点，尤其对路程较长的公路只能选择某些路段抽样调查，降低了其测试结果对整个路段路面构造评价的完整性。铺砂法有手工铺砂和电动铺砂（图5-5）两种，两者的本质是相同的，即获取单位面积路表构造内存留的标准砂的数量。手工铺砂法的检测原理是通过将已知体积的标准砂按照要求摊铺在所要测试路表的被测区域上，然后将标准砂的体积除以摊铺在测试路面上的面积，求得平均值深度作为路面构造深度。电动铺砂的原理是通过采用电动铺砂仪将50 mL的标准砂分别铺撒在玻璃板和待测路面上，对比两种铺砂的厚度从而得到被测路面的构造深度。

（2）激光测试法

应用激光技术测量路面纹理深度是近年发展起来的测试方法，常用设备为激光路面构造深度测试仪，有手推式和车载式两种，测试指标为路面纹理深度（SMTD）。其检测原理是采用微小光斑的激光测距仪沿行车方向密集采样，得到纵剖面曲线，然后按照构造深度计算模型，求取构造深度值。该方法具有测试速度快、效率高、无须阻断交通等优点。车载式激光构造深度仪测试系统由承载车辆距离传感器、激光传感器和主控制系统组成，主控制系统对测试装置的操作实施控制，完成数据采集、传输、存储与计算过程。最大测试速度大于50 km/h，采样间距小于10 mm，传感器测试精度为0.1 mm，距离标定误差小于0.1%，系统工作环境温度为0~60℃，激光构造深度测试仪如图5-6所示。

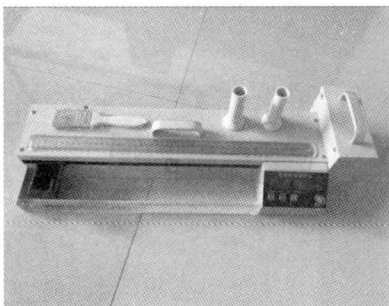

图5-5 电动铺砂仪

图5-6 激光构造深度测试仪

激光纹理（构造）深度测试法适用于测定新建与改建沥青路面干燥表面的构造深度，且在无严重破损病害、无积水、无积雪、无泥浆等正常条件下测定，通过连续采集路面构造深度，用以评价路面抗滑及排水能力，但不适用于带有沟槽构造的水泥路面，测试温度不低于0℃。

5.2.5 路面结构强度调查方法

1.路面结构强度检测指标

路面结构承载能力测试可采用破损检测和无损检测两类方法。破损类检测是从路面各结构层内钻取试件,在试验室内进行物理—力学性能试验,确定各项计算参数,从而分析路面结构的承载能力。无损检测,通过路表弯沉测试分析路面结构的承载能力不破坏路面结构。显然,无损检测方法比破损检测更为优越。

路面在车辆荷载作用下的竖向变形(弯沉值)可以反映路面结构的承载能力,是反映路面结构整体强度的一个综合指标。弯沉值一般定义为路面在车辆荷载作用下发生垂直下沉变形的位移量。根据检测时施加荷载方式的不同,路面弯沉又可分为静态弯沉和动态弯沉两种。利用贝克曼梁和自动弯沉仪等静态加载试验方法可得到静态弯沉;利用落锤式弯沉仪、稳态动力弯沉仪和激光弯沉仪等动态加载试验方法可得到动态弯沉。静态弯沉根据峰值数据采集方式的不同又分为回弹弯沉和总弯沉。

我国《公路沥青路面设计规范》(JTG D50—2017)规定,在进行完沥青路面结构组合设计验算后,须进行路基和路表验收弯沉值的计算。路面交(竣)工时应对路面弯沉值进行检测,检测时需要考虑对弯沉进行湿度和温度修正。《公路沥青路面设计规范》(JTG D50—2017)规定,采用落锤式弯沉仪中心点弯沉代表值进行交(竣)工时路面结构强度的评价。

《公路技术状况评定标准》(JTG 5210—2018)规定,路面结构强度为抽样检测指标,抽样检测的路线或路段应按路面养护管理需要确定,最低抽样比例不得低于公路网里程的20%。

2.路面弯沉检测方法

路面弯沉检测及分析技术是随着机械、电子计算机和激光技术的发展而不断进步的,其发展阶段大致表现为三种测试方式,即初级人工测试方式、机械自动化测试方式和高速激光测试方式。

1)贝克曼梁弯沉仪

贝克曼梁弯沉仪(图5-7)是利用标准车对路面加载,通过百分表观测路面回弹弯沉,属于静态检测、固定采样。其工作原理简单、操作方便,在世界各国得到了广泛的应用,并积累了较为丰富的使用经验。不足之处:①贝克曼梁弯沉值是相对于梁支点处的变形,对于半刚性基层路面,弯沉盆范围较大,支点变形导致测试结果失真。②沥青路面的弹性系数与温度和荷载作用时间有密切关系,而贝克曼梁很难测定荷载的作用时间,弯沉精度往往会受到影响。③测试车爬行速度下

图 5-7 贝克曼梁弯沉仪

的静态弯沉与行车荷载作用下的动态弯沉存在一定差异。④仅能测得单点最大弯沉值,难以准确获得反映路面结构强度和受力状况的弯沉盆形状和大小。

鉴于以上特点,贝克曼梁弯沉仪仅适用于低等级公路的养护管理,也可用于高等级公路的施工质量控制,但对于已经通车运营的高等级公路,贝克曼梁测试方法存在工作效率低和影响交通安全等诸多方面的问题,不适合使用。

2)自动弯沉仪

自动弯沉仪属于行驶采样、静态弯沉类检测设备,其基本工作原理与贝克曼梁弯沉仪相似,只是采用位移传感器代替了百分表进行自动测量,同时改变了前后测臂的长度比例。测

试过程为：自动弯沉仪测定车在检测路段以一定速度行驶，将安装在测试车前后轴之间底盘下面的弯沉测定梁放在车辆底盘的前端并支于地面保持不动，当后轴双轮轮隙通过测头时，弯沉通过位移传感器等装置被自动记录下来。这时，以两倍的测定行驶速度拖地测定梁到下一测试点，周而复始地向前连续测定。

自动弯沉仪的测试结果为静态总弯沉，与回弹弯沉有一定区别。按照我国相关规范的要求，应与贝克曼梁弯沉仪进行对比试验，将测试结果换算为标准回弹弯沉。

自动弯沉仪由测试车辆、测量机构和数据采集处理系统三部分组成。车辆在测试时以3~7 km/h的速度稳定行驶；控制系统根据事先在计算机中设定的工作程序并通过光电管、牵引绞盘及导向机构等部件来自动操作下部测量机构的行走和测试过程；数据采集系统通过位移、温度和距离等传感器连续自动采集单侧或双侧测点的静态弯沉峰值弯沉盆以及温度和距离等信号，经A/D数据转换程序将上述信号编译成标准数据文件记录在计算机内供计算处理使用。

与贝克曼梁弯沉仪相比，自动弯沉仪采样频率及自动化程度高，可极大减轻操作人员的劳动强度；测量时车辆匀速行驶，各测点荷载作用时间均等，消除了作用时间不均造成的误差；同时，检测数据与贝克曼梁测试结果还具有良好的相关性。由于自动弯沉仪所具有的优点，目前已经被广泛应用于高等级公路施工质量验收和养护管理过程中，可以在不封闭交通但采取必要安全措施的条件下进行高速公路的弯沉测试作业。

3）稳态动力弯沉仪

稳态动力弯沉仪利用动荷载发生器对路面施加周期性荷载（通常为固定频率的正弦动荷载），通过在路面上沿荷载轴线相隔一定间距布置的一组速度传感器（检波器）量测路面表面的动弯沉盆曲线。此类弯沉仪的主要优点是：克服了静力弯沉仪的缺陷，应用了惯性基准点，测试精度、速度都有较大的提高。其缺点也比较明显：①为了保证施加振动荷载时仪器不跳离路面，仪器的自重必须大于动荷载，即需要较大的静力预加荷载，导致试验开始前就已经影响了路面材料的应力状态；②施加的动荷载较小，不能反映实际行车荷载的作用。稳态动力弯沉仪多产于美国，分轻型（用于公路检测）和重型（用于机场检测）两种。

4）落锤式弯沉仪

落锤式弯沉仪FWD（falling weight deflectometer）于20世纪70年代末由丹麦和瑞典成功研制，目前被世界各国广泛应用于动态弯沉检测和结构性能评价。落锤式弯沉仪主要由液压冲击加载系统、信号采集系统和计算机操作控制系统三部分组成。其工作原理为：电动液压装置将规定重量的落锤提升到预设高度后，使其自由下落到一缓冲装置上，再通过承载板（直径30 cm或45 cm）给路面施加近似半正弦的脉冲荷载；荷载脉冲由压力盒测量，持续时间为0.02~0.045 s（相当于40~60 km/h的行车速度）；通过改变落锤重量（50~300 kg）、垂直下落高度（4~40 cm）及缓冲器等可以调节冲击荷载的大小及波形；利用沿荷载轴线布置的多道传感器（位移型或速度型）采集并记录下各测点在冲击荷载作用瞬间的动态变形信号，通过A/D转换器输入微机内进行运算，量测结果可以反映动态弯沉峰值和弯沉盆形状。其工作原理如图5-8所示。拖车式落锤式弯沉仪如图5-9所示。

现有研究充分表明落锤式弯沉仪具有明显的优点：①较好地模拟了行车荷载的作用，可快速准确量测路面的弯沉盆，为路面结构层模量反演提供了基础。②荷载大小可调，可实测路面的荷载—弯沉关系。③相比于稳态动力弯沉仪，落锤式弯沉仪的静力预加荷载很小。

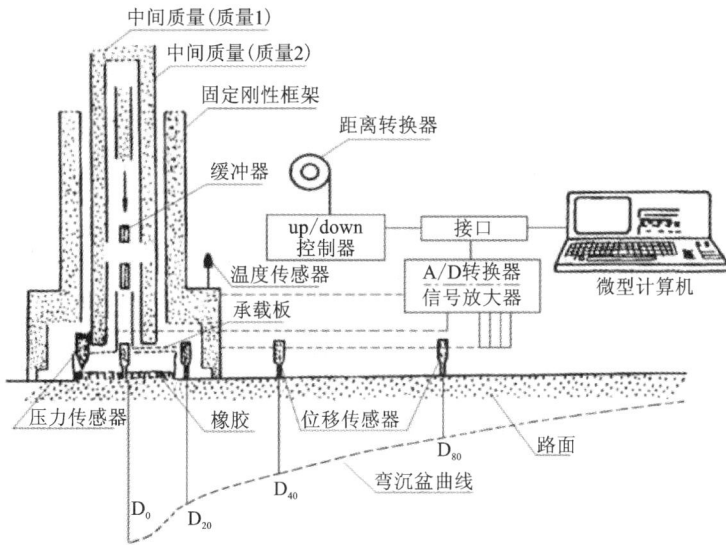

图 5-8　落锤式弯沉仪

④数据采集系统克服了梁式弯沉仪参照系不稳定的缺点，可在整体刚度较大的高等级路面(包括刚性路面)及机场道面上进行弯沉测定。因此，落锤式弯沉仪是目前公认的路面弯沉测试和结构性能评价的理想工具。

图 5-9　拖车式落锤式弯沉仪

由于我国设计和养护技术规范是基于静态回弹弯沉值，因此，落锤式弯沉仪在使用时必须与贝克曼梁弯沉仪进行对比试验。落锤式弯沉仪在应用中遇到的另外一个问题是，当其在高速公路进行工作时，由于需要经常定点停车而很难保证人员和设备的安全，因此落锤式弯沉仪的装备技术和测试指标虽然非常先进，但在不封闭交通的高速行车路段其测试具有局限性。

5) 激光自动弯沉仪

激光自动弯沉仪是目前世界上最先进的弯沉测试装置。它在高速行驶过程中利用激光多普勒(Laser-Doppler)技术测试地面在荷载作用下的垂直下沉速度，再通过分析程序计算出最大弯沉及弯沉盆数据，测试原理如图5-10所示。激光自动弯沉仪因其采用非接触检测方式工作，故能够以高达 70 km/h 的速度精确测试地面弯沉。该机械设备结构简单，有一个可前后移动的荷载系统，测试时加载体移至测试后轴处，平常行驶时移至靠近驾驶室的前部。该测试结果为动态弯沉，路面状况与实际行车作用完全一致。激光弯沉仪是目前高速公路弯沉检测设备的最佳选择，既可测量动态弯沉指标，又能以正常的行驶速度连续检测，不影响现场的车流交通，适用于各种类型和等级的路面测试。

图5-10　激光自动弯沉仪测试原理

3.路面弯沉仪的标定

《公路技术状况评定标准》(JTG 5210—2018)规定,路面结构强度自动化检测应采用与贝克曼梁弯沉仪具有有效相关关系的高效自动化弯沉检测设备。路面弯沉自动化检测设备必须定期标定,每年至少标定一次,标定的相关系数不应小于0.95。标定试验可以参照如下方法进行。

1)选择标定路段

由于影响路面弯沉的因素众多,针对不同地区的每种路基路面结构都应该实施标定试验,每次标定试验所选择的实验路段应保证路基面结构相同。一般选择无超高、无纵坡的4个平直路段,每个路段长度可为300~500 m。试验路段的弯沉值应分布于不同量级范围(如0~30、30~80、80~200、>200)。试验路段的路面应保持清洁干燥,路面温度应控制在10~35℃,并且试验时温度变化梯度不大,天气宜选择晴天无风条件,试验路段附近无重型交通或振动现象。

2)标定步骤

按照正常现场测试步骤,令自动弯沉仪(或其他自动检测设备)进入选定的试验路段进行弯沉测试,每隔约20 m标记一个测点位置。自动化设备测试完毕后,再在每一个标记位置采用贝克曼梁弯沉仪测试路面回弹弯沉值。

3)标定方程

用数理统计的方法逐点对应进行回归分析,获得贝克曼梁弯沉仪测试结果和自动弯沉仪(或其他自动化设备)测试结果之间的回归方程,相关系数应大于0.95。

5.2.6 路面跳车调查方法

路面跳车是《公路技术状况评定标准》(JTG 5210—2018)中新增的检测指标,用于表示由路面异常突起或沉陷等损坏引起的车辆突然颠簸。路面跳车影响因素包括水泥混凝土路面的错台、沥青路面的坑槽、拥包、沉陷、波浪,井盖凸起或者沉陷,路面与桥隧构造物异常连接引起的跳车。路面跳车指数的提出完善了路面舒适度评价的维度,对及时发现和处治路面异常突起有重要作用。

《公路技术状况评定标准》(JTG 5210—2018)规定,路面跳车采用断面类检测设备检测道路纵断面连续高程,每0.1 m计算1个高程,在10 m范围内计算最大高程与最小高程的高程差。在检测中,需要通过数据预处理剔除桥梁伸缩缝等处可能存在的异常高程值,消除路面纵坡对路面纵断面高差计算的影响。

路面跳车和平整度都是用来描述道路纵向的高程差,因此在调查方法上两个指标具有相似性。例如,采用激光平整度仪的原理可实现路面纵向相对高程的连续测量。但采用激光平整度仪时应采取措施消除车辆颠簸带来的影响,如惯性补偿技术。具体检测设备介绍可参见5.2.2 节。

5.2.7 路面磨耗调查方法

路面磨耗快速检测的关键是获得无磨耗状况下的路面构造深度基准值,通过与基准值比较,确定路面磨耗状况。基准值通过交工验收时的测量值或路面无磨耗部位如路肩或车道中线检测数据获得。路面磨耗的检测核心是路面构造深度的检测,由此,路面磨耗的调查方法即为路面构造深度的调查方法。路面构造深度的调查方法可参见本章5.2.4 节,在此不再赘述。

5.3 路面使用性能评定和预测方法

5.3.1 路面技术状况的评定方法

根据5.2 节中不同路面使用性能参数的检测方法,本节分别阐述上述路面性能指标的评定方法,以用于计算路面技术状况指数(PQI)。沥青路面技术状况评定应包括路面损坏、路面平整度、路面车辙、路面跳车、路面磨耗、路面抗滑性能和路面结构强度等七项内容,其中路面结构强度应依据抽检数据单独评定,不参与路面技术状况指数的计算。水泥路面技术状况评定应包括路面损坏、路面平整度、路面跳车、路面磨耗和路面抗滑性能等六项内容,其中,有刻槽的水泥路面不应作路面磨耗评定。

路面技术状况采用路面技术状况指数评定。路面技术状况指数按照下式计算:

$$PQI = w_{PCI}PCI + w_{RQI}RQI + w_{RDI}RDI + w_{PBI}PBI + w_{PWI}PWI + w_{SRI}SRI + w_{PSSI}PSSI$$

$$(5-1)$$

式中:路面抗滑性能指数(SRI)与路面磨耗指数(PWI)应二取一。

式(5-1)中各分项系数的权重如表5-2所示。

表5-2 路面技术状况指数分项系数权重

路面类型	权重	高速公路、一级公路	二、三、四级公路
沥青路面	w_{PCI}	0.35	0.60
	w_{RQI}	0.30	0.40
	w_{RDI}	0.15	
	w_{PBI}	0.10	
	$w_{PWI(SRI)}$	0.10	
	w_{PSSI}	—	—
水泥路面	w_{PCI}	0.50	0.60
	w_{RQI}	0.30	0.40
	w_{PBI}	0.10	
	$\omega_{PWI(SRI)}$	0.10	

1. 路面损坏状况的评定

路面损坏状况采用路面损坏状况指数(PCI)评定，路面损坏状况指数由路面破损率(DR)计算得到：

$$PCI = 100 - a_0 DR^{a_1} \tag{5-2}$$

$$DR = 100 \times \frac{\sum_{i=1}^{i_0} w_i A_i}{A} \tag{5-3}$$

式中：DR 为路面破损率，%；路面类型为沥青路面时，a_0 采用15.00；路面类型为水泥路面时，a_0 采用10.66；a_1 为沥青路面采用0.412，水泥路面采用0.461；A_i 为第 i 类路面损坏的累积面积，m^2；A 为路面检测或调查的总面积，m^2；w_i 为第 i 类路面损坏的权重或换算系数，沥青路面和水泥路面的权重见表5-3、表5-4；i 为路面损坏类型，包括损坏程度（轻、中、重）；i_0 为路面损坏类型总数，沥青路面取20，水泥路面取21。

当采用自动化检测时，A_i 应按下式计算：

$$A_i = 0.01 \times GN_i \tag{5-4}$$

式中：GN_i 为含有第 i 类路面损坏的网格数；0.01为面积换算系数，一个网格的标准尺寸为 0.1 m×0.1 m。

沥青路面损坏类型、权重或换算系数如表5-3所示。

水泥混凝土路面损坏类型、权重或换算系数如表5-4所示。

表 5-3　沥青路面损坏类型、权重或换算系数

类型	损坏名称	损坏程度	计量单位/m²	权重 ω_i（人工调查）	换算系数 ω_i（自动化检测）
1	龟裂	轻	面积	0.6	1.0
2		中		0.8	
3		重		1.0	
4	块状裂缝	轻	面积	0.6	1.0
5		重		0.8	
6	纵向裂缝	轻	长度×0.2 m	0.6	2.0
7		重		1.0	
8	横向裂缝	轻	长度×0.2 m	0.6	2.0
9		重		1.0	
10	沉陷	轻	面积	0.6	1.0
11		重		1.0	
12	车辙	轻	长度×0.4 m	0.6	—
13		重		1.0	
14	波浪拥包	轻	面积	0.6	1.0
15		重		1.0	
16	坑槽	轻	面积	0.8	1.0
17		重		1.0	
18	松散	轻	面积	0.6	1.0
19		重		1.0	
20	泛油		面积	0.2	0.2
21	修补		面积或长度×0.2 m	0.1	0.1（0.2）

注：1. 人工调查时，应将条状修补的调查长度（m）乘以影响宽度（0.2 m），并换算成面积。

2. 自动化检测时，块状修补的换算系数 ω_i 为 0.1，条状修补的换算系数 ω_i 为 0.2。

表 5-4　水泥混凝土路面损坏类型、权重或换算系数

类型	损坏名称	损坏程度	计量单位/m²	权重 ω_i（人工调查）	换算系数 ω_i（自动化检测）
1	破碎板	轻	面积	0.8	1.0
2		重		1.0	
3	裂缝	轻	长度×0.1 m	0.6	10
4		中		0.8	
5		重		1.0	

续表5-4

类型	损坏名称	损坏程度	计量单位/m²	权重 ω_i（人工调查）	换算系数 ω_i（自动化检测）
6	板角断裂	轻	面积	0.6	1.0
7		中		0.8	
8		重		1.0	
9	错台	轻	长度×0.1 m	0.6	10
10		重		1.0	
11	拱起		面积	1.0	1.0
12	边角剥落	轻	长度×0.1 m	0.6	10
13		中		0.8	
14		重		1.0	
15	接缝料损坏	轻	长度×0.1 m	0.4	6
16		重		0.6	
17	坑洞		面积	1.0	1.0
18	唧泥		长度×0.1 m	1.0	10
19	露骨		面积	0.3	0.3
20	修补		面积或长度×0.2 m	0.1	0.1（0.2）

注：1. 人工调查时，应将条状修补的调查长度（m）乘以影响宽度（0.2 m），并换算成面积。

2. 自动化检测时，块状修补的换算系数 ω_i 为0.1，条状修补的换算系数 ω_i 为0.2。

《公路养护技术规范》（JTG H10—2009）规定：在满足强度要求的前提下，当高速公路及一级公路的路面损坏状况指数（PCI）评价为优、良，或二级以下公路路面损坏状况指数评价为优、良、中时，以日常养护为主，并对局部破损进行小修；当高速公路及一级公路的路面损坏状况指数评价为中以下，或二级以下公路的路面损坏状况指数评价为次以下时，应采取中修罩面措施。

根据路面损坏状况指数的计算公式，规范给出了路面损坏状况指数和路面破坏率的对应关系，如表5-5所示。

表5-5　路面破坏状况指数和路面破坏率的对应关系

PCI	90	80	70	60
$DR_{沥青路面}$	0.4	2.0	5.5	11.0
$DR_{水泥混凝土路面}$	0.8	4.0	9.5	18.0

2. 路面平整度的评定

1）不同设备测得的路面平整度与国际平整度指数之间的换算

路面平整度的检测可分为断面类和反应类两种类型，不同类型的道路平整度检测设备输出的指标不尽相同。在引进国际平整度指数国际平整度指数的概念之后，可以利用国际平整度指数对各种检测设备进行标定。对于标定路段路面的平整度采用国际平整度指数，而后与反应类平整度仪的测定结果之间建立标定曲线。此类标定曲线可克服反应类平整度仪所得结果转换性差的缺点，以得到"时间—空间"稳定的道路平整度数据。

标定试验一般采用如下步骤。

①根据所测道路路面的分布情况，选择 5 条平整度不同的试验路段，从好到坏不同程度应各有一段，每条路段长 320 m。

②采用精密水准仪或经过校准的符合世界银行一类测试标准的断面类平整度检测设备对标定路段进行检测。用精密水准仪测量时，从起点到终点每 0.25 m 或 0.5 m 测量一点，记录其高程数据，利用世界银行提供的标准计算程序计算国际平整度指数。分别计算两个轮迹处的国际平整度指数值，取平均值作为该路段的标准国际平整度指数值。

③采用反应类设备（或其他需要标定的设备）对标定路段进行平整度检测，每条路段检测 5 次，取平均值作为该路段的路面平整度检测值（BI）。

④将各标定路段的国际平整度指数标定值和相应的路面平整度检测值进行回归分析，一般可以采用线性方程回归，见公式（5-5）：

$$IRI = a + b \times BI \tag{5-5}$$

式中：BI 为平整度测试设备的测试结果；a、b 为标定系数；IRI 为国际平整度指数，m/km。

断面类平整度检测设备的标定可以参照反应类设备的试验步骤进行，将设备实测 IRI 值与精密水准测量得到的标定值进行对比性试验，以便验证设备的工作状态和有效性。

2）路面行驶质量的评定方法

路面行驶质量指数的计算：

$$RQI = \frac{100}{1 + a_0 e^{a_1 IRI}} \tag{5-6}$$

式中：IRI 为国际平整度指数，m/km；路面等级为高速公路和一级公路时 a_0 采用 0.026，其他等级公路时 a_0 采用 0.0185；a_1 为高速公路和一级公路采用 0.65，其他等级公路采用 0.58。

3. 路面车辙的评定

路面车辙深度指数（RDI）计算：

$$RDI = \begin{cases} 100 - a_0 RD & (RD \geq RD_a) \\ 90 - a_1(RD - RD_a) & (RD_a < RD \leq RD_h) \\ 0 & (RD > RD_h) \end{cases} \tag{5-7}$$

式中：RD 为车辙深度，mm；RD_a 为车辙深度参数，采用 10.0；RD_h 为车辙深度参数，采用 40.0；a_0 为模型参数，采用 1.0；a_1 为模型参数，采用 3.0。

4. 路面抗滑性能的评定

路面抗滑性能指数（SRI）计算：

$$SRI = \frac{100 - SRI_{\min}}{1 + a_0 e^{a_1 SFC}} + SRI_{\min} \tag{5-8}$$

式中：SFC 为横向力系数；$SRI_{\min}$ 为标定参数，采用 35.0；a_0 为模型参数，采用 28.6；a_1 为模型参数，采用 -0.105。

5. 路面结构强度的评定

路面结构强度指数（$PSSI$）计算：

$$PSSI = \frac{100}{1 + a_0 e^{a_1 \mathrm{SSR}}} \tag{5-9}$$

其中 SSR 为：

$$SSR = \frac{l_0}{l} \tag{5-10}$$

式中：SSR 为路面结构强度系数，为路面弯沉标准值与路面实测代表弯沉之比；l_0 为路面弯沉标准值，0.01 mm；l 为路面实测代表弯沉，0.01 mm；a_0 为模型参数，采用 15.71；a_1 为模型参数，采用 -5.19。

弯沉标准值 l_0 应根据公路技术等级、累计标准当量轴次、路面面层类型和路面结构类型等因素确定。

$$l_0 = 600 N_e^{-0.2} A_c A_s A_b \tag{5-11}$$

式中：l_0 为路面弯沉标准值，0.01 mm；N_e 为新改建沥青路面结构设计使用年限或沥青路面结构性修复设计年限内设计车道上的当量设计轴载累计作用次数（次）；A_c 为公路技术等级系数，高速公路和一级公路取 1.0，二级公路取 1.1，三级和四级公路取 1.2；A_s 为路面面层类型系数，沥青路面面层取 1.0，热拌和冷拌沥青碎石、沥青贯入式路面（含上拌下贯式路面）及沥青表面处治取 1.1；A_b 为路面结构类型系数，半刚性基层沥青路面取 1.0，柔性基层沥青路面取 1.6。

累计当量轴次 N_e 为：

$$N_e = \frac{\left[(1 + \gamma)^t - 1 \right] \times 365}{\gamma} N_1 \tag{5-12}$$

式中：N_1 为初始年设计车道日平均当量轴次，次/d；t 为新改建沥青路面结构设计使用年限或沥青路面结构性修复设计年限，年；γ 为新改建沥青路面结构设计使用年限或沥青路面结构性修复设计年限内交通量的年平均增长率，%。

新改建沥青路面结构设计使用年限应根据设计文件确定。无设计文件时，新建沥青路面结构设计使用年限不应低于表 5-6 的规定。改建路面结构设计可根据工程实际情况选取适宜的设计使用年限。沥青路面结构性修复设计年限应根据设计文件确定，无设计文件时，应参考表 5-7 选用，有特殊要求时可适当调整。

表 5-6 沥青路面结构设计使用年限

公路等级	设计使用年限/年	公路等级	设计使用年限/年
高速公路、一级公路	15	三级公路	10
二级公路	12	四级公路	8

表 5-7 沥青路面结构性修复设计年限

公路等级	设计使用年限/年	公路等级	设计使用年限/年
高速公路、一级公路	10 ~ 15	三级公路	6 ~ 10
二级公路	8 ~ 12	四级公路	5 ~ 8

6. 路面跳车的评定

路面跳车应根据路面纵断面高差确定,路面纵断面高差按下式计算。

$$\Delta h = \max\{h_1, h_2, \cdots, h_i, \cdots, h_{100}\} - \min\{h_1, h_2, \cdots, h_i, \cdots, h_{100}\} \tag{5-13}$$

式中:Δh 为 10 m 路面纵断面最大高程和最小高程之差,cm;h_i 为第 i 点的路面纵断面高程;i 为第 i 个路面纵断面高程数据,应为自动化设备检测数据,每 0.1 m 计 1 个高程,10 m 路面纵断面共计 100 个高程数据。

根据所得的路面纵断面高差,按照表 5-8 确定路面跳车程度。

表 5-8 路面跳车程度划分标准

检测指标	轻度	中度	重度
路面纵断面高差 Δh/cm	≥2,<5	≥5,<8	≥8

路面跳车指数(PBI)计算:

$$PBI = 100 - \sum_{i=1}^{i_0} a_i PB_i \tag{5-14}$$

式中:PB_i 为第 i 类程度的路面跳车;a_i 为第 i 类程度的路面跳车单位扣分,按表 5-9 的规定取值;i 为路面跳车类型;i_0 为路面跳车类型总数,取 3。

表 5-9 路面跳车扣分标准

类型 i	跳车程度	计量单位	单位扣分
1	轻度		0
2	中度	处	25
3	重度		50

7. 路面磨耗的评定

路面磨耗指数(PWI)是行车道三线位置(左轮轮迹带、右轮轮迹带及车道中线)路面构造深度最大差值的函数,用于描述路面表面磨损状况。路面构造深度的基准值为无磨损的车道中线路面构造深度检测数据。车道中线路面表面有明显磨损时,可以采用同一断面同质路肩的路面构造深度检测数据为基准值。交工验收时的路面构造深度检测数据也可以作为路面构造深度的基准值。

路面磨耗指数计算：

$$PWI = 100 - a_0 WR^{a_1} \qquad (5-15)$$

其中 WR 为：

$$WR = 100 \times \frac{MPD_c - \min\{MPD_L, MPD_R\}}{MPD_c} \qquad (5-16)$$

式中：WR 为路面磨耗率，%；a_0 为模型参数，采用 1.696；a_1 为模型参数，采用 0.785；MPD_c 为路面构造深度基准值，采用无磨损的车道中线路面构造深度，mm；MPD_L 为左轮迹带的路面构造深度，mm；MPD_R 为右轮轮迹带的路面构造深度，mm。

5.3.2 路面使用性能的影响因素

路面在使用过程中，其使用性能会随时间或行车荷载作用次数的增加而逐渐变差。当损坏达到某一特定标准时，就应该对路面采取相关措施以恢复或提高其使用性能。在路面管理系统中，为了提出路面养护设计方案，对设计方案进行寿命周期费用分析并选择最佳养护改建对策，需要了解何时采取养护和改建措施以及采取什么措施合适。这就需要预先估计路面在采用新建、加铺或其他各种养护和改建措施后，其使用性能随时间或轴载作用次数变化的规律；或者是路面使用性能的各项指标在不同的外部条件下随时间的变化规律。经预估而建立的关系式，称为路面使用性能预测模型，或使用性能模型。在路面管理系统中，使用性能预测是分析过程中一个极其重要的方面，建立各种使用性能预测模型是路面管理系统最重要的一项组成。

建立可靠的路面使用性能预测模型，首先需要分析路面使用性能的影响因素，考虑这些因素的影响特性或机理。即使在路况预测模型中未考虑全部的影响因素，对这些影响因素的研究也有助于确定模型的适用范围。

1.路面类型

路面类型包括面层类型、基层类型、面层厚度、基层厚度及路面的材料特性。显而易见，不同的路面类型所表现的路面性能是不尽相同的。路面性能预测模型通常以路面结构为基础建立。例如，世界银行路面管理系统 HDM-III 采用了与路面厚度和性能相关的修正结构数 SNC 来代表路面结构；其他系统中，一般将路面按面层类型、厚度、基层类型和其他厚度分组，分别建立各组的预测模型。

2.气候条件

气候因素包括温度和湿度。温度影响沥青混合的蠕变性能，同时也是车辙和某些裂缝的诱因。湿度影响路基的承载力，降低路面强度。在降水量较大或冬夏温差较大的冰冻地区，路面状况容易变坏。如果冰冻和潮湿现象同时发生，情况会更加严重，冻融循环容易导致路面的冻胀和翻浆。气候对路面性能的影响可按照气候分区或气候指标来考虑。在美国战略公路研究项目 SHRP（Strategic Highway Research Program）中，气候是分区的重要依据之一。

3.路龄因素

路龄为现在到路面新建、改建或最后一次大、中修的时间。随着路龄增加，路面病害逐渐显现。特别是在交通荷载和自然环境因素的双重作用下，路面病害加速发展，逐渐引起路面的结构性破坏。

4.公路等级

公路等级不同，交通量也不同，这也是路面设计时需要考虑的一个重要因素。一般来说，公路等级越高，交通量越大。在高速公路及其他高等级公路上，服务能力指数(PSR)的恶化比一般公路严重一些，这是由于高等级公路上较大交通量造成的。

5.交通量

交通量是路面设计的一个重要参考因素，是引起路面疲劳破损的直接原因。交通量的大小对路面状况的恶化起着非常重要的作用。在同样条件下，交通量越大，路况恶化就越快。

6.养护水平

较好的路面养护能延长路面的正常使用寿命。因此，养护水平对路面性能有很大的影响。研究发现，老路的路面性能预测曲线斜率较缓甚至趋于零，原因很可能是日常养护及其他养护措施在发生作用。开发路面性能预测模型时需要注意，当路龄较大时，预测曲线斜率可能小于零，这显然不符合路面性能发展规律；原因是老路的养护力度要比一般公路大得多。

7.路面材料

材料对沥青路面的性能有很大影响，主要体现在沥青和集料种类、性质及地区的差异。

8.指标间的相互影响

有观点认为平整度是结构数变量(SNC)的连续函数，这说明路面强度与平整度有比较直接的联系。由于路面强度、裂缝、坑槽、拥包等破损也破坏了路面的完整性，导致路面不平整性加剧，因此平整度也是路面强度及裂缝、坑槽、拥包等的函数。

9.其他因素

其他因素对路面性能也有一定的作用，这些因素包括车辆特性、排水和植被等。

5.3.3 路面使用性能预测模型

预测模型一般需要结合本地区长期的观测数据积累，建立某一类路面结构在某一养护对策下的路面使用性能与使用年限或累计标准轴次之间的关系。预测模型可分为：①经验预测模型，对实测数据用多元回归技术分析；②力学预测模型，根据理论分析及室内试验得到方程和系数；③力学—经验预测模型，再用实测数据标定模型。

从表达方式上，路面使用性能预测模型可分为确定型和概率型两种类型。所谓确定型的预测模型是指给定一个自变量，一定会给出一个与之一一对应的因变量；而概率型的预测模型则是给定一个自变量，一定会给出一个因变量的概率分布来与之对应。前者反映了路面使用性能的总体变化规律，而后者则能更好地反映出路面使用性能变化的随机性。目前，使用确定型的预测模型的案例较多,而概率型的预测模型主要是对 PCI 和路面残余寿命的预测。

1. 确定型预测模型

确定型预测模型包括基本反映模型(如弯沉、应力、应变随时间的变化等)、结构性能模型(如路面单一损坏或综合损坏状况的预测)、功能性模型(如行驶质量指数或抗滑性能指数)、使用寿命模型(如预测路面达到某一损坏状况或服务水平时的使用寿命)等几类预测模型。

该类预测模型可采取典型路段调查的方式,综合考虑各主要影响因素后,通过回归分析建立起路面使用性能与路龄或累计标准轴次的定量关系式。同济大学孙立军教授经过多年研究,建立了路面使用性能的标准衰变方程:

$$PPI = PPI_0\left[1 - e^{-(a/y)^\beta}\right] \tag{5-17}$$

式中:PPI 为路面使用性能指数(PCI,RQI,或者二者综合);PPI_0 为路面使用性能初值;y 为路龄(年);α、β 为回归系数,α 称为规模参数,取值为 3~15,代表路面使用寿命;β 称为形状参数 = 0.2~1.8,表示达到使用寿命的过程;当 $y=\alpha$ 时,$PPI/PPI_0 = 0.632$,故为 PPI 衰变到初值的 63.2% 时的路龄。

美国华盛顿州建立了不同养护措施情况下的综合路面使用性能预测模型,见式(5-18)~式(5-20)。该类公式反映了不同养护水平下路面使用性能衰变的差异。因此,建立不同路面结构类型在不同养护水平下、不同交通荷载和环境荷载条件下的路面使用性能衰变规律,对路面管理系统的决策过程是十分重要的。

$$R = 99.85 - 0.21112y^{2.25} \quad (日常养护) \tag{5-18}$$

$$R = 100 - 1.4088y^{2.00} \quad (25\ mm\ 厚加铺层) \tag{5-19}$$

$$R = 100 - 0.13637y^{2.50} \quad (45\ mm\ 厚加铺层) \tag{5-20}$$

显然,能建立起标准衰变模型固然是我们所希望的。但由于我国幅员辽阔,各地区地理条件、水文地质条件、气候条件、交通组成、轴载谱分布、典型路面结构、施工工艺水平都存在较大的差距,因此,各地区路面使用性能的衰变模型存在较大的差距。20 世纪 90 年代以来,各地区建立了不同的路面使用性能的预测模型,如表 5-10 所示。

表 5-10 路面使用性能模型示例

预测模型类别	公式形式	参数说明
路面损坏	$PCI = 100e^{-ay^b}$(北京)	y 为路面建成后或新近一次改建后的年数; a、b 为回归系数
	$PCI = 100e^{-bN}$(天津)	N 为路面新建成或最近一次改建后的累积标准轴次 b 为回归系数
行驶质量	$RQI = ce^{-dy}$(北京) $RQI = 5.0e^{cy^d}$(广东)	y 为路面建成后或新近一次改建后的年数; c、d 为回归系数

续表5-10

预测模型类别	公式形式	参数说明
弯沉	$l = l_0 e^{UVBy}$（黑龙江）	U 为土基潮湿类型影响系数； V 为面层透水影响系数； B 为衰变指数； y 为路面建成后或新近一次改建后的年数； l_0 为初始弯沉。
抗滑系数	$SFC = ae^{-by}$	y 为路面建成后或新近一次改建后的年数 a、b 为回归系数

2.概率型预测模型

概率型预测模型包括马尔可夫(Markov)随机过程、半马尔可夫随机过程、残余曲线等几类预测模型,主要用于网级路面管理系统。较为常用的是马尔可夫(Markov)过程,它有三个基本假设:

①路面使用性能指标存在着有限个状态。

②路面使用性能从某一状态转移到另一状态的概率只与当前的状态有关,而与以前的状态无关,即无后效性。

③转移过程是静态的,即转移概率不随时间变化。

设路况状态分为优、良、中、次、差五个等级,用 $i, j = 1 \sim 6$ 表示,则各状态之间相互转移的可能性为 $\widetilde{\boldsymbol{p}}\{p_{ij}\}$,即为转移概率矩阵。其中,$p_{ij}$ 表示路况状态 i 向路况 j 转移的概率,可通过对路况多年的连续观测结果进行统计分析获得。

若定义路网在 y、$y+1$ 年的路况状态矩阵为 $\widetilde{\boldsymbol{P}}_y$、$\widetilde{\boldsymbol{P}}_{y+1}$,则根据假设,得出式(5-21)、式(5-22):

$$\widetilde{\boldsymbol{p}}_{y+1} = \widetilde{\boldsymbol{p}}_y \cdot \widetilde{\boldsymbol{p}} \tag{5-21}$$

$$\widetilde{\boldsymbol{p}}_{y+2} = \widetilde{\boldsymbol{p}}_{y+1} \cdot \widetilde{\boldsymbol{p}} = \widetilde{\boldsymbol{p}}_y \cdot \widetilde{\boldsymbol{p}} \cdot \widetilde{\boldsymbol{p}} = \widetilde{\boldsymbol{p}} \cdot \prod_{t=1}^{2} \widetilde{\boldsymbol{p}} \tag{5-22}$$

以此类推,$y+n$ 年后:

$$\widetilde{\boldsymbol{p}}_{y+n} = \widetilde{\boldsymbol{p}}_y \cdot \prod_{t=1}^{n} \widetilde{\boldsymbol{p}} \tag{5-23}$$

马尔可夫预测模型的优点是考虑了路况预测的不确定性,在数据较少时结合工程经验建模准确性相对较高,而且模型可以从使用寿命的任一年开始预测;缺点是对状态概率转移矩阵进行预测不如对路况指标预测直观。

3.其他方法

随着人工智能技术的发展,更多的新技术已被应用到路面性能预测模型中。如专家系统(Haas,1994 年)可综合融会路面管理专家的经验,并建立知识库,从而使计算机能够模拟人类专家对各种条件下的路况进行预测。人工神经网络(artificial neural network，ANN)与一般的统计方法相比，有很多优点，ANN能够模拟人类的思考与判断过程，根据已有的历史数据对其中的规律进行总结，并对复杂预测提供实时的解答，预测时不需要专家的介入或专门的知识。

5.3.4　路面使用性能模型的建模方法

1.确定型模型的建模方法

在现有的路面管理系统中，较多采用确定型模型预估路面的基本反应(应力、应变或位移等)、结构性能、功能性能和使用寿命(以累计轴载作用次数或时间计)等。这种模型的建模方法主要有力学法、力学—经验法和经验(回归)法三种。

1)力学法

力学法是指利用弹性理论模型(弹性层状体系或弹性地基板)或黏—弹性理论模型，通过结构分析得到路面在荷载作用下的应力、应变或位移反应。分析时，路面各结构层的计算参数(模量值)可采用无破损试验或钻取试样后由室内试验确定。目前较理想的方法是，采用落锤弯沉仪进行多点路表弯沉值测定，由计算分析确定各结构层的模量。力学建模法有较为成熟的理论基础，但计算复杂，工作量大，并且只能用来建立路面的基本反应(应力、应变或弯沉等)模型。如要利用力学分析的结果预估路面的结构性能和功能性能，则须采集使用性能观测数据，以建立使用性能与路面基本反应的经验(回归)关系。这就产生了另一种建模方法——力学-经验法。

2)力学-经验法

这种建模方法由两部分组成：第一部分是力学分析，确定路面各结构层的模量值，计算在设计条件下的临界应力、应变或位移值；第二部分是建立路面反应(应力或应变等)与使用性能参数衰变速率之间的经验关系。

力学—经验法所建立的模型是理论计算(结构分析)和实测数据相结合的产物。模型的形成和引入的变量可以根据专业理论知识确定，而系数则是通过对使用性能参数的实测数据和结构分析得到的路面反应级位进行回归分析得出的。应用力学—经验法建模，需要对特定路面结构进行应力、应变或位移量分析，分析时要考虑到交通和环境条件以及路基路面材料参数的变化。因此，这类模型结构复杂，计算工作量大，但外推性能好，通常适用项目级管理系统。

3)经验(回归)法

在预估精度容许的情况下，为了避开力学—经验法复杂的结构分析，可以利用多元回归分析技术建立回归方程，以预估使用性能变量随某些影响变量(如路龄、交通、路面结构等)的变化。所考虑的影响变量数较多时，可采用逐步回归分析技术筛选出有统计意义的变量。

采用经验(回归)方法建立使用性能预估模型，得到的只是使用性能变量与其影响变量之间的某种程度的统计拟合，回避了自变量(影响变量)对因变量(使用性能变量)影响的物理性质的机理分析；其可靠性不仅取决于有关资料和数据的准确性与充分性，而且也依赖于建模人员对所选用的使用性能变量与其影响变量之间关系的理解和认识程度。特别是当有些使用性能属性的衰变机理尚不清楚时，采用经验回归法建模具有明显的优势。这类模型结构简单,易于更新。若所选用的使用性能参数是较综合的指标,如 *PSI* 和 *PCI* 等,适用于网级系统;若选用单项结构性能或功能性能指标,如开裂、车辙和平整度等,则较适用于项目级系统。

2.概率型模型的建模方法

由于影响路面使用性能变化的因素,如荷载、环境、材料性能和养护水平等,都具有不同程度的变异性,使用性能变化的速率是不确定的,它可能比预期的快,也可能比预期的慢。确定型模型无法反映使用性能变化速率的这种不确定性,因而并不能保证得到可靠预估。所以,有必要研究概率型模型的建模方法,以建立能够表达使用性能不确定性变化的概率型模型,供路面管理系统尤其是网级管理系统使用。

前已述及,概率型模型中应用最多且最为完善的是马尔可夫模型,其主要原因是马尔可夫过程为这种模型提供了合理的结构。应用马尔可夫过程建模的步骤主要包括:①选择使用性能变量,定义路况状态;②为不同路面类型或各种养护和改建措施分别提出转移概率矩阵;③利用转移概率矩阵预估某时段处于某种路况状态的概率。

5.4 思考与练习

1.路面管理系统的构成要素是什么?
2.网级路面管理系统与项目级路面管理系统的区别是什么?
3.沥青路面和水泥路面技术状况评定的指标有何不同?
4.路面损坏状况检测方法和检测设备有哪些?
5.车辙的危害及其检测方法有哪些?
6.路面平整度和跳车有何不同?两者在检测方法上有何不同?
7.路面抗滑性能和磨耗的检测与评定方法有何不同?进行路面技术状况评定时应如何选择上述两个指标?
8.某二级沥青路面的行车道损坏情况检测结果见表5-11。路段长 1 km,车道宽 3.75 m,其中沥青路面不同损伤程度的权重参见表5-3。请计算该路段的破损率、路面损坏状况指数以及评价等级,并给出计算过程(其中 a_0 为 15.00,a_1 为 0.412)。

表 5-11 行车道损坏情况检测结果

起点桩号	终点桩号	横向裂缝/m	纵向裂缝/m	修补面积/m²	龟裂面积/m²	坑槽面积/m²	车辙/m
K98+000	K99+000	692.77	647.40	20.17	32.98	0.94	106.00
损坏程度		重	重	重	重	轻	轻

参考文献

［1］侯相琛, 曹丽萍. 公路养护与管理［M］. 第二版. 北京：人民交通出版社, 2017.

［2］公路养护技术规范（JTG H10—2009）［S］. 北京：人民交通出版社, 2009.

［3］公路养护工程管理办法（交公路发［2018］33 号）［S］. 北京：人民交通出版社, 2018.

［4］公路技术状况评定标准（JTG 5210—2018）［S］. 北京：人民交通出版社, 2019.

［5］徐培华. 高等级公路路基路面养护技术［M］. 北京：人民交通出版社, 2003.

［6］公路路基养护技术规范（JTG 5150—2020）［S］. 北京：人民交通出版社, 2020.

［7］王红霞. 公路路基与路面养护［M］. 北京：人民交通出版社, 2009.

［8］彭富强, 袁芳. 公路养护技术与管理［M］. 北京：人民交通出版社, 2015.

［9］Beyene M A, Meininger R C, Gibson N H, et al. Youtcheff, forensic investigation of the cause (s) of slippery ultra-thin bonded wearing course of an asphalt pavement［J］. Influence of aggregate mineralogical compositions, 2016, 17(10)：887-900.

［10］陈中锋. 改性沥青在沥青路面建设中的应用现状及发展前景［J］. 国防交通工程与技术, 2012, （S1）：1-2.

［11］王松根, 黄晓明. 沥青路面维修与改造［M］. 北京：人民交通出版社, 2012.

［12］郑木莲, 李海滨, 孟建党. 沥青路面养护与维修技术［M］. 北京：中国建筑工业出版社, 2011.

［13］任勇. 基于生命周期费用的沥青路面预防性养护时机研究［D］. 长安大学, 2006.

［14］Michigan D O T. Capital Preventive Maintenance Program-Guidelines, Michigan, 1999.

［15］Brown E R, Kandhal P S, Roberts F L, et al. Kennedy, hot mix asphalt materials, mixture design and construction［J］. NAPA Research and Education Foundation, 2009.

［16］Song W, Huang B, Shu X. Influence of warm-mix asphalt technology and rejuvenator on performance of asphalt mixtures containing 50% reclaimed asphalt pavement［J］. Journal of Cleaner Production. 2018, 192：191-198.

［17］日本道路协会. 王元勋, 张文魁, 译. 日本路面废料再生利用技术指南［M］. 北京：人民交通出版社, 1990.

［18］沥青路面设计规范（JTG D50—2017）［S］. 北京：人民交通出版社, 2017.

［19］公路沥青路面养护设计规范（JTG 5421—2018）［S］. 北京：人民交通出版社, 2019.

［20］公路沥青路面再生技术规范.（JTG/T 5521—2019）［S］. 北京：人民交通出版社, 2019.

［21］公路水泥混凝土路面养护技术规范（JTJ 073.1—2001）［S］. 北京：人民交通出版社, 2001.

［22］公路水泥混凝土路面设计规范（JTG D40—2011）［S］. 北京：人民交通出版社, 2011.

［23］陈拴发. 水泥混凝土路面沥青加铺层设计与施工［M］. 北京：人民交通出版社, 2011.

［24］黄晓明. 路基路面工程［M］. 北京：人民交通出版社, 2019.

［25］刘朝晖, 秦仁杰. 路面养护管理与维修技术［M］. 北京：人民交通出版社, 2014.

［26］王松根, 陈拴发. 水泥混凝土路面维修与改造［M］. 北京：人民交通出版社, 2011.

图书在版编目（CIP）数据

道路养护维修与管理技术／马昆林等主编. —长沙：
中南大学出版社，2021.5
ISBN 978-7-5487-4346-0

Ⅰ. ①道… Ⅱ. ①马… Ⅲ. ①公路养护②道路－维修
③道路工程－施工管理 Ⅳ. ①U418

中国版本图书馆 CIP 数据核字（2021）第 019395 号

道路养护维修与管理技术
DAOLU YANGHU WEIXIU YU GUANLI JISHU

马昆林　宋卫民　杜银飞　吴　昊　主编

□**责任编辑**　刘颖维
□**责任印制**　周　颖
□**出版发行**　中南大学出版社
　　　　　　　社址：长沙市麓山南路　　　　邮编：410083
　　　　　　　发行科电话：0731-88876770　　传真：0731-88710482
□**印　　装**　长沙市宏发印刷有限公司

□**开　　本**　787 mm×1092 mm　1/16　□**印张** 12.25　□**字数** 309 千字
□**版　　次**　2021 年 5 月第 1 版　□2021 年 5 月第 1 次印刷
□**书　　号**　ISBN 978-7-5487-4346-0
□**定　　价**　42.00 元